作战数据管理

(第2版)

黄亮 罗兵 段立 著

国防工业出版社

·北京·

内 容 简 介

作战数据是现代指挥信息系统的"血液",它将计算机硬件和作战软件有机地连接在一起。作战数据的建设发展既是顺应作战模式的必然趋势,又是推动战斗力生成的内在要求。本书立足于作战数据全寿命周期管理过程,全面深入地讲授作战数据管理的基本理论与工程技术,包括作战数据获取手段、作战数据预处理方法、关系数据库建模理论、作战数据查询应用、作战数据可视化技术、作战数据分析与挖掘、作战数据安全管理等。

本书适合于相关领域的科研工作者和工程技术人员阅读,也可作为高等院校相关专业的教学用书和学习参考书。

图书在版编目（CIP）数据

作战数据管理 / 黄亮,罗兵,段立著. —2 版. —北京：国防工业出版社，2023.6
ISBN 978-7-118-12920-5

Ⅰ.①作… Ⅱ.①黄… ②罗… ③段… Ⅲ.①作战-数据管理 Ⅳ.①E83

中国国家版本馆 CIP 数据核字（2023）第 089790 号

※

国防工业出版社 出版发行
（北京市海淀区紫竹院南路 23 号　邮政编码 100048）
莱州市丰源印刷有限公司印刷
新华书店经售

*

开本 787×1092　1/16　印张 18¾　字数 430 千字
2023 年 6 月第 2 版第 1 次印刷　印数 1—1500 册　定价 89.00 元

（本书如有印装错误，我社负责调换）

国防书店：（010）88540777　　书店传真：（010）88540776
发行业务：（010）88540717　　发行传真：（010）88540762

前　　言

随着信息技术和人类生产生活的交汇融合，全球数据呈现爆发式增长。大数据正引发新一轮技术革命，不仅改变生活、改变世界，也成为提升部队战斗力的"新引擎"，催生战争形态和军事管理发生革命性变化。在党的十九届四中全会公报中，"大数据""数字政府"等热词出现，明确了数据在提升政府行政效能中的"推动器"作用。要构建中国特色现代作战体系、全面提高新时代备战打仗能力，也必须重视作战数据建设。

作战数据的建设发展既是顺应作战模式的必然趋势，又是推动战斗力生成的内在要求，同时也是推进作战指挥向数字化、数据化转变的直接体现。战场对决，数据先行。获取、分析和运用数据水平的高低，不仅成为衡量作战能力和系统实力的重要指标，还将直接影响战场胜负。可以说，谁掌握了"制数据权"，谁就掌握了"制信息权"。洞察相关数据从而把握全局，聚集同类数据从而掌握趋势，融合全源数据从而洞悉关联，才能抢占信息化战争制高点，在以数字化、网络化和智能化为重要特征的未来战争中占有先发优势。

未来信息化战争是"小规模作战，大数据支撑"，必然运筹于数据之中、决胜于数据之上。当前，各国军队普遍把大数据作为制胜未来的战略资源，审时度势、超前布局。美军已将大数据列入其"第三次抵消战略"，成立"算法战跨职能小组"，正式启动"算法战"概念研究，并已投入实战应用。俄罗斯、以色列、英国、法国等国军队，也在大数据的实战运用上不惜代价、加大投入。我们只有顺应潮流、顺势而为，方能抢得先机、赢得主动。

面对挑战，我们必须反思如何善用数据说话，在破解作战数据建设的重重困境中，努力探寻实践途径，深入探索以作战数据为中心的新技术、新装备和新战法，加大作战数据专业人才的培养力度。只有研究作战数据，我们才能占据基于数据指挥决策的优势，才能借助数据化推进联合作战实战化训练，并为执行作战任务提供有力的科学依据和数据支撑。我们必须具备数据思维、数据头脑，具有专家、工程师的素养，善于运用作战数据变革指挥决策方式，优化作战指挥流程，改变训练组织形式，提升战场管理能力。只有让作战数据真正成为解析未来战争的"显微镜"，使战场变得清晰透明、指挥变得精准高效，方能破解战争迷雾、打赢未来战争。

数据科学、数据工程与数据管理是目前的新兴学科，本书的目的在于抛砖引玉，让读者建立作战数据全寿命周期管理的理念，逐步培塑运用作战数据解决问题的思维方式，并能够掌握作战数据管理的常用实践操作。

由于相关领域内技术发展日新月异，作者能力所限，书中难免有错漏之处，恳请读者批评指正。

作　者

2022.10

目 录

第1章 数据管理概论 ... 1
1.1 数据的定义及特征 ... 1
1.1.1 数据的定义与生命周期 ... 1
1.1.2 数据的特性 ... 2
1.1.3 数据、信息、知识、智慧的关系 ... 3
1.2 数据管理技术的产生和发展 ... 4
1.2.1 人工管理阶段 ... 4
1.2.2 文件系统阶段 ... 5
1.2.3 数据库系统阶段 ... 6
1.3 数据科学的兴起与挑战 ... 14
1.3.1 大数据时代的到来 ... 14
1.3.2 数据科学的兴起 ... 18
1.3.3 数据科学面临的挑战 ... 20
1.4 军事数据工程与作战数据管理 ... 21
1.4.1 军事数据的分类 ... 21
1.4.2 军事数据的作用 ... 21
1.4.3 军事数据工程化管理分析 ... 22
1.4.4 军事数据工程基本内容 ... 23
1.5 美军作战数据管理的现状与发展 ... 26
1.5.1 统一的数据管理阶段 ... 26
1.5.2 集中的数据管理阶段 ... 27
1.5.3 以网络为中心的数据管理阶段 ... 28
习题 ... 30

第2章 作战数据获取 ... 31
2.1 作战数据分类 ... 31
2.1.1 作战数据内容 ... 32
2.1.2 数据结构化程度 ... 32
2.1.3 数据加工程度 ... 33
2.1.4 数据抽象程度 ... 34
2.2 人工情报数据获取 ... 34
2.2.1 世界六大情报机构 ... 34
2.2.2 美国情报机构体系 ... 37

2.3	信号情报数据获取	41
	2.3.1 通信侦察	41
	2.3.2 电子侦察	42
2.4	图像情报数据获取	43
	2.4.1 可见光成像	44
	2.4.2 红外成像	44
	2.4.3 合成孔径雷达成像	45
	2.4.4 美军典型战场图像侦察装备	45
2.5	开源情报数据获取	46
	2.5.1 开源情报工作的发展历史	47
	2.5.2 开源情报工作的价值	48
	2.5.3 国内外开源情报工作状况	49
	2.5.4 以互联网为核心的开源情报新趋势	50
2.6	数据获取手段综合分析	54
	2.6.1 人工收集手段分析	54
	2.6.2 技术收集手段分析	55
	2.6.3 两种收集手段的关系	56
2.7	网络"爬虫"获取数据	57
	2.7.1 网络"爬虫"原理	57
	2.7.2 网络"爬虫"流程	58
	2.7.3 网络"爬虫"抓取策略	59
习题		61
第3章	**数据建模及数据库设计**	**62**
3.1	数据建模概念及作用	62
3.2	数据模型	62
	3.2.1 数据模型组成要素	63
	3.2.2 概念模型	64
	3.2.3 逻辑模型	67
	3.2.4 物理模型	73
	3.2.5 各模型间关系	73
3.3	关系模型	74
	3.3.1 关系模型数据结构	74
	3.3.2 关系模型数据操作	75
	3.3.3 关系模型完整性约束	80
	3.3.4 E-R图转为关系模型	81
3.4	关系数据库设计范式	82
	3.4.1 第一范式	82
	3.4.2 第二范式	84
	3.4.3 第三范式	85

		3.4.4 各范式之间关系	85
3.5	数据库设计		86
	3.5.1	数据库设计的内容	86
	3.5.2	数据库设计的特点	87
	3.5.3	数据库设计的步骤	89

习题 ································ 102

第 4 章 作战数据查询 ·············· 104

4.1	作战数据定义及操作		105
	4.1.1	MySQL 数据类型	105
	4.1.2	数据定义语言	107
	4.1.3	数据操纵语言	108
4.2	作战数据基本查询		110
	4.2.1	简单查询语句	110
	4.2.2	WHERE 子句	111
	4.2.3	ORDER BY 子句/排序查询	113
	4.2.4	GROUP BY 和 HAVING 子句/分组查询	113
4.3	作战数据高级查询		114
	4.3.1	多表查询	114
	4.3.2	子查询/嵌套查询	116
	4.3.3	合并查询/集合运算	117

习题 ································ 118

第 5 章 作战数据可视化 ·············· 121

5.1	数据可视化的历史		122
5.2	数据可视化的价值		126
5.3	数据可视化的主要过程		130
	5.3.1	确定数据主题	131
	5.3.2	提炼数据	131
	5.3.3	确定图表	132
	5.3.4	可视化设计	132
5.4	数据可视化主要图表样式		133
	5.4.1	折线图	133
	5.4.2	面积图	133
	5.4.3	柱状图	134
	5.4.4	条形图	134
	5.4.5	饼图	135
	5.4.6	散点图	136
	5.4.7	气泡图	136
	5.4.8	雷达图	137
	5.4.9	地图	138

         5.4.10 热力图 ································· 138
         5.4.11 词云图 ································· 139
         5.4.12 树 ····································· 139
         5.4.13 平行坐标 ······························· 139
         5.4.14 军队标号与辅助图形 ···················· 141
         5.4.15 箱线图 ································· 143
         5.4.16 矩形树图 ······························· 144
         5.4.17 关系图 ································· 144
         5.4.18 桑基图 ································· 145
         5.4.19 漏斗图 ································· 146
   5.5 数据类型与图表选择 ··························· 147
         5.5.1 趋势型数据可视化 ······················· 147
         5.5.2 比例型数据可视化 ······················· 152
         5.5.3 对比型数据可视化 ······················· 152
         5.5.4 分布型数据可视化 ······················· 152
         5.5.5 区间型数据可视化 ······················· 154
         5.5.6 关系型数据可视化 ······················· 156
         5.5.7 地理型数据可视化 ······················· 157
   5.6 数据可视化工具 ······························· 159
         5.6.1 Microsoft Excel ························ 159
         5.6.2 Matplotlib 模块 ························ 160
         5.6.3 Plotnine 模块 ·························· 162
   5.7 战场态势可视化 ······························· 164
         5.7.1 可视化与态势感知 ······················· 164
         5.7.2 军事信息可视化分类 ····················· 165
         5.7.3 军事数据可视化综合案例 ················· 170
   习题 ·· 183

第 6 章 作战数据预处理 ································· 185
   6.1 数据预处理概述 ······························· 185
         6.1.1 数据质量差原因分析 ····················· 185
         6.1.2 数据质量 ································· 186
         6.1.3 数据审计 ································· 189
   6.2 数据清洗 ····································· 190
         6.2.1 缺失数据处理 ···························· 191
         6.2.2 冗余数据处理 ···························· 192
         6.2.3 噪声数据处理 ···························· 193
         6.2.4 不一致数据处理 ························· 195
   6.3 数据变换 ····································· 195
         6.3.1 大小变换 ································· 196

  6.3.2 类型变换 197
 6.4 数据集成 198
  6.4.1 基本类型 198
  6.4.2 主要问题 198
 6.5 数据消减 200
  6.5.1 数据立方合计 201
  6.5.2 维数消减 201
  6.5.3 数据压缩 202
  6.5.4 数据块消减 203
  6.5.5 离散化和概念层次树生成 206
 习题 208
第7章 作战数据分析与挖掘 209
 7.1 探索式数据分析 210
  7.1.1 汇总统计 211
  7.1.2 可视化 212
 7.2 数据挖掘内涵 213
  7.2.1 数据挖掘定义 213
  7.2.2 数据挖掘目的 217
  7.2.3 数据挖掘任务分类 217
  7.2.4 数据挖掘过程 218
 7.3 数据挖掘经典算法 219
  7.3.1 支持向量机 219
  7.3.2 决策树 221
  7.3.3 随机森林 223
  7.3.4 AdaBoost 225
  7.3.5 K最近邻算法 227
  7.3.6 朴素贝叶斯 230
  7.3.7 K-means算法 231
 习题 234
第8章 作战数据安全管理 235
 8.1 数据安全概述 235
  8.1.1 数据安全威胁 235
  8.1.2 数据安全问题 237
  8.1.3 数据安全目标 237
  8.1.4 数据安全模型 238
 8.2 数据访问控制 238
  8.2.1 用户标识与鉴别 238
  8.2.2 存取控制 239
  8.2.3 用户角色权限管理 242

　　　　8.2.4 视图机制 ………………………………………………………………… 246
　　　　8.2.5 审计 …………………………………………………………………… 247
　8.3 数据传输控制 ………………………………………………………………… 248
　　　　8.3.1 数据加密 ………………………………………………………………… 248
　　　　8.3.2 数字签名 ………………………………………………………………… 249
　　　　8.3.3 数字水印 ………………………………………………………………… 250
　8.4 数据备份与容灾 ……………………………………………………………… 252
　　　　8.4.1 普通数据备份层次 ……………………………………………………… 252
　　　　8.4.2 数据备份策略 …………………………………………………………… 254
　　　　8.4.3 容灾级别与等级 ………………………………………………………… 256
　　　　8.4.4 数据容灾与数据备份关系 ……………………………………………… 258
　8.5 数据安全管理法规与制度 …………………………………………………… 259
　　　　8.5.1 欧盟数据保护通用条例 ………………………………………………… 259
　　　　8.5.2 国内相关法规 …………………………………………………………… 260
　　　　8.5.3 数据安全管理制度 ……………………………………………………… 261
　习题 ………………………………………………………………………………… 261

第 9 章 数据管理新技术 ……………………………………………………………… 262
　9.1 联机分析处理 ………………………………………………………………… 263
　9.2 分布式数据管理系统 ………………………………………………………… 264
　　　　9.2.1 分布式数据库的概念 …………………………………………………… 264
　　　　9.2.2 分布式数据库的架构 …………………………………………………… 267
　9.3 NoSQL 数据库技术 ………………………………………………………… 271
　　　　9.3.1 NoSQL 的起因 ………………………………………………………… 271
　　　　9.3.2 NoSQL 的特点 ………………………………………………………… 272
　　　　9.3.3 NoSQL 数据库类型 …………………………………………………… 273
　　　　9.3.4 NoSQL 面临的挑战 …………………………………………………… 278
　9.4 大数据管理技术 ……………………………………………………………… 278
　　　　9.4.1 Google 大数据处理系统 ………………………………………………… 279
　　　　9.4.2 Hadoop 大数据处理框架 ……………………………………………… 282
　习题 ………………………………………………………………………………… 286

参考文献 ……………………………………………………………………………… 287

第 1 章　数据管理概论

数据（data）管理是利用计算机硬件和软件技术对数据进行有效的收集、存储、处理和应用的过程，其目的在于充分有效地发挥数据的作用，实现对数据的有效组织与管理。在大数据时代，作战数据的建设发展既是顺应作战模式的必然趋势，又是推动战斗力生成的内在要求，同时也是推进作战指挥向数字化、数据化转变的直接体现。研究作战数据，可以厘清基于数据指挥决策的优势，借助数据化推进联合作战实战化训练，为执行作战任务提供有力的科学依据和数据支撑。于是，基于数据的作战样式成为研究讨论的焦点，并不断阔步向前发展。

我们身处在一个数据爆炸的时代，在新的时代背景下，需要运用新的科学研究方式去应对新的挑战。对于数据的管理构成数据科学的主要内容，关注的是在数据时代的背景下，运用各门与数据相关的技术和理论服务社会。

本章主要介绍数据时代的背景与趋势，以及数据的基本概念，阐述军事数据工程产生的背景、内涵及研究对象，介绍作战数据管理的现状与发展。

1.1　数据的定义及特征

1.1.1　数据的定义与生命周期

数据是符号的集合，是表达客观事物的未经加工的原始素材，例如图形、符号、数字、字母等都是数据的不同形式。例如描述 5 个人，可以用 5、五、伍、正、101、five、☆或者条形码表示。符号可以是数字，也可以是文字、图形、图像、声音等，因此数据的类型有数值型和非数值型。数值型数据可以直接进行科学计算，使得客观世界严谨有序。非数值型数据是除了数值数据以外的其他数据，使得客观世界丰富多彩。

数据也可看作数据对象和其属性的集合，其中属性可看成是变量、值域、特征或特性，例如人类头发的颜色、人类体温等。单个数据对象可以由一组属性描述，也称为记录、点、实例、采样、实体等。属性值可以是表达属性的任意数值或符号，同一类属性可以具有不同的属性值，例如长度的度量单位可以是英尺或米。不同的属性也可能具有相同的取值和不同的含义，例如年份和年龄都是整数型数值，而年龄通常有取值区间。

作战数据并不是与生俱来的，而是随着战争应运而生的。在古代，人们还没有提出"作战数据"的概念，但是有了作战数据的雏形。20 世纪中期，美国将数据模型运用到作战指挥中，标志着作战数据的形成。作战数据是指为实现某一作战意图，从大量军事数据中提取所需信息，通过数据分析和处理，服务于作战指挥决策、方案计划拟制、火力筹划运用、作战效能评估等军事活动的功能性数据。

作战数据所涉及的范围广、数量大,数据存储的标准不统一,获取方式不同,实际使用时有些数据不能直接投入作战中,需按照一定规则进行处理,得出所需的数据。作战数据处理是一项复杂、庞大的过程,主要包括以下阶段:

(1) 数据描述。数据描述阶段是数据生命周期的开始阶段,需要对应用领域进行深入研究分析,制定出相应的数据标准,或基于成熟的数据标准,完成数据的定义,最后,通过具体的分析过程完成数据结构设计。

(2) 数据获取。数据源的获取是作战数据的基础,来源为情报部门获取、人工记录、传感器直接传输、卫星或无人机信息获取等多方面的渠道。数据获取阶段是数据的实际积累和完善的过程。数据获取阶段的活动包括原始数据获取、数据预处理、数据规范化处理等具体活动。一般情况下,通过原始数据获取活动得到的第一手数据,再通过数据预处理活动对数据进行预处理,去除其中非本质的、冗余的特征,最后通过数据规范化处理后,得到有效数据。

(3) 数据管理。数据管理阶段的活动包括存储管理、数据安全、数据维护、数据质量保证等具体活动。数据管理是数据有效性的重要保证,为后阶段的数据应用打好基础。

(4) 数据应用。数据应用阶段的活动是数据深加工过程,也就是数据价值的具体实现。数据应用阶段的活动可按照具体的技术特征细分为数据挖掘、信息检索、数据集成、数据可视化等活动,这些活动实际上就是数据应用过程中所使用的不同技术手段。作战数据应用主要是根据数据处理结果,将数学计算结果与传统经验数据进行比较分析,删除干扰项,得出指挥员决策使用的信息。

1.1.2 数据的特性

数据的特性是指数据区别于其他事物的本质属性。数据的基本特性主要有客观性、共享性、不对称性、可传递性和资源性。

(1) 客观性。数据是描述物质的存在、相互关系、运动状态和变化规律的,它是对客观自然现象和规律的基本理解,反映事物的本质,是客观存在的。

(2) 共享性。数据区别于物质、能源的一个重要特征是它可以被共同占有、共同享用。根据物能转化定理和物与物交换原则,得到一物或一种形式的能源,会失去另一物或另一种形式的能源。而数据交换双方不仅不会失去原有的数据,而且还会增加新的数据。

(3) 不对称性。数据的不对称性可从两个方面理解:首先是对客观事物的认识,不同人(或者说对事物认识的主体)有不同的认识程度,因而对某一个客体所获取的数据不尽相同,就造成了对这个客观事物产生了不同的认识或者说不完全相同的认识;其次是反映客观事物的数据,不能被不同人完全一致地占有,某些人占有得多,某些人占有得少,这就造成了同一事物的数据在不同群体(或人)中的差异,造成了不对称。由此会产生人们对同一事物的不同认识,当然也就会产生不同的结论。

(4) 可传递性。数据依靠各种传播工具实现传递,它可以在不同载体之间、不同区域之间进行传递,在传递过程中数据可能一成不变,也可能产生了数量的增减或价值的变化。数据在传递过程中不断表现出它的价值。

(5) 资源性。人类进入了 21 世纪,信息成为继物质和能量之后的第三大资源,而信息的产生是以数据为基础的,所以数据的资源性特征是显而易见的。

相较于普通数据,作战数据的特点则主要表现在以下两个方面:

(1) 作战数据的表达方式复杂化。作战数据不单单是简单的数字,而是诸多与作战息息相关的数字、图片、文字、音视频等数据的统称。由于作战数据表达方式区别于传统的数字,这就决定了其输入的非线性化,需要的标准不统一,数据处理的难度和手段相对增加。

(2) 作战数据的分类方式多样化。按来源可分为试验数据、统计数据、训练数据等;按保障方式可分为装备保障数据、阵地保障数据、诸元保障数据、后勤保障数据等;按用途可分为作战指挥数据、教学训练数据、科研数据;按作战对象可分为敌情、我情、战场环境。

此外,作战数据在运用中也有自己的特点:

(1) 适用范围广。作战数据广泛应用于空间、海上、陆地、水下等各作战领域,涉及侦察监视、图像信息采集、气象水文、道路交通信息等诸多元素,贯穿于整个作战流程。

(2) 处理难度大。作战数据的体系庞大、标准不一,在数据处理上所投入的人力物力相对增加,计算过程用到的数学计算方法、计算机、数据传输系统等配套设施较多,对大数据进行挖掘分析、基于模型仿真计算等较为复杂和繁琐,处理难度大。

1.1.3 数据、信息、知识、智慧的关系

1. 数据与信息的关系

将数据放到一个语境(context)中,给予它一定的含义,就成为信息,简单地说,信息=数据+语境。信息普遍存在于自然界、社会以及人的思维之中,是客观事物本质特征千差万别的反映,信息是对数据的有效解释,信息的载体就是数据。数据是信息的原材料,数据与信息是原料与结果的关系。

例如,"6000"是未经加工的客观事实,它是数据,如果将"6000"放到特定的语义环境中,如"6000m 是飞机的飞行高度",它就是信息。再如,"8000"是数据,而"8000m 是山的高度"就是信息。

2. 信息与知识的关系

知识是人们对客观事物运动规律的认识,是经过人脑加工处理过的系统化了的信息,是人类经验和智慧的总结,简单地说,知识=信息+判断。信息是知识的原材料,信息与知识是原料与结果的关系。

人们将飞机飞行高度与山的高度两条信息之间建立一种联系,加上自己的判断就产生了知识,例如"如果飞机以 6000m 的飞行高度向高度为 8000m 的高山飞去,飞机就会撞毁"就是知识。

3. 知识与智慧的关系

在了解多方面的知识之后,能够预见一些事情的发生并采取行动,就是智慧,简单地说,智慧=知识+整合。知识是智慧的原料,知识与智慧是原料与结果的关系。人类的智慧反映了对知识进行组合、创造及理解知识要义的能力。

例如,根据"如果飞机以 6000m 的飞行高度向 8000m 的高山飞去,飞机就会撞毁"这条知识,可以预见飞机撞山的发生,并采取行动,"让飞机始终保持在高于山的高度飞

行",这就是智慧。

综上所述,数据、信息、知识、智慧四者之间的关系如图 1-1 所示,是一个逐步提炼的过程。通过对数据的认知和解读,数据可以转化为信息;通过对大量信息的体验和学习,并从中提取关于事物的正确理解和对现实世界的合理解释,信息可以转化为知识;通过对知识的整合运用,知识可以转化为智慧。数据—信息—知识—智慧,推动人类社会进一步向前发展,数据是这一转变过程中的基础。

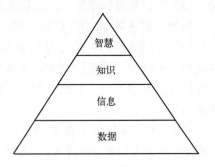

图 1-1　数据、信息、知识、智慧的关系

1.2　数据管理技术的产生和发展

数据管理的水平是和计算机硬件、软件的发展相适应的。随着计算机技术的发展,数据管理技术也经历了 3 个阶段的发展,即人工管理阶段、文件系统阶段、数据库系统阶段。

1.2.1　人工管理阶段

20 世纪 50 年代中期以前,计算机主要用于科学计算。硬件方面,计算机的外存只有磁带、卡片、纸带,没有磁盘等直接存取的存储设备,存储量非常小;软件方面,没有操作系统,没有高级语言,数据处理的方式是批处理,也即机器一次处理一批数据,直到运算完成为止,然后才能进行另外一批数据的处理,中间不能被打断,原因是此时的外存如磁带、卡片等只能顺序输入。

人工管理阶段的数据具有以下几个特点:

(1)数据不保存。由于当时计算机主要用于科学计算,数据保存上并不做特别要求,只是在计算某一个课题时将数据输入,用完就退出,对数据不作保存,有时对系统软件也是这样。

(2)数据不具有独立性。数据是输入程序的组成部分,即程序和数据是一个不可分割的整体,数据和程序同时提供给计算机运算使用。对数据进行管理,就像现在的操作系统可以以目录、文件的形式管理数据。程序员不仅要知道数据的逻辑结构,也要规定数据的物理结构,程序员对存储结构、存取方法及输入输出的格式有绝对的控制权,要修改数据必须修改程序。要对 100 组数据进行同样的运算,就要给计算机输入 100 个独立的程序,因为数据无法独立存在。

(3)数据不共享。数据是面向应用的,一组数据对应一个程序。不同应用的数据之间是相互独立、彼此无关的,即使两个不同应用涉及相同的数据,也必须各自定义,无法相互利用,互相参照。数据不但高度冗余,而且不能共享。

(4)由应用程序管理数据。数据没有专门的软件进行管理,需要应用程序自己进行管理,应用程序中要规定数据的逻辑结构和设计物理结构(包括存储结构、存取方法、输入输出方式等)。因此程序员负担很重。

综上所述，所以有人也称这一数据管理阶段为无管理阶段。

1.2.2　文件系统阶段

20 世纪 50 年代后期到 60 年代中期，数据管理发展到文件系统阶段。此时的计算机不仅用于科学计算，还大量用于管理。外存储器有了磁盘等直接存取的存储设备。在软件方面，操作系统中已有了专门的管理数据软件，称为文件系统。从处理方式上讲，不仅有了文件批处理，而且能够联机实时处理，联机实时处理是指在需要的时候随时从存储设备中查询、修改或更新，因为操作系统的文件管理功能提供了这种可能。这一时期的特点如下：

（1）数据长期保留。数据可以长期保留在外存上反复处理，即可以经常有查询、修改和删除等操作，所以计算机大量用于数据处理。

（2）数据的独立性。由于有了操作系统，利用文件系统进行专门的数据管理，程序员可以集中精力在算法设计上，而不必过多地考虑细节。例如要保存数据时，只需给出保存指令，而不必所有的程序员都还要精心设计一套程序，控制计算机物理地实现保存数据。在读取数据时，只要给出文件名，而不必知道文件的具体存放地址。文件的逻辑结构和物理存储结构由系统进行转换，程序与数据有了一定的独立性。数据的改变不一定要引起程序的改变。保存的文件中有 100 条记录，使用某一个查询程序。当文件中有 1000 条记录时，仍然使用这一个查询程序。

（3）可以实时处理。由于有了直接存取设备，也有了索引文件、链接存取文件、直接存取文件等，所以既可以采用顺序批处理，也可以采用实时处理方式。数据的存取以记录为基本单位。

上述各点都比第一阶段有了很大的改进。但这种方法仍有很多缺点，主要如下：

（1）数据共享性差，冗余度大。当不同的应用程序所需的数据有部分相同时，仍需建立各自的独立数据文件，而不能共享相同的数据。因此，数据冗余大，空间浪费严重。并且相同的数据重复存放，各自管理，当相同部分的数据需要修改时比较麻烦，稍有不慎，就造成数据的不一致。例如，学籍管理需要建立包括学生的姓名、班级、学号等数据的文件。这种逻辑结构和学生成绩管理所需的数据结构是不同的。在学生成绩管理系统中，进行学生成绩排列和统计，程序需要建立自己的文件，除了特有的语文成绩、数学成绩、平均成绩等数据外，还要有姓名、班级等与学籍管理系统的数据文件相同的数据。数据冗余是显而易见的，此外当有学生转学或转来时，两个文件都要修改。否则，就会出现有某个学生的成绩，却没有该学生的学籍的情况，反之亦然。如果系统庞大，则会牵一发而动全身，一个微小的变动引起一连串的变动，利用计算机管理的规模越大，问题就越多。常常发生实际情况与计算机中得到的信息不符的事件。

（2）数据和程序缺乏足够的独立性。文件中的数据是面向特定应用的，文件之间是孤立的。不能反映现实世界事物之间的内在联系。在上面的学籍文件与成绩文件之间没有任何的联系，计算机无法知道两个文件中的哪两条记录是针对同一个人的。要对系统进行功能的改变是很困难的。如在上面的例子中，要将学籍管理和成绩管理从两个应用合并成一个应用，则需要修改原来的某一个数据文件的结构，增加新的字段，还需要修改程序，后果就是浪费时间和重复工作。此外，应用程序所用的高级语言的改变，也将影响到文件的数据结构。如 Basic 语言生成的文件，COBOL 语言就无法如同是自己的语言生成的文件一样顺利地使用。总之，数据和程序之间缺乏足够的独立性是文件系统的一个大问题。

文件管理系统在数据量相当庞大的情况下，已经不能满足需要。美国在 20 世纪 60 年代进行"阿波罗"计划的研究。"阿波罗"飞船由约 200 万个零部件组成。分散在世界各地制造。为了掌握计划进度及协调工程进展，"阿波罗"计划的主要合约者罗克威尔（Rockwell）公司曾研制了一个计算机零件管理系统。系统共用了 18 盘磁带，虽然可以工作，但效率极低，维护困难。18 盘磁带中 60% 是冗余数据。这个系统一度成为实现"阿波罗"计划的严重障碍。应用的需要推动了技术的发展。文件管理系统面对大量数据时的困境促使人们去研究新的数据管理技术，数据库技术应运而生了。例如，最早的数据库管理系统之一 IMS 就是上述的罗克威尔公司在实现"阿波罗"计划中与 IBM 公司合作开发的，从而保证了"阿波罗"飞船于 1969 年顺利登月。

1.2.3 数据库系统阶段

从 20 世纪 60 年代后期开始，数据管理进入数据库系统阶段。这一时期用计算机管理的规模日益庞大，应用越来越广泛，数据量急剧增长，数据要求共享的呼声越来越强。这种共享的含义是多种应用、多种语言互相覆盖地共享数据集合。此时的计算机有了大容量磁盘，计算能力也非常强。硬件价格下降，编制软件和维护软件的费用相对在增加。联机实时处理的要求更多，并开始提出和考虑并行处理。

在这样的背景下，数据管理技术进入数据库系统阶段。数据库是数据的仓库。与普通"数据仓库"不同的是，数据库是依据"数据结构"来组织数据，因为"数据结构"，所以我们看到的数据是比较"条理化"的。

现实世界是复杂的，反映现实世界的各类数据之间必然存在错综复杂的联系。为反映这种复杂的数据结构，让数据资源能为多种应用需要服务，并为多个用户所共享，同时为让用户能更方便地使用这些数据资源，在计算机科学中，逐渐形成了数据库技术这一独立分支。计算机中的数据及数据的管理统一由数据库系统来完成。

数据库系统的目标是解决数据冗余问题，实现数据独立性，实现数据共享并解决由于数据共享而带来的数据完整性、安全性及并发控制等一系列问题。为实现这一目标，数据库的运行必须有一个软件系统来控制，这个系统软件称为数据库管理系统（database management system，DBMS）。数据库管理系统将程序员进一步解脱出来，就像当初操作系统将程序员从直接控制物理读写中解脱出来一样。程序员此时不需要再考虑数据库中的数据是不是因为改动而造成不一致，也不用担心由于应用功能的扩充，而导致程序重写，数据结构重新变动。在这一阶段，数据管理具有下面的优点：

（1）数据结构化。数据结构化是数据库系统与文件系统的根本区别。在文件系统中，相互独立的文件的记录内部是有结构的，传统文件的最简单形式是等长同格式的记录集合。这样就可以节省许多储存空间。

数据的结构化是数据库主要特征之一，这种结构化是如何实现的，则与数据库系统采用的数据模型有关，后面会有较详细的描述。

（2）数据共享性高，冗余度小，易扩充。数据库从整体的观点来看待和描述数据，数据不再是面向某一应用，而是面向整个系统。这样就减小了数据的冗余，节约存储空间，缩短存取时间，避免数据之间的不相容和不一致。对数据库的应用可以很灵活，面向不同的应用，存取相应的数据库的子集。当应用需求改变或增加时，只要重新选择数据子集或者加上一部分数据，便可以满足更多更新的要求，也就是保证了系统的易扩充性。

（3）数据独立性高。数据库提供数据的存储结构与逻辑结构之间的映像或转换功能，使得当数据的物理存储结构改变时，数据的逻辑结构可以不变，从而程序也不用改变，这就是数据与程序的物理独立性。也就是说，程序面向逻辑数据结构，不去考虑物理的数据存放形式。数据库可以保证数据的物理改变不引起逻辑结构的改变。

数据库还提供了数据的总体逻辑结构与某类应用所涉及的局部逻辑结构之间的映像或转换功能。当总体的逻辑结构改变时，局部逻辑结构可以通过这种映像的转换保持不变，从而程序也不用改变。这就是数据与程序的逻辑独立性。举例来讲，在进行学生成绩管理时，姓名等数据来自于数据的学籍部分，成绩来自于数据的成绩部分，经过映像组成局部的学生成绩，由数据库维持这种映像。当总体的逻辑结构改变时，例如学籍和成绩数据的结构发生了变化，数据库为这种改变建立一种新的映像，就可以保证局部数据——学生数据的逻辑结构不变，程序是面向这个局部数据的，所以程序就无须改变。

（4）统一的数据管理和控制功能，包括数据的安全性控制、数据的完整性控制及并发控制、数据库恢复。

数据库是多用户共享的数据资源。对数据库的使用经常是并发的。为保证数据的安全可靠和正确有效，数据库管理系统必须提供一定的功能来保证。

数据库的安全性是指防止非法用户的非法使用数据库而提供的保护。例如，不是学校的成员不允许使用学生管理系统，学生允许读取成绩但不允许修改成绩等。

数据的完整性是指数据的正确性和兼容性。数据库管理系统必须保证数据库的数据满足规定的约束条件，常见的有对数据值的约束条件。例如在建立上面的例子中的数据库时，数据库管理系统必须保证输入的成绩值大于 0，否则，系统发出警告。

数据的并发控制是多用户共享数据库必须解决的问题。要说明并发操作对数据的影响，必须首先明确，数据库是保存在外存中的数据资源，而用户对数据库的操作是先读入内存操作，修改数据时，是内存修改读入的数据复本，然后再将这个复本写回到储存的数据库中，实现物理的改变。

由于数据库的这些特点，它的出现使信息系统的研制从围绕加工数据的程序为中心转变到围绕共享的数据库来进行。这样便于数据的集中管理，也提高了程序设计和维护的效率。提高了数据的利用率和可靠性。当今的大型信息管理系统均是以数据库为核心的。数据库系统是计算机应用中的一个重要阵地。

1. 数据库管理系统

数据库管理系统（DBMS）是指数据库系统中对数据进行管理的软件系统，它是数据库系统的核心组成部分。对数据库（DB）的一切操作，包括定义、查询、更新及各种控制，都是通过 DBMS 进行的。

1）DBMS 的工作模式

DBMS 的工作示意图如图 1-2 所示。DBMS 的工作模式如下：

（1）接受应用程序的数据请求和处理请求。

(2) 将用户的数据请求（高级指令）转换成复杂的机器代码（低层指令）。
(3) 实现对数据库的操作。
(4) 从对数据库的操作中接收查询结果。
(5) 对查询结果进行处理（格式转换）。
(6) 将处理结果返回给用户。

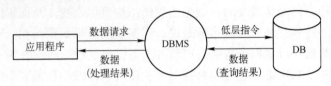

图 1-2 DBMS 的工作模式

DBMS 总是基于某种数据模型，因此可以将 DBMS 看成是某种数据模型在计算机系统上的具体实现。根据数据模型的不同，DBMS 可以分成层次型、网状型、关系型、面向对象型等。

在不同的计算机系统中，由于缺乏统一的标准，即使同种数据模型的 DBMS，在用户接口、系统功能等方面也常常是不相同的。

用户对数据库进行操作，是由 DBMS 把操作从应用程序带到外部级、概念级，再导向内部级，进而通过操作系统（OS）操纵存储器中的数据。同时，DBMS 为应用程序在内存开辟一个 DB 的系统缓冲区，用于数据的传输和格式的转换。而三级结构定义存放在数据字典中。图 1-3 所示为用户访问数据库的过程，可以看出 DBMS 所起的核心作用。DBMS 的主要目标是使数据作为一种可管理的资源来处理。

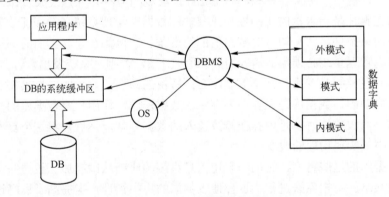

图 1-3 用户访问数据的过程

2) DBMS 的主要功能

DBMS 的主要功能有以下 5 个方面：

(1) 数据库的定义功能。DBMS 提供数据定义语言（DDL）来定义数据库的三级结构、两级映象，定义数据的完整性约束、保密限制等约束。因此，在 DBMS 中应包括 DDL 的编译程序。

(2) 数据库的操纵功能。DBMS 提供数据操纵语言（DML）实现对数据的操作。基本的数据操作有两类，即检索（查询）和更新（包括插入、删除、修改）。因此，在 DBMS

中应包括 DML 的编译程序或解释程序。

依照语言的级别，DML 又可分成过程性 DML 和非过程性 DML 两种。过程性 DML 是指用户编程时，不仅需要指出"做什么"（需要什么样数据），还需要指出"怎么做"（怎样获得这些数据）。非过程性 DML 是指用户编程时，只需要指出"做什么"，不需要指出"怎么做"。

层次、网状的 DML 都属于过程性语言，而关系型 DML 属于非过程性语言。非过程性语言易学，操作方便，深受广大用户欢迎。但非过程性语言增加了系统的开销，一般采用查询优化的技术来弥补。通常查询语言是指 DML 中的检索语句部分。

（3）数据库的保护功能。数据库中的数据是信息社会的战略资源，对数据的保护是至关重要的大事。DBMS 对数据库的保护通过 4 个方面实现，因而在 DBMS 中应包括这 4 个子系统。

① 数据库的恢复。在数据库被破坏或数据不正确时，系统有能力把数据库恢复到正确的状态。

② 数据库的并发控制。在多个用户同时对同一个数据进行操作时，系统应能加以控制，防止数据库中的数据被破坏。

③ 数据完整性控制。保证数据库中数据及语义的正确性和有效性，防止任何对数据造成错误的操作。

④ 数据安全性控制。防止未经授权的用户存取数据库中的数据，以免数据的泄露、更改或破坏。

DBMS 的其他保护功能还有系统缓冲区的管理以及数据存储的某些自适应调节机制等。

（4）数据库的维护功能。这一部分包括数据库的数据载入、转换、转储、数据库的改组以及性能监控等功能。这些功能分别由各个实用程序完成。

（5）数据字典。数据库系统中存放三级结构定义的数据库称为数据字典（data dictionary，DD）。对数据库的操作都要通过 DD 才能实现。DD 中还存放数据库运行时的统计信息，如记录个数、访问次数等。管理 DD 的子系统称为"DD 系统"。

上面是一般的 DBMS 所具备的功能，通常在大、中型计算机上实现的 DBMS 功能较强、较全，在微型计算机上实现的 DBMS 功能较弱。

还应指出，应用程序并不属于 DBMS 应用。应用程序是用主语言和 DML 编写的。程序中 DML 语句由 DBMS 执行，而其余部分仍由主语言编译程序完成。

3）关系数据库管理系统

关系数据库（relational database）管理系统采用关系模型来组织数据，运用数学方法来处理数据库中的数据。1962 年，CODASYL 发表的"信息代数"最早将这类方法用于数据处理，随后 1968 年，David Child 在 7090 机上实现了集合论数据结构，美国 IBM 公司的 E.F.Codd 严格系统地提出关系模型理论，他从 1970 年起陆续发表的多篇论文，奠定了关系数据库的理论基础。

1970 年，E. F. Codd 发表了一篇有关数据库的文章 *A Relational Model of Data for Large Shared Data Banks*，这篇文章主要阐述关系模型的定义，关系数据库的概念由此诞生。由于 E.F.Codd 的杰出贡献，1981 年他获得了计算机界的最高奖——图灵奖。

从此，数据库进入一个划时代的发展。首先，IBM 公司根据 E.F.Codd 的理论开发了

"结构化英语查询语言"（structured english query language，SEQUEL），可以通过这种语言来访问关系数据库。后来，美国国家标准协会（ANSI）和国际标准化组织（ISO）都对"结构化英语查询语言"进行标准化，使"结构化英语查询语言"成为业界的标准。现在，通常都把这种语言称为 SQL（stuctured query language）。

关系数据库目前是各类数据库中最重要、最流行的数据库。20 世纪 80 年代以来，计算机厂商新推出的数据库管理系统产品几乎都是关系型数据库（图 1-4），非关系型数据库也大都加上了关系接口。关系模型有严格的数学理论推演，数据库领域当前的研究工作都是以关系方法为基础的，因此这里重点讨论关系数据库设计的有关理论问题。

图 1-4 国外主要关系型数据库

关系型数据库最典型的数据结构是表，是由二维表及其之间的联系所组成的一个数据组织。其优点主要包括：① 易于维护，都是使用表结构，格式一致；② 使用方便，SQL 语言通用，可用于复杂查询；③ 复杂操作，支持 SQL，可用于一个表以及多个表之间非常复杂的查询。其缺点主要包括：① 读写性能比较差，尤其是海量数据的高效率读写；② 固定的表结构，灵活度稍欠；③ 高并发读写需求，对传统关系型数据库来说，硬盘 I/O 是一个很大的瓶颈。

4）国产关系数据库管理系统

在政府的支持下，经过十余年的发展，国产数据库软件企业在自身实力、产品、技术方面有了质的提升，国产数据库软件在信息安全、提供本土化服务方面有得天独厚的优势。

（1）达梦（DM）。武汉达梦成立于 2000 年 11 月，达梦数据库管理系统是达梦公司推出的具有完全自主知识产权的高性能数据库管理系统，简称 DM。达梦数据库管理系统的最新版本是 7.0 版本，简称 DM7。

DM7 采用全新的体系架构，在保证大型通用的基础上，针对可靠性、高性能、海量数据处理和安全性做了大量的研发和改进工作，极大提升了达梦数据库产品的性能、可靠性、可扩展性，能同时兼顾 OLTP 和 OLAP 请求，从根本上提升了 DM7 产品的品质。

（2）神舟通用（神通）。神舟通用是由北京神舟航天软件技术有限公司、天津南大通用数据技术有限公司、东软集团股份有限公司、浙大网新科技股份有限公司四家公司共同投资组建的国家高新技术软件公司。神舟通用的核心产品——神通数据库，通过了公安部《计算机信息系统安全等级保护》第三级安全认证和中国人民解放军军用信息安全产品军 B 级认证，并入选国家重点新产品、国家级火炬计划、博望计划。

神通数据库有企业版、标准版、安全版、军用版等不同版本。神通数据库标准版是神舟通用拥有自主知识产权的企业级、大型通用关系型数据库管理系统。

神通数据库标准版采用关系数据模型作为核心数据模型，支持 SQL 通用数据库查询语言，提供标准的 ODBC、JDBC、OLEDB/ADO、Net Provider 等数据访问接口，并具有海量数据管理和大规模并发处理能力。

基于对底层数据存储技术多年的探索和研究，神舟通用公司以神通数据库为基础融入多项先进技术，相继研发了神通 KSTORE 海量数据管理系统、神通 ClusterWare 集群套件、神通商业智能套件、神通嵌入式数据库等产品。

神舟通用推出了一系列解决方案，如神通 ETL 解决方案、神通数据库复制和同步方案、神通数据集成方案、神通数据库双机热备 HA 解决方案、神通数据库安全解决方案、神通数据库备份与恢复方案、神通数据库集群方案、神通数据库迁移方案、监控与自动化管理解决方案。

（3）金仓（Kingbase）。人大金仓是中国电子科技集团公司（CETC）成员单位，成立于 1999 年，是中国自主研发数据库产品和数据管理解决方案的领军企业。人大金仓一共完成了 12 个版本的产品，目前最新产品为支持云计算海量数据处理的 KingbaseES V7。数据库产品有军用版、安全版、企业版、标准版、单机版、嵌入版。

人大金仓主要产品包括金仓企业级通用数据库、金仓安全数据库、金仓商业智能平台、金仓数据整合工具、金仓复制服务器、金仓高可用软件，覆盖数据库、安全、商业智能、云计算、嵌入式和应用服务等领域，在高性能、分布式处理、并行处理、海量数据管理、数据库安全、数据分析展现等数据库相关技术方面凸显优势，引领国产数据库及相关领域的发展。

人大金仓企业级通用数据库 KingbaseES 是入选国家自主创新产品目录的唯一数据库软件产品，也是国家级、省部级实际项目中应用最广泛的国产数据库产品。KingbaseES 具有大型通用、"三高"（高可靠、高性能、高安全）、"两易"（易管理、易使用）、运行稳定等特点，如图 1-5 所示。

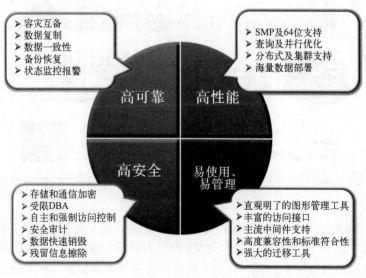

图 1-5　人大金仓数据库软件产品特点

在产品兼容性方面，KingbaseES 支持 SQL92、SQL2003 标准数据类型，提供自动化数据迁移工具，可实现与 Oracle、DB2、SQL Server、Sybase 等国外主流数据库产品进行数据迁移，不会产生任何长度和精度损失。与 Oracle 等数据库产品，在服务器、接口、工具等各组件中全面改进了兼容性，缩小产品之间的差异，减小了现有应用移植和新应用开发的成本，降低了数据库系统管理员、应用开发人员等学习和使用 KingbaseES 的难度。

在产品易用性方面，有多种图形化管理工具（企业管理器、查询分析器、控制管理器、物理备份恢复工具、逻辑备份还原工具、系统监控工具、Web 管理平台）；各类界面工具进行独特的人性化设计，方便使用者管理；提供丰富的数据库访问接口（JDBC、ODBC、OLEDB、DCI、PERL、PHP、ESQL、NDP 等）；具有自动安装部署、操作简便且具有良好的环境适应性。

2012 年 5 月，KingbaseES V7 率先通过公安部结构化保护级（第四级）的安全认证并获得销售许可证，成为第一家获得该标准认证的国产数据库企业，超越了国外同类数据库产品的安全级别成为安全数据库的代表。目前，包括 Oracle、SQL Server、DB2 等在内的所有国外数据库产品，最高只达到 EAL4 级的安全级别；金仓数据库此次率先通过安全四级，意味着以金仓数据库为代表的国产数据库的安全级别已经超越了国外同类数据库产品，这对构建我国自主可控的信息安全体系具有重大意义。KingbaseES V7 是人大金仓最新研发推出的集群解决方案，可为云计算、大数据提供支撑。

5）非关系型数据库

非关系型数据库也称为 NoSQL 数据库（图 1-6），NoSQL 本意是"Not Only SQL"，而不是"No SQL"的意思，因此 NoSQL 的产生并不是要否定关系型数据库，而是作为传统关系型数据库的一个有效补充。NoSQL 数据库不需要事先定义结构，也就是不需要建表建库等，每条记录可以有不同的类型和约束条件。在特定的场景下可以发挥出难以想象的高效率和高性能。

图 1-6 非关系型数据库

随着互联网 Web 2.0 网站的兴起，传统的关系型数据库对于规模日益扩大的海量数据、超大规模和高并发的微博、微信，SNS 类型的 Web 2.0 纯动态网站已经显得力不从心，暴露了很多难以克服的问题。例如：传统的关系型数据库的 I/O 瓶颈、性能瓶颈都难以有效突破，于是出现了大批针对特定场景、以高性能和使用便利为目的功能特异化的数据库产品。NoSQL 类型数据库就是在这样的情景下诞生并得到了迅速发展。开源的 NoSQL 体系，如 Facebook 的 Cassandra，Apache 的 HBase，也得到了广泛认同，Redis、mongoDB 也越来越受到各类大中小型公司的欢迎和追捧。

非关系型数据库严格上说不是一种数据库，而是一种数据结构化存储方法的集合，可以是文档或者键值对等。其主要优点包括：

（1）格式灵活。存储数据的格式可以是 key-value 形式、文档形式、图片形式等，使用灵活，应用场景广泛，而关系型数据库则只支持基础类型。

（2）速度快。NoSQL 可以使用硬盘或者随机存储器作为载体，而关系型数据库只能使用硬盘。

（3）高扩展性。

（4）成本低。NoSQL 数据库部署简单，基本都是开源软件。

其相应的缺点如下：

（1）不提供 SQL 支持，学习和使用成本较高。

（2）无事务处理。

（3）数据结构相对复杂，复杂查询方面稍欠。

2. 数据库系统

数据库系统（DBS）是采用了数据库技术的计算机系统。DBS 是一个实际可运行的，按照数据库方法存储、维护和向应用系统提供数据支持的系统，它是数据库、硬件、软件和数据库管理员的集合体。

1）数据库（DB）

DB 是与一个企业组织各项应用有关的全部数据的集合。DB 分成两类：一类是应用数据的集合，称为物理数据库，它是数据库的主体；另一类是各级数据结构的描述，称为描述数据库，由 DD 系统管理。

2）硬件

这一部分包括中央处理机、内存、外存、输入/输出设备等硬件设备。在 DBS 中特别要关注内存、外存、I/O 存取速度、可支持终端数和性能稳定性等指标，现在还要考虑支持联网的能力和配备必要的后备存储器等因素。此外，还要求系统有较高的通道能力，以提高数据的传输速度。

3）软件

这一部分包括 DBMS、OS、各种主语言和应用开发支撑软件等程序。DBMS 是 DBS 的核心软件，要在 OS 支持下才能工作。为了开发应用系统，需要各种主语言，这些语言大都属于第三代语言（3GL）范畴，例如 COBOL、C 等；有些是属于面向对象程序设计语言，例如 Visual C++、Java 等语言。

应用开发支撑软件是为应用开发人员提供的高效率、多功能的交互式程序设计系统，一般属于第四代语言（4GL）范畴，包括报表生成器、表格系统、图形系统、具有数据库访问和表格 I/O 功能的软件、数据字典系统等。它们为应用程序的开发提供了良好的环境，可提高生产率 20～100 倍。目前，典型的数据库应用开发工具有 Visual Basic、PowerBuilder 和 Delphi 等。

4）数据库管理员

要想成功地运转数据库，就要在数据处理部门配备管理人员，即数据库管理员（database administrator，DBA）。DBA 必须熟悉企业全部数据的性质和用途，并对所有用户的需求有充分的了解；DBA 还必须对系统的性能非常熟悉，兼有系统分析员和运筹学专家的品质和知识。

1.3 数据科学的兴起与挑战

数据获取技术的革命性进步、存储器价格的显著下降以及人们希望从数据中获得知识的客观需要等催生了大数据，数据管理技术迎来了大数据时代。

1.3.1 大数据时代的到来

麦肯锡于 2011 年 5 月发布报告《大数据：创新、竞争和生产力的下一个前沿领域》，将大数据概念从技术圈引入企业界。美国政府不久推出了《大数据研究发展计划》，将大数据上升至国家战略层面，形成国家意志。2012 年 11 月 17 日在北京召开的"数据科学与信息产业大会"上，宣告数据科学将在大数据时代焕发新生，标志学术界对大数据的重视达到了一个前所未有的新高度。正如哈佛大学量化社会科学学院院长 Gary King 所说："这是一种革命，确实正在进行这场革命，庞大的新数据来源所带来的量化转变将在学术界、企业界和政界中迅速蔓延开来，没有哪个领域不会受到影响。"毫无疑问，上述的种种事件无不向世界传递一个信息：大数据时代已经到来。

麦肯锡报告中指出，全球数据正在呈爆炸式增长，数据已经渗透到每一个行业和业务职能领域，并成为重要的生产因素。大数据的使用将成为企业成长和竞争的关键，人们对大数据的运用将支撑新一波的生产力增长和消费者收益浪潮。麦肯锡深入研究了美国医疗卫生、欧洲公共管理部门、美国零售业、全球制造业和个人地理信息五大领域，用具体量化的方式分析研究大数据所蕴含的巨大价值。大数据的合理有效利用，为美国医疗卫生行业每年创造价值逾 3000 亿美元，为欧洲公共管理部门每年创造价值 2500 亿欧元（约 3500 亿美元），为全球个人位置服务的服务商和最终用户分别创造至少 1000 亿美元的收入和 7000 亿美元的价值，帮助美国零售业获得 60%的净利润增长，帮助制造业在产品开发、组装方面降低成本 50%。

大数据，事关国计民生、产业兴衰、公司存亡，不可不察。信息科技经过 60 余年的发展，数据（信息）已经渗透到国家治理、国民经济运行的方方面面。经济活动中很大一部分都与数据的创造、传输和使用有关。2012 年 3 月，奥巴马公布了美国《大数据研究和发展计划》，标志着大数据已经成为国家战略，上升为国家意志。国家竞争力将部分体现为一国拥有数据的规模、活性，以及解释、运用数据的能力。国家数字主权体现为对数据的占有和控制。数字主权将是继边防、海防、空防之后，另一个大国博弈的空间。没有数据安全，也就没有国家安全。华为、中兴开拓美国市场受挫，就是非常明显和清晰的信号。美国政府对自家数据安全的重视程度，已经到了不能让任何外国信息基础设施产品供应商染指的地步。华为此前一直希望通过竞标和并购等方式进入北美市场，多年来未能如愿。2008 年，华为与贝恩资本联合竞购 3COM 公司，却因美国政府阻挠未能成行；2011 年，华为被迫接受美国外国投资委员会建议，撤销收购 3Leaf 公司特殊资产的申请；同样是在 2011 年，美国商务部阻止华为参与国家应急网络项目招标。

再看美国国防部立项的几个大数据项目：多尺度异常检测（ADAMS）项目，解决大规模数据集的异常检测和特征识别的问题；网络内部威胁（CINDER）计划，旨在开发新的方法来检测军事计算机网络与网络间谍活动，提高对网络威胁检测的准确性和速度；Insight 计划，主要解决目前情报、监视和侦察系统的不足，进行网络威胁的自动识别和非常规的战争行为。其他部门包括国土安全部、能源部、卫生和人类服务部、国家航天总局、美国国家科学基金会、美国国家安全局、美国地质调查局纷纷推出大数据项目。奥巴马指出："通过提高我们从大型复杂的数据集中提取知识和观点的能力，加快科学与工程前进步伐，改进教学研究，加强国家安全。"

麦肯锡给出的大数据定义是：大数据指的是大小超出常规的数据库工具获取、存储、管理和分析能力的数据集。但同时强调，并不是说一定要超过特定 TB 值的数据集才能算是大数据。国际数据公司（IDC）从大数据的 4 个特征来定义，即海量的数据规模（Volume）、快速的数据流转和动态的数据体系（Velocity）、多样的数据类型（Variety）、巨大的数据价值（Value）。

大数据是一个宽泛的概念，见仁见智。上面几个定义，无一例外地都突出了"大"字。诚然"大"是大数据的一个重要特征，但远远不是全部。国内学者在调研多个行业后，给出了自己的定义：大数据是"在多样的或者大量数据中，迅速获取信息的能力"。这个定义更关心大数据的功用，它能帮助大家干什么。在这个定义中，重心是"能力"。大数据的核心能力，是发现规律和预测未来。

1. 大数据的特征

截至 2011 年，全球拥有互联网用户数已达到 20 亿；RF 旧标签在 2005 年的保有量仅有 13 亿个，但是到 2010 年这个数字超过了 300 亿；2006 年资本市场的数据比 2003 年增长了 17.5 倍；目前新浪微博上每天上传的微博数超过 1 亿条；Facebook 每天处理 10TB 的数据；世界气象中心积累了 220TB 的 Web 数据，9PB 其他类型数据……

根据国际数据公司（IDC）的《数据宇宙》报告显示：2008 年全球数据量为 0.5ZB，2010 年为 1.2ZB，人类正式进入 ZB 时代。更为惊人的是，2020 年以前全球数据量仍将保持每年 40%多的高速增长，大约每两年就翻 1 倍，这与 IT 界人尽皆知的摩尔定律极为相似，姑且可以称之为"大数据爆炸定律"。

同时，根据互联网数据中心的《中国互联网市场洞见：互联网大数据技术创新研究 2012》报告显示：截至 2011 年年底，中国互联网行业持有的数据总量已达到 2EB，而 2015 年该规模为 8EB 以上。

人类社会的数据量在不断刷新一个个新的量级单位，已经从 TB、PB 级别跃升至 EB、ZB 级别。

人们日常工作中接触的文件、照片、视频，都包含大量的数据，蕴含大量的信息。这一类数据有一个共同的特点，即大小、内容、格式、用途可能都完全不一样。以最常见的 Word 文档为例，最简单的 Word 文档可能只有寥寥几行文字，但也可以混合编辑图片、音乐等内容，成为一份多媒体的文件。这类数据通常称为非结构化数据。

与之相对应的另一类数据，就是结构化数据。这类数据大家可以简单地理解成表格里的数据，每一条的结构都相同。大家每月都能领到工资条，每个工资条结构都是一样的，当然里面的工资和缴纳的个税、保险不同。每个人的工资条依次排列到一起，就形成了工资表。利用计算机处理结构化数据的技术比较成熟，从事会计、审计等工作的人，利用 Excel 工具很容易进行加减乘除、汇总、统计之类的运算。如果进行大量的运算，一些商业数据库软件就会派上用场，它们专门用于存储和处理这些结构化的数据。

但遗憾的是，人们日常接触到的数据绝大部分都是非结构化的。有的咨询机构认为非结构化数据占企业总数据量的 80%，也有机构认为占 95%。如何像处理结构化数据那样方便、快捷地处理非结构化数据，是信息产业一直以来的努力方向之一。在这个领域，信息业是走了不少弯路的。起初人们借助结构化数据处理的成果，把非结构化数据也用传统的数据库（基于关系型的数据库）来处理。非结构化数据的一大特点就是"龙生九子，各有不同"，硬要套到一个模子里面来，结果是费力不讨好。于是，人们一度认为大量的非结构化数据是难以处理的。

幸运的是，谷歌公司在为公众提供页面搜索服务的同时，顺便解决了大量网页、文档这类数据的快速访问难题，成为大数据技术的先驱。雅虎公司的一个开发小组，利用谷歌的成果成功地开发出大数据处理的一套程序框架，这就是 Hadoop。目前，这个领域非常活跃，发展可谓日新月异。

这些公司的实践，让大家面对其他各类的非结构化数据处理难题重建信心，如高清图像、视频、音频等的处理技术都已驶入了快车道。

另外，社交网络上的表现人们情绪的数据日益丰富。例如：〔笑脸〕〔鼓掌〕〔握手〕〔愤怒〕〔纪念〕等代表人们心情的标准化图释的大量使用，无疑表达了人们对某一事件的总体情绪，可能昭示线下会发生某些行为。

2. 大数据应用模式的变化

1）数据的快速应用

数据的快速应用是传统的数据应用和大数据应用最重要的区别。过去的十几年间，金融、电信等行业都经历了核心应用系统从散落在各地市到逐步统一至总部的过程。大量数据集中后，带来的第一个问题就是大大延长了各类报表生成时间。业界一度质疑，快速地在海量数据中提取信息，是否可行。

谷歌公司在这方面的贡献，无疑是开创性的。它的搜索服务，等于向信息业界宣布，1s 之内就能检索全世界的网页，而且可以找到想要的结果。在写作本段的时候，当用谷歌搜索关键词"大数据"时，提示"找到约 46300000 条结果（用时 0.37s）"。谷歌等于为大数据应用确立了一个标杆。如果超过 1s 的数据应用，就会给用户带来不良的使用体验。甚至在某些情况下，如果应用速度达不到"秒"级，其商业价值就会大打折扣。

下面来看一个营销的例子：价格越贵的东西，人们购买时就会越犹豫，反复掂量自己的钱包。相反，价格越便宜的东西，人们购买时更多根据一时的喜好，呈现冲动型购买的特征。京东商城根据消费者购买商品的特征，将其分为 4 种类型，其中冲动型购买者占 37%。所以，能否在用户冲动的瞬间及时送达精准的商品信息，就成为提高商品销售的关键所在。幸运的是，社交型互联网的应用，如美国的 Facebook、中国的微博和微信，提供了侦测人们偏好和兴趣的接口，使得这种精准的营销在大数据时代成为可能。

在以高频交易为主的股票市场，比别人快 20ms 就可能获得惊人的超额收益。所以，有人为了抢这宝贵的 20ms，单独建了一条从西海岸到东海岸横跨美国的光纤，也有人干脆就待在纽交所相同的街区。这种毫秒级时差造成的商业机会，也许会随着大数据的普及应用而在其他行业不断上演。

2）孤立的数据是没有价值的

Facebook、微博为代表的社交网络应用，构建了普遍关联用户行为数据。本来大家在网络上浏览网页、购买商品，游戏休闲等，都是互不关联的。尤其是智能手机的普及，使网络行为更趋向于碎片化。这些碎片化数据如果没有关联，是难以进行分析并加以利用的。但是社交网络提供了统一的接口，让大家无论是玩游戏还是买商品，都能够方便轻松地分享到微博上。微博扮演了用户行为数据连接器的角色。用户在网络上的碎片化行为，经由社交网络，就能完整地勾勒出一幅生动的网络生活图景，真实地反映了用户的偏好、性格、态度等特征，这其中孕育了大量的商业机会。

反之，孤立的数据，其价值要远远小于广泛连接的数据。然而，数据孤岛现象普遍存在。个人计算机中的文件，虽然按照目录分门别类地存放，但是之间的内容关系往往杂乱无章。企业中各部门壁垒林立，大家更倾向于尽可能地保护自己的数据。我国政府部门的数据孤岛现象更为严重，甚至可以称为"数据割据"现象。在数据孤岛的影响下，难以发挥大数据中蕴藏的价值。

3）活性越高价值越大

有一家公司寄来数据样本，希望帮他们评估这些数据的潜在商业价值，虽然数据量很大，但是数据更新的频率大概是每月一次。在判断数据的价值时，要看拥有数据的规模和数据活性。活性，也就是数据更新的频率。更新的频率越高，数据的活性越大；更新的频率越低，数据的活性越小。一般而言，数据活性更高的数据集，蕴含更丰富的信息。所以，这家公司如果想在大数据领域有所作为，需要想办法提高数据的活性。

3. 数据是关键资产

长期以来，经济学著作中，土地、资本和人力并称为企业的生产要素。人类进入工业时代以来，技术成为独立的生产要素之一。在信息时代，数据将成为独立的生产要素。有人把"数据"比喻为工业时代的石油，事实上"数据"和农耕时代"土地"的属性更加接近。

互联网领域，令人称道的谷歌、亚马逊和 Facebook，分别拥有不同的数据资源。谷歌之所以能打破微软垄断的铁幕，依仗的就是世界上最大的网页数据库，并建立了充分发挥这些数据资产潜在价值的数字媒体商业模式。许多公司开始把谷歌当作竞争对手，依葫芦画瓢推出和谷歌类似的搜索引擎，但包括微软公司在内没有一家可以撼动谷歌的根基，直到 Facebook 推出 graph search 引擎，才让谷歌感到真正的威胁。原因很简单，Facebook 拥有谷歌缺乏的一类数据资产——人们的关系数据，这是 Facebook 区别于所有竞争对手的关键因素。当谷歌和 Facebook 打得不可开交的时候，亚马逊却乐得坐山观虎斗。因为无论是谷歌还是Facebook都可以帮助亚马逊卖出更多的商品。亚马逊拥有世界上最大的商品电子目录。当所有的公司对苹果的平板电脑横扫世界束手无策的时候，亚马逊庞大的商品帮了大忙，人们愿意购买亚马逊的平板电脑，因为可以免费获得海量的图书。和亚马逊相比，缺少电子图书，恰巧是苹果的弱项。所以没有独一无二的数据资产，几乎无法参与巨人间的游戏。

从表1-1中可以看出谷歌公司是如何通过收购来丰富其数据资产的。

表1-1 谷歌公司的典型收购

收购日期	公司	性质	改造/整合对象	数据资产
2003年2月	Pyra Labs	博客软件	Bloger	收集博客数据
2003年4月	Applied Semantics	网络广告	AdSense、AdWords	
2004年7月	Picasa	图像管理工具		收集图像数据
2004年	ZipDash、Where2、keyhole	地图	谷歌地图	这3家丰富的地图数据，获得分析技术
2005年7月	Current	宽带互联网连接	网络骨干	基础电信数据
2005年8月	Android	移动设备操作系统		获得移动设备使用数据
2006年3月	Upstartle	文字处理器	Google Docs	获得文档数据
2006年10月	YouTube	视频分享网站		获得视频数据

中国的互联网市场也是硝烟弥漫。阿里巴巴旗下的一淘网，抓取京东商城的客户评论数据；京东则采取技术手段屏蔽一淘的"爬虫"。另外，电商则纷纷抓取竞争对手的各类商品的实时价格，作为评估对手战略动向、促销战术的重要依据。这还只是在表面现象，事实上互联网平台型的公司，都在围绕数据资产为核心整合产业生态。它们推出新的产品，新的服务，就会收集更多类型的数据。数据越多不同类型数据之间的关联性实时性越强，就会提炼出更有价值的信息指导它们开展各类精准的广告业务、金融业务。马云在2012年网商大会上，鲜明地提出阿里巴巴未来的战略是围绕三大方向，即平台、金融、数据展开。平台汇聚数据，数据衍生金融，金融反哺平台。可见，互联网公司对于数据资产的战略价值认知最为深刻，行动最为果断。京东商城也已经启动供应链金融服务。表面上看，电子商务公司和金融机构井水不犯河水，其实电商凭借数据积累，已经侵入到金融行业的腹地。

1.3.2 数据科学的兴起

在大数据时代，科学领域里的表现是数据科学的兴起。常常有人问：多大才算是"大数据"？"大数据"和"海量数据"有什么区别？其实根本没有必要为"大数据"这个名词的确切含义而纠结。"大数据"是一个热点名词，它代表的是一种潮流、一个时代，它可以有多方面的含义。"海量数据"是一个技术名词，它强调数据量之大。而数据科学则是一门新兴的学科。为什么要强调数据科学？它和已有的信息科学、统计学、机器学习等学科有什么不太一样？

数据科学主要包括两个方面：用数据的方法来研究科学和用科学的方法来研究数据。前者包括生物信息学、天体信息学、数字地球等领域，后者包括统计学、机器学习、数据挖掘、数据库等领域。这些学科是数据科学的重要组成部分，但只有把它们有机地放在一起才能形成整个数据科学的全貌。

1. 用数据的方法来研究科学

用数据的方法来研究科学，最典型的例子是开普勒关于行星运动的三大定律。

开普勒的三大定律是根据他的前任，一位名叫第谷的天文学家留给他的观察数据总结出来的。表1-2是一个典型的例子，这里列出的数据是行星绕太阳一周所需要的时间（以年为单位）和行星离太阳的平均距离（以地球与太阳的平均距离为单位）。从这组数据可以看出，行星绕太阳运行的周期的二次方和行星离太阳的平均距离的三次方成正比。这就是开普勒的第三定律。

表1-2　太阳系八大行星绕太阳运动的数据

行星	周期/年	平均距离	周期^2/距离^3	行星	周期/年	平均距离	周期^2/距离^3
水星	0.241	0.39	0.98	木星	11.8	5.20	0.99
金星	0.615	0.72	1.01	土星	29.5	9.54	1.00
地球	1.00	1.00	1.00	天王星	84.0	19.18	1.00
火星	1.88	1.52	1.01	海王星	165	30.06	1.00

开普勒虽然总结出行星运动的三大定律，但他并不理解其内涵。牛顿则不然，牛顿用他的第二定律和万有引力定律把行星运动归结成一个纯粹的数学问题，即一个常微分方程组。如果忽略行星之间的相互作用，那么这就成了一个两体问题。因此很容易求出这个常微分方程组的解，并由此推出开普勒的三大定律。

牛顿运用的是寻求基本原理的方法，远比开普勒的方法深刻。牛顿不仅知其然，而且知其所以然。所以，牛顿开创的寻求基本原理的方法成了科学研究的首选模式。这种方法在20世纪初期达到了顶峰：在它的指导下，物理学家们发现了量子力学。从原则上来讲，日常生活中的自然现象都可以从量子力学的角度来解释。量子力学提供了研究化学、材料科学、工程科学、生命科学等几乎所有自然和工程学科的基本原理。这应该说是很成功的，但事情远非这么简单。正如狄拉克指出的那样，如果以量子力学的基本原理为出发点去解决这些问题，那么其中的数学问题太难了。所以，如果要想有进展，还是必须做妥协，也就是说要对基本原理作近似。

用数据的方法来研究科学问题，并不意味着就不需要模型了。只是模型的出发点不一样，不是从基本原理的角度去找模型。就拿图像处理的例子来说，基于基本原理的模型需要描述人的视觉系统以及它与图像之间的关系，而通常的方法则可以是基于更为简单的数学模型如函数逼近的模型。

2. 用科学的方法来研究数据

怎样用科学的方法来研究数据？这包括以下几个方面的内容：数据的获取、存储和数据的分析。这也就是数据工程的基本出发点。数据工程是以数据作为研究对象、以数据活动为研究内容，以实现数据重用、共享与应用为目标的科学。

从应用的观点出发，数据工程是关于数据生产和数据使用的信息系统工程。数据的生产者将经过规范化处理的、语义清晰的数据提供给数据应用者使用。

从生命周期的观点出发，数据工程是关于数据定义、标准化、采集、处理、运用、共享与重用、存储和容灾备份的信息系统工程，强调对数据的全寿命管理。

从学科发展角度看，数据工程是设计和实现数据库系统及数据库应用系统的理论、方法和技术，是研究结构化数据表示、数据管理和数据应用的一门学科。

数据工程研究的主要内容包括数据建模、数据标准化、数据管理、数据应用和数据安全等。

（1）数据建模。现实世界中的数据描述现实世界中的一些事物的某些方面的特征及其相互联系，是原始的、非规范化的。通过数据建模，对现实世界中具体的人、物、活动、概念进行抽象、表示和处理，变成计算机可处理的数据，也就是把现实世界中的数据抽象到信息世界和计算机世界。数据建模主要研究如何运用数据建模理论，利用数据建模工具，建立既能正确反映客观世界，又便于计算机处理的数据模型。

（2）数据标准化。数据标准化主要为复杂的信息表达、分类和定位建立相应的原则和规范，使其简单化、结构化和标准化，从而实现信息的可理解、可比较和可共享，为信息在异构系统之间实现语义互操作提供基础支撑。

数据标准化主要是在现有国家、部门、地方和企业的现有标准规范基础上，结合国际相关标准，制定数据标准，并在信息化建设中宣传、贯彻和执行。数据标准化重点研究数据标准化的组成和方法等内容。

（3）数据管理。数据管理是保证数据有效性的前提。首先要通过合理、安全、有效的方式将数据保存到数据存储介质上，实现数据的长期保存；然后对数据进行维护管理，提高数据的质量。数据管理研究的主要内容包括数据存储、备份与容灾的技术和方法，以及数据质量因素、数据质量评价方法和数据清理方法。

（4）数据应用。数据资源只有得到应用才能实现自身价值，数据应用需要通过数据集成、数据挖掘、数据服务、数据可视化、信息检索等手段，将数据转为信息或知识，辅助人们进行决策。数据应用研究的主要内容包括数据集成、数据挖掘、数据服务、数据可视化和信息检索的相关技术及方法。

（5）数据安全。数据是脆弱的，它可能被无意识或有意识地破坏、修改，需要采用一定的数据安全措施，确保合法的用户采用正确的方式、在正确的时间对相应的数据进行正确的操作，确保数据的机密性、完整性、可用性和合法使用。

1.3.3 数据科学面临的挑战

数据科学是大数据时代应运而生的一门新学科。围绕数据处理的各个学科方向都开始遇到前所未有的挑战。

（1）作为数据获取和存储基础的计算机科学，由于数据成本急剧下降导致的数据量急剧增长、数据复杂程度飞速上升，如何有效地获取数据、有效地处理数据获取的不确定性、对原始数据进行清理、分析，进而高效地完成数据存储和访问，达到去重、去粗取精的目的，是急需解决的问题。同时，如何构建结构化数据与非结构化数据之间的有效关联及语义信息，使得异构、多源数据之间的关系能够得以存储并支持后续分析，并提供足够的性能保证，也是面临的挑战之一。

（2）对于统计、分析、数据挖掘研究者，将大数据变"小"，即从大数据中获取更加有效的信息和知识，是研究重点。这需要考虑理论与工程算法两个方面的问题。

（3）可视化作为数据科学中不可或缺的重要一环，也开始高度关注大数据带来的问题，其中包括：高维数据可视化，复杂、异构数据可视化，针对海量数据的实时交互设计，分布式协同可视化，以及针对大数据的可视分析流程等。

1.4 军事数据工程与作战数据管理

1.4.1 军事数据的分类

军事数据是数据的一个重要领域。数据的其他领域有经济数据、文化数据、交通数据、科学数据、国际关系数据、环境资源数据、人口数据等。作战数据是军事数据的一个重要分支。军事数据的其他分支有军事教育数据、军事医学数据、编制员额数据、战争潜力数据、国防动员数据、军事历史数据等。军事数据还可根据军种划分为陆军数据、海军数据、空军数据。在数据的不同领域之间，以及军事数据的不同分支之间，存在着相互交叉渗透的关系，不能截然割裂开来。

作战数据细分下去，根据其来源可划分为实战数据、训练数据、试验数据等；根据其用途可划分为指挥数据、研究数据、教学数据、论证数据等；根据其内容可划分为作战环境数据、兵力机动数据、侦察探测数据、火力使用数据、指挥决策数据、保障勤务数据等。此外，还可按照功能进行划分。

1.4.2 军事数据的作用

数据不仅反映人类对客观世界及各种事物的认识水平，而且影响人类改造客观世界、驾驭复杂事物的决策水平，在社会发展的各个领域中发挥着日益重要的作用。军事数据则反映人们对军事领域有关方面、各种现象与活动实际情况了解和掌握的程度，直接影响国防与军队建设规划的科学性、合理性。孙子"知彼知己、百战不殆"的著名论断已被2000多年的战争历史所证实，其"知"在很大程度上可以看成是对敌情、我情有关数据的确切掌握。如果不能确切掌握敌情、我情的有关数据，就谈不上知彼知己。军事数据在国防军队建设以及战争中的作用具体表现为以下4个方面。

1. 军事数据是军队战斗力的显著标志

一切作战活动均以军队战斗力作为物质基础，作战活动的全过程就是交战双方军队战斗力运用与较量的过程。为了赢得作战的胜利，必须在战前不断提高部队战斗力，在战时充分发挥部队战斗力。交战双方军队战斗力的强弱长短，必定通过相关的数据反映出来。如果不掌握一定的数据，就无法准确判断和评估军队战斗力。军队战斗力建设，必须用数据加以衡量。部队员额的多少，部队官兵的素质，武器装备的多少，武器装备的性能，都对应着一定的数据，从不同的侧面反映军队战斗力。知彼知己，必须掌握到敌我双方有关的数据。无论是军事威慑，还是战场对抗，军队战斗力都具体落实到一系列的数据展现给公众、展现给对手。没有数据，军队战斗力就说不清、道不明。

2. 军事数据是指挥员决策的基本依据

过去的战争年代，刘伯承元帅曾说，"五行不定，输得干干净净"。其中的"五行"放在当下便是各类与作战相关的数据。指挥员决策的思维过程，以分析判断敌我双方有关的数据作为起点，通过对敌我双方有关数据的比较，为定下进攻或防御作战的决心（仗打还是不打、仗如何打）提供依据。作战指挥决策系统的运行，必须输入有关的数据才能激活，通过对敌我双方有关数据的计算，为进一步拟制具体的作战方案与计划提供依据。不给指挥员提供必要的数据，其决策思维就不能启动；若提供的数据出现差错，指挥员决策思维的结果就可能出现失误。不向作战指挥决策系统输入有关的数据，其系统运行也不能启动；若提供的数据出现差错，其作战指挥决策系统运行的结果就可能出现失误。作战指挥的每个环节，都需要军事数据的支撑，都离不开军事数据的保障。

3. 军事数据是决定战场胜负的关键

战争实践证明，交战双方的胜负在很大程度上取决于各方指挥员对敌方实力的正确分析判断、对己方兵力的正确运用。指挥员是否准确、及时地获得以敌我双方实力为核心内容的军事数据，对于作战态势的形成和变化，对于作战过程的推进和结局，都具有决定性的影响。准确、及时地获得军事数据的一方，可以采取趋利避害的作战行动，把握战场的控制权，增加获胜的概率。足智多谋的指挥员善于准确掌握敌我双方的关键数据，善于准确掌握交战过程的关键数据，对敌我双方的实力以及交战过程做出准确的分析判断，适时做出正确的反应，力求主观指导符合客观实际，从而在作战力量、作战时间、作战空间上处处赢得主动，为克敌制胜创造先决条件。

4. 军事数据是军事运筹、军事系统工程及作战试验的要素

军事运筹、军事系统工程及作战试验为研究、解决作战问题所采用的基本工具是作战模型，所采用的基本材料是军事数据。或者说，军事运筹与系统工程研究、解决作战问题的基本做法就是建立和运行作战模型，输入和输出军事数据。用模型支持、用数据说话，是军事运筹与系统工程研究、解决作战问题的特征。作战模型与军事数据犹如血脉与血液的关系、河道与河水的关系，互相依存、互相融合。随着研究的不断深入，作战模型不断创新、军事数据不断更新，这在一定程度上反映军事运筹与系统工程的理论高度、实践水平。随着需求的增长和技术的进步，军事数据的收集、分析、加工、管理、应用，逐渐形成了军事运筹与系统工程领域内一个相对独立的分支。

1.4.3 军事数据工程化管理分析

与国内外数据工程的发展形势相比，我军的军事数据工程明显处于相对滞后的状态。军事数据工程建设势在必行，其需求十分紧迫，同时具备有利条件。

1. 军事数据工程建设的需求十分紧迫

军事数据工程的相对滞后，对国防和军队现代化、信息化建设将产生不利影响，对军事斗争准备及打赢信息化条件下未来战争将产生不利影响，扭转这一局面刻不容缓。军事数据工程的相对滞后，使得目前的军事数据存在四大问题：

（1）数据零散。军事数据处于各个有关部门以及大量有关人员的分别掌握之中，状态零碎分散，同一事物或同一事件存在众多不同的数据，分门别类的数据不能根据其本质属性形成有机关联的数据体系；数据管理水平较低，还存在各有关部门各自为战、各行其是的情况，缺乏集中统一的汇总渠道和管理体制。

（2）数据混乱。不同部门、不同人员掌握的军事数据之间存在着不一致、不规范的现象，不仅不能互相印证、互相补充，反而互相矛盾、互相抵触；军事数据在有关部门和人员之间缺乏正常、通畅的交流，在内部互相隔离、互相封闭；在进行重大决策和处置紧急情况时，拿不出、找不到公认的可信数据。

（3）数据流失。在众多的军事数据生成与传递环节，由于思想认识不到位、管理制度不健全、技术措施不完善，本该保存的数据没有保存下来，本该聚集的数据没有聚集起来，本该利用的数据没有加以有效利用，大量有价值的原始数据、中间数据随着时间的推移被当成垃圾信息遗弃、销毁。

（4）数据盲区。知己知彼是古今中外、尽人皆知的作战原则，但军事斗争准备的实践中常常遇到既不知己、亦不知彼的问题，具体表现为对我情、敌情的相关数据缺乏充分、准确的掌握，归因于平时不注意有目的、有计划、有系统地组织进行我情、敌情相关数据的收集、分析、整理，在知己知彼的问卷上还存在着大量的未知题。

以上四大问题是国防和军队现代化、信息化建设的隐忧，是军事斗争准备及信息化条件下未来战争的隐患。

军事数据工程的发展水平，军事数据服务的质量，直接关系到情况分析判断的客观性、制定目标任务的合理性、组织指挥决策的科学性，在很大程度上决定作战结局的胜负。历史上战争的经验一再证明，军事数据流程中出现的诸如不及时、不准确、不保密等问题，往往成为导致作战失利的诱因。信息化条件下的现代战争比以往任何时候更加依赖于及时、准确的军事数据，因而对军事数据提出了更高、更严格的要求。从全局的高度看，必须把军事数据工程建设当成国防和军队现代化、信息化建设的重要组成部分，当成军事斗争准备的重要组成部分，大力加强、不断推进。

2. 军事数据工程建设具备有利条件

在信息时代和新军事变革的大背景之下，一方面，国内外数据工程在其他行业和领域已经积累了丰富的理论成果和实践经验，并取得了令人瞩目的显著成效，为军事数据工程的建设提供了可资借鉴的样板；另一方面，信息技术的飞速进步，系统工程、软件工程、管理工程等相关和相邻领域理论与实践的日新月异、不断推进，为军事数据工程的建设提供了可以借助的有效方法和手段。因此可以说，军事数据工程建设万事俱备，只要认识到位、足够重视，其加速发展将是水到渠成、顺理成章的事。

1.4.4 军事数据工程基本内容

军事数据工程理论研究的基本内容包括数据概念、数据体系、数据来源、数据采集、数据统计、数据分析、数据结构、数据加工、数据产品、数据管理、数据应用等方面。

（1）数据概念。这是数据工程的逻辑起点，主要研究数据定义、数据与相邻概念（数据与信息、数据与情报、数据与资料）的关系、数据分类、数据属性、数据寿命周期等方面内容。

（2）数据体系。这是数据工程研究对象的主体部分，作战数据体系包括作战环境数据、兵力机动数据、侦察探测数据、火力使用数据、指挥决策数据、保障勤务数据等。

（3）数据来源。这是数据工程的上游部分，作战数据来源主要包括来自试验的数据、来自训练的数据、来自实战的数据、来自其他途径的数据。

（4）数据采集。这是数据工程中衔接数据来源和数据分析、数据加工的环节，作战数据采集主要涉及的内容有数据采集与处理的技术概念、采集系统常用传感器、信号采集与信号调理技术、数据采集常用电路、计算机接口与数据采集、数据采集系统的抗干扰技术、使用LabVIEW进行数据采集与处理、使用MCGS组态软件进行数据采集与处理。

（5）数据统计。这是数据工程基于数学方法的基础理论部分，它既是一项具体的统计工作和实践活动，指对客观事物和现象数量方面进行搜集、整理和分析工作的总称，又是一门阐述统计理论和方法的科学，它是涉及自然科学和社会科学领域的统计科学理论的总和。

（6）数据分析。这是数据统计的一个重要阶段，它是指用适当的数学方法对收集来的大量第一手资料和第二手资料进行分析，以求最大化地开发数据资料的功能，发挥数据的作用，也是为了提取有用信息和形成结论而对数据加以详细研究和概括总结的过程。数据分析的目的在于把隐没在一大批看来杂乱无章的数据中的信息集中、萃取和提炼出来，以找出所研究对象的内在规律。在实践中，数据分析可帮助人们作出判断，以便采取适当行动。

（7）数据结构。这是数据工程基于计算机技术的理论基础部分，它是计算机存储、组织数据的方式。数据结构是指相互之间存在一种或多种特定关系的数据元素的集合。通常情况下，精心选择的数据结构可以带来更高的运行或者存储效率。数据结构往往同高效的检索算法和索引技术有关。数据结构是数据对象，以及存在于该对象的实例和组成实例的数据元素之间的各种联系。这些联系可以通过定义相关的函数来给出。

（8）数据加工。这是数据工程中人与计算机相结合进行数据处理的理论与方法。数据加工的主要研究内容包括数据建模、数据标准化、数据保存、数据清理等相关理论和技术。数据建模是对现实世界中具体的人、物、活动、概念进行抽象、表示和处理，变成计算机可处理的数据，也就是把现实世界中的数据从现实世界抽象到信息世界和计算机世界。数据建模主要研究如何运用关系数据库设计理论，利用数据建模工具，建立既能正确反映客观世界，又便于计算机处理的数据模型。数据标准化主要为复杂的信息表达、分类和定位建立相应的原则和规范，使其简单化、结构化和标准化，从而实现信息的可理解、可比较和可共享，为信息在异构系统之间实现语义互操作提供基础支撑。数据标准化主要是在现有国家、部门、地方和企业的现有标准规范基础上，结合国际相关标准，制定数据标准，并在信息化建设中宣传、贯彻和执行。数据标准化重点研究数据标准化的组成和方法等内容。数据保存是保证数据有效性的前提，即通过合理、安全、有效的方式将数据保存到数据存储介质上，并对数据进行维护，提高数据的质量，实现数据的长期保存。数据保存重点研究数据存储、备份与容灾的技术和方法。

（9）数据产品。这是数据工程的下游部分，数据产品是通过数据集成、数据挖掘、数据服务、数据可视化、数据检索等手段，将数据转为信息或知识，辅助人们进行决策。数据产品研究的主要内容包括数据集成、数据挖掘、数据服务、数据可视化和数据检索的相关技术与方法。

（10）数据管理。这是数据工程的综合部分，数据管理研究的主要内容包括数据仓库、数据迁移、数据整合、数据共享、数据清理、数据安全、数据质量管理、数据意识与数据中心等方面。数据仓库是决策支持系统和联机分析应用数据源的结构化数据环境。数据仓库研究和解决从数据库中获取信息的问题。数据仓库的特征在于面向主题、集成性、稳定性和时变性。数据迁移是一种将离线存储与在线存储融合的技术。它将高速、高容量的非在线存储设备作为磁盘设备的下一级设备，然后将磁盘中常用的数据按指定的策略自动迁移到磁带库等二级大容量存储设备上。当需要使用这些数据时，分级存储系统会自动将这些数据从下一级存储设备调回到上一级磁盘上。对于用户来说，上述数据迁移操作完全是透明的，只是在访问磁盘的速度上略有减慢，而逻辑磁盘的容量明显提高。数据整合是在计算机系统整合这一大的概念范畴下，利用多种整合形式和技术手段，是不同比例尺、不同维度的数据整合到同一尺度下的工作。数据共享是指不同的系统与用户使用非己有数据并进行各种操作运算与分析。实现数据共享，可以使更多的人更充分地使用已有数据资源，减少资料收集、数据采集等重复劳动和相应费用，而把精力重点放在开发新的应用程序及系统集成上。广义上的数据清理是将数据库精简以除去重复记录，并使剩余部分转换成符合标准的过程，而狭义上的数据清理特指在构建数据仓库和实现数据挖掘前对数据源进行处理，使数据实现准确性、完整性、一致性、唯一性、实时性、有效性以适应后续操作的过程。从提高数据质量的角度出发，凡是有助于提高数据质量的处理过程，都可以认为是数据清理。目前，对于数据清理方面的研究主要集中在单源数据和多源数据两个方面。数据安全是采取一定的安全措施，确保合法用户采用正确的方式、在正确的时间对相应的数据进行正确的操作，确保数据的机密性、完整性、可用性和合法使用。数据安全包括数据访问安全、数据传输安全、数据存储安全和数据库安全。数据质量管理是在数据产品的生产过程中，确定质量方针、目标和职责，分析数据质量因素，研究数据质量评价方法和数据清理方法，并通过质量策划、质量控制、质量保证和质量改进，实现所有管理职能的全部活动。数据意识是数据认识的深化和升华，是数据管理的灵魂；数据中心是专门为数据管理设置的工作机构，承担数据管理的制度建设、系统开发和日常事务。它是在某个行业或某个领域专门从事数据工程理论与应用研究、开发、服务的专业性机构。数据中心的建设不仅需要各种技术的综合集成和综合应用，而且还涉及有关行业的编制体制、法规制度。

（11）数据应用。这是数据工程的归宿。军事数据工程应用主要研究的内容有军事数据工程技术在作战能力评估、国防建设指导、各军兵种、模拟训练、装备试验、作战实验、作战指挥中的应用研究，军事数据工程的价值、效益、作用、意义研究。在各军兵种的应用研究还可进一步深入细化，例如，军事数据工程在海军实兵演习方面的应用又可从以下不同角度分别展开：海军实兵演习中的数据类型，海军实兵演习数据记录方式，海军实兵演习数据记录组织，海军实兵演习数据采集，海军实兵演习数据分析，海军实兵演习数据管理等。

图1-7所示为作战数据管理的网络关系。

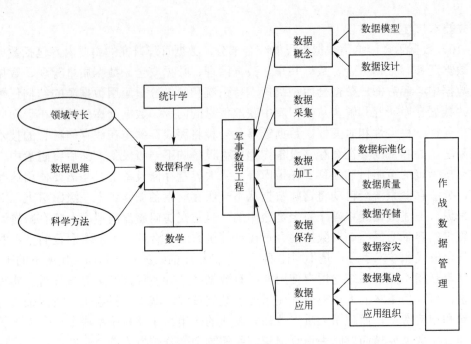

图 1-7　作战数据管理的网络关系

1.5　美军作战数据管理的现状与发展

近年来，数据工程在很多领域有了较大发展，尤其在军事领域，以美军为代表的发达国家为了建立数据共享基础设施，持续有效地推动了数据工程的发展。

在军事领域，美军的数据工程建设代表了该领域发展水平。美国国防部于第二次世界大战之后着手进行国防物资编目工作，并且于 20 世纪 90 年代启动了数据工程，实现了国防数据词典系统（DoD data dictionary system，DDDS）、数据共享环境（shared data engineering，SHADE）和联合公共数据库（joint common database，JC-DB）。这些成果为实现 C^4ISR 系统定了基础，也确保了美军在海湾战争、科索沃战争、阿富汗战争和伊拉克战争中的信息优势。2003 年，美军在伊拉克战争中主要依靠 DDDS、SHADE 和 JC-DB 等技术手段实现了 95%以上的信息共享。

数据管理策略的演进在一定程度上反映了人们对数据工程的认识和实践在不断地深入，以美军为例，迄今为止，美军数据管理策略的演进过程从总体上经历了以下 3 个阶段。

1.5.1　统一的数据管理阶段

美军为使指挥控制、后勤、情报、人事和财务管理等自动数据处理系统之间进行数据交换并提高系统间的兼容性，从 1964 年开始对数据元素和代码实施集中统一的管理。1964 年 12 月 7 日，美国国防部颁布了国防部指令 DoDD 5000.11《数据元素和数据代码标准化大纲》，随后，陆续制定了一系列配套文件，以实现数据元素和代码标准化目标。

在 DoDD 5000.11 系列文件的指导下,美军各军种也制定了相应的数据管理文件来贯彻国防部的数据管理要求。标准数据元素和代码在采办、后勤、指挥控制等许多领域得到了比较广泛的应用,不仅促进了数据系统之间的数据交换,改善了系统之间的兼容性,还有效地提高了数据采集和数据处理的效率,减少了数据的冗余和不一致性。该阶段的数据管理呈现如下特点:

(1) 明确了统一的管理流程。该阶段的管理流程是,将所有标准数据元素都收入到由国防部统一管理的一个集中的主文件(a centralized master file)中,通过分发和更新这个文件,各有关部门即可查阅到需要的数据元素。如果其中没有能够满足需要的标准数据元素或原有的标准数据元素需要修改,则各部门根据业务需要再提出新的候选标准数据元素或修订方案并提交到国防部组织审查,审查通过后即扩充到标准数据元素集中。

(2) 建立了两个层次的管理机构。在统一的数据管理阶段,美国国防部的数据管理机构主要分为国防部和国防部下各部局两个层次。国防部主管审计的国防部长助理负责制定数据管理政策、规程等,审查、批准和颁布标准数据元素及代码,监督检查各军种使用标准数据元素的情况,协调并解决与数据管理有关的问题。各军种/部/局分别负责与其自身业务密切相关的数据元素的标准化(通用基础的数据元素由国防部负责),其主要工作是:在相应工作组的配合下,对数据元素进行标识、定义、分类和编码,并作为候选的标准数据元素提交国防部审查;对其他部局提交的标准数据元素提出修改意见;在系统建设过程中积极贯彻实施国防部已颁布的标准数据元素。

(3) 数据标准化工作存在一定的局限性。国防部统一管理所有的标准数据元素和标准代码,制定管理流程和管理机构,主要以文件形式进行统一管理。此时的数据标准化存在一定的局限性,主要在于统一数据元素的名称、缩写、定义、值域及值域代码。由于没有相应数据管理支撑工具,对数据标准的修订和使用情况跟踪均带来问题。

1.5.2 集中的数据管理阶段

随着信息技术的发展,美军各军种及功能域(如指挥控制、后勤、财务、医疗等)都拥有了数量可观的信息系统,此外诸多的武器系统也不同程度地实现了信息化,这使得美国国防部不得不面对两方面的挑战:一是互操作性带来的挑战,即如何使这些系统之间更有效地交换信息,如何实现不同系统之间的数据共享;二是数据标准化带来的挑战。美军在 DoDD 5000.11 的指导下虽然已对许多数据进行了标准化,但是其深度(主要局限于数据元素的名称、定义、类型、长度、域值及其代码)和广度(原有的标准数据元素尚不能涵盖信息技术所渗透的各军事领域)都还远远不能满足信息系统建设的需要。因此,美军在总结以往数据元素标准化经验的基础上,于 1991 年颁布了新的数据管理文件 DoDD 8320.1《国防部数据管理》,并在其后的几年内陆续颁布了相应的配套文件。在该阶段,美国国防部以 8320 系列文件为核心,提出了数据管理(data administration)的思想,实行了集中数据管理模式,建立了更加完善的数据标准化规程,明确了新的数据管理机构及其职责,并确定了相应的数据管理工具。该阶段的主要特点如下:

（1）建立了更加完善的四环节数据标准化流程。1991 年以后，美军在 8320 系列文件的指导下对数据实行了集中管理。美国国防部严格遵循 DoDD 8320.1—M《数据标准化管理规程》规定的数据标准化四环节流程，即明确信息需求——制定数据标准——批准数据标准——实施数据标准。

（2）健全了管理机构并明确相应职责。1991 年后，美国国防部对管理机构做了较大的调整，组织机构比以前更加完善：一是数据管理的最高领导者由负责 C^3I 的国防部长助理来担任，将数据的管理与 C^3I 系统的规划管理、开发研制及使用保障结合在一起，针对性更强；二是在国防部、功能域和军种/部/局分别设有相应的数据管理员，国防部数据管理员由负责 C^3I 的国防部长助理任命，功能域数据管理员由主管相关业务的国防部长助理或国防部副部长任命，军种/部/局的数据管理员由相应的军种/部/局或司令部主官任命。数据管理机构的设置，不仅在纵向上考虑到上级部门对下属单位的领导关系（如国防部对各军种/部/局，各军种/部/局对其下属单位），而且在横向上兼顾了功能域数据管理员对不同军种/部/局中相同业务的指导和归口管理关系，为打破"烟囱林立"的局面、提高各类系统间的互操作性创造了条件。

（3）建立了与集中管理模式相适应的数据管理工具。为对整个国防部范围内的信息系统进行有效的数据管理，美国国防部组织开发了相应的数据管理工具。数据管理工具，实际上就是一些专门用于数据管理和服务的系统。非涉密数据存放在国防数据资源库（defense data repository，DDR）系统中，由美国国防部信息系统局（defense information system agency，DISA）负责管理。DDR 由两个独立的工具组成：DDDS 和国防部数据体系结构（defense data architecture，DDA），前者存放数据元素，后者存放数据模型。涉密数据存放在一个称为保密信息数据资源库（secret information data repository，SIDR）的系统中，由国防情报局（defense intelligence agency，DIA）负责管理，专门存放涉密数据元素，只有经授权的人员才能访问该系统。数据管理工具不但为系统开发和设计人员查询数据元素、数据模型及相关信息提供了手段，同时也为数据管理人员（国防部数据管理员、各军种/部/局/司令部数据管理员、各功能域数据管理员）管理数据标准提供了平台。数据标准的提交、征求意见、评审、批准、归档、使用情况跟踪等都通过数据管理工具来完成。

1.5.3　以网络为中心的数据管理阶段

2003 年 4 月，美国国防部正式颁布了《转型计划指南》，强调"互操作性是军事转型的核心要素"，要求各军种的转型路线图必须优先考虑互操作性问题，并提出了一个新的思想，即在情报和信息处理过程中要"先投送后处理"，该思想对美军数据管理的转型产生了深刻的影响。2003 年 5 月 9 日，美国国防部首席信息官约翰•P. 斯坦比特正式签发了《国防部网络中心数据策略》，强调通过建立国防部网络中心环境中的数据管理基础，来支持国防部的转型，并通过改革数据管理方式来达到"加速决策进程，提高联合作战能力，获得情报优势"的目的。为获取数据目标，美国国防部首席信息官负责制定了系列政策性文件，并将根据需求不断发展网络中心数据策略。在《国防部网络中心数据策略》的指导下，美军的数据管理呈如下发展趋势。

（1）向以网络为中心的非集中管理模式转型。美国国防部在《国防部网络中心数据策略》中勾画的以网络为中心的非集中数据管理模式的蓝图是：在网络上广泛传播所有数据（包括情报、非情报、未加工和加工过的数据），并将管理模式从过去的"处理—利用—分发"转变为"先投送后处理"，无论用户和应用何时何地需要数据，都可以将所有数据"广而告之"用户和应用，而且所有数据对其来说都是可用的。在这种环境中，用户和应用按需检索并"拉取"数据。另外，如果用户预定的数据被更新或修改，用户就会收到提醒信息（发布—预定机制），授权的用户和应用立即可访问已"投送"到网络上的数据，却不会出现因处理、利用和分发而导致的时延。用户利用元数据（描述数据的数据）来"标记"数据资源，以支持数据发现。用户通过将所有数据资源"投送"到"共享"空间，以供企业使用。随着在网络中心环境中共享的数据量的增加，专用的数据会越来越少，利益共同体（community of interests，COI）或企业的数据会越来越多。在转型的过程中，美国国防部将采用奖励和业绩计量机制来鼓励数据的标记、投送和共享。

（2）淡化数据的行政管理。网络中心数据策略在国防部内部定义了一种修改后的数据管理模式。该数据策略改变了过去数据管理采用集中式的行政管理模式，将重点放在数据的可见性和可访问性，而不是数据的标准化。强调通过改进数据交换的灵活性，实现网络中心环境中的"多对多"数据交换，从而无须预先定义和配置接口就可支持系统间的互操作性。这种新的管理体制不再强调"全军统一"，而是强调利益共同体的作用。COI 是一种用户合作组，是一种松散组织，可由来自一个或多个职能部门和组织机构的成员组成，这些成员追求共同的数据目标、利益、任务或事务处理过程，因此，必须共享信息交换所需的词汇表。在新的数据管理体制下，只需要在每个 COI 内统一数据的表示，开发共享任务词汇表，而不需要在整个国防部范围对所有数据元素进行标准化，可减少协同工作量。

（3）管理重点转向元数据。在实现网络中心数据策略的过程中，美国国防部的工作重点是：用户和应用将所有数据投送到"共享"空间，增加企业和利益共同体的数据，同时使专用的用户或应用数据最小化，所有被投送的数据均与元数据相关联，从而使用户和应用能发现共享的数据并评估这些数据的使用效果。也就是说，随着国防部向以网络为中心的环境（由全球信息网格提供支撑）的演进，元数据管理将扮演一个重要角色。

（4）利用元数据注册库管理工具。元数据注册库（metadata registry，MDR）是美国国防部根据 ISO 11179 元数据注册规范建立的基于 Web 的一个共享数据空间。它如同一个能满足开发人员数据需求的一站式商店，存放着各式各样的数据资源供用户使用（需要说明的是，这里的用户既包括数据使用者，也包括数据提供者）。MDR 实际上是"国防部数据资源库"。

在原来的数据管理模式中，可供用户使用的主要是 DDDS 和 DDA。DDDS 中主要是存放标准数据元素，DDA 中主要是存放各类逻辑数据模型。在新的国防部数据资源库 MDR 中，DDDS 和 DDA 是其中的重要数据资源。除此之外，MDR 中还包括许多其他种类的数据资源，如系统文件和可重用的数据库结构、文件甚至网站。除了存储作用以外，MDR 还是工业界和政府之间协调元数据技术及相关问题的一个场所。在主管网络和信息集成的国防部长助理的指导和监督下，由 DISA 对 MDR 进行维护和管理。通过

MDR 及其过程的制度化，不但可以大大提高元数据信息资源在国防部信息系统中的重用程度，还将提高数据的互操作性。

习　题

1. 数据库系统与数据库管理系统的区别与联系有哪些？
2. 思考一下现实生活中有哪些数据库管理系统的应用？
3. 数据管理主要经历了哪些阶段？各自特点是什么？
4. 什么是作战数据？作战数据生命周期包括哪些数据活动？
5. 思考大数据将如何对现代战争的胜负产生重大影响？

第 2 章 作战数据获取

数据采集（有时缩写为 DAQ 或 DAS），又称"数据获取"或"数据收集"，是指对现实世界进行采样，以便产生可供计算机处理的数据的过程。

现代作战需要的是在信息化，乃至智能化作战背景下发展基于信息系统的体系作战能力，实现信息流主导物质流控制能量流，拥有大量精准、全面、有效的作战数据是前提，采集作战训练实践数据是服务作战指挥决策、形成信息优势、掌握制信息权的基础。从训练实践中全面准确地采集作战数据，有利于指挥员系统掌握所属部分队武器装备战技术性能和整体作战效能，增加决策指挥定量分析的数据参考，有利于细化协同作战指挥的量化标准，快速形成体系作战能力和综合保障能力。

作战数据采集可以准确客观地体现作战训练中人员、装备、时间、内容等要素的训练状态和水平，通过同一装备或训练内容在不同个人或单位、不同时间或场地条件下的训练成绩比较，量化分析在各种训练环境下个人与单位的作战训练水平，评估训练效果、查找训练短板、提出训练对策。

现代作战是一体化联合体系间的对抗，利用指挥信息系统的数据优势辅助指挥员决策指挥，实现信息优势转化为决策优势，进而达成行动优势，提升整体战斗能力，将是作战常态。

一般来说，情报、信息、数据只是人为进行的狭义定义。学术上，情报通常被赋予的范围最广，无论是经济、政治、军事还是人文、环境等，都涵盖在内。信息分析比情报少了一个预测动作。数据分析则更狭窄。文字信息、图像信息其实也是一种数据，只是表现形式不同而已。因此，在本书中，广义上认为作战数据、作战情报本质上是一致的。

互联网和信息技术的迅猛发展，带来情报数据几何倍数式的增长，使得情报的发展在经历了第一次世界大战前的人工情报（human intelligence，HI），第二次世界大战期间的信号情报（signal intelligence，SI）和冷战前后的图像情报（image intelligence，II）后，来到当今的开源情报（open source intelligence，OSI）时代。其中前 3 个情报来源都是保密的，但都需要得到开源情报的支持。后 3 个情报来源必须依靠技术手段才能获得，尤其是信号情报特别需要技术的支持。

2.1 作战数据分类

数据分类就是把具有某种共同属性或特征的数据归并在一起，通过其类别的属性或特征来对数据进行区别。数据分类是帮助人们理解数据的另一个重要途径。

2.1.1 作战数据内容

根据作战数据内容不同,作战数据可分为敌情数据、我情数据和战场环境数据。敌情数据主要包括:当面之敌数量、兵力编成、战斗部署、作战能力、作战指导思想、作战原则、敌方指挥员的性格、作战特点、部队士气、精神因素的影响力,敌方作战企图、可能采取的作战样式,敌方作战准备情况、各种保障力量和保障措施;敌方的武器装备情况,包括敌方拥有高技术武器装备的数量、质量、性能、配置地域;敌方的指挥自动化系统的性能以及应用情况等;敌方的作战潜力以及国内政治、经济、外交等领域状况;敌方盟国可能采取的行动、国际舆论的影响力以及国际社会的压力等。

我情数据主要包括上级情况、友邻情况和本级情况。

战场环境数据主要分为电磁环境情况、自然情况和社会情况等,其中电磁环境情况包括敌方使用电磁频谱的情况和我方使用电磁频谱的情况,具体为敌我双方的无线电电台的频率、特征、工作样式及配置等情况,敌我双方使用空间通信频率的情况,战场电磁信号的密集程度等。自然情况包括作战地区的地貌、地物特征,道路交通情况,水源条件,部队隐蔽、机动、伪装、观察、射击等作战条件,战场的气象、水文条件变化规律以及对作战的影响等。

2.1.2 数据结构化程度

从数据的结构化程度看,可以分为结构化数据、半结构化数据和非结构化数据 3 种,如表 2-1 所列。在数据科学中,数据的结构化程度对于数据处理方法的选择具有重要影响。例如,结构化数据的管理可以采用传统关系数据库技术,而非结构化数据的管理往往采用 NoSQL、NewSQL 或关系云技术。

表 2-1 结构化数据、非结构化数据与半结构化数据的区别与联系

类型	含义	本质	举例
结构化数据	直接可以用传统关系数据库存储和管理的数据	先有结构,后有数据	关系型数据库中的数据
非结构化数据	无法用关系数据库存储和管理的数据	没有(或难以发现)统一结构的数据	语音、图像文件等
半结构化数据	经过一定转换处理后可以用传统关系数据库存储和管理的数据	先有数据,后有结构(或较容易发现其结构)	HTML、XML 文件等

1. 结构化数据

结构化数据是以"先有结构、后有数据"的方式生成的数据。通常,人们所说的"结构化数据"主要指的是在传统关系数据库中捕获、存储、计算和管理的数据。在关系数据库中需要先定义数据结构(如表结构、字段的定义、完整性约束条件等),然后严格按照预定义结构进行捕获、存储、计算和管理数据。当数据与数据结构不一致时,需要按照数据结构对数据进行转换处理。

2. 非结构化数据

非结构化数据是指没有(或难以发现)统一结构的数据,即在未定义结构的情况下或并不按照预定义结构捕获、存储、计算和管理的数据。通常主要指无法在传统关系数据库中直接存储、管理和处理的数据,包括所有格式的办公文档、文本、图片、图像和

音频/视频信息。

在技术上非结构化信息比结构化信息更难标准化和理解，所以存储、检索、发布以及利用需要更加智能化的 IT 技术，如海量存储、智能检索、知识挖掘、内容保护、信息的增值开发利用等。

3. 半结构化数据

半结构化数据介于完全结构化数据（如关系型数据库、面向对象数据库中的数据）和完全无结构的数据（如语音、图像文件等）之间的数据，它是结构化数据但不适合正式的关系数据库模型，例如 HTML、XML 等文档就属于半结构化数据。它一般是自描述的，数据的结构和内容混在一起，结构与内容耦合度高，没有明显的区分，其数据在进行转换处理后可发现其结构。

目前，非结构化数据占比最大，绝大部分数据或数据中的绝大部分属于非结构化数据。据 IDC 的一项调查报告，平均只有 1%～5%的数据是结构化的数据，80%的数据都是非结构化数据。因此，非结构化数据是数据科学中重要研究对象之一，也是区别于传统数据管理的主要区别之一。

2.1.3 数据加工程度

从数据的加工程度看，数据可以分为零次数据、一次数据、二次数据和三次数据，如图 2-1 所示。数据的加工程度对于数据科学中的流程设计和活动选择具有重要影响。例如，数据科学项目可以根据数据的加工程度来判断是否需要进行数据预处理。

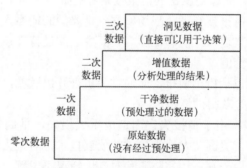

图 2-1 数据的加工程度

（1）零次数据：数据的原始内容及其备份数据。零次数据中往往存在缺失值、噪声、错误或虚假数据等质量问题。

（2）一次数据：对零次数据进行初步预处理（包括清洗、变换、集成等）后得到的"干净数据"。

（3）二次数据：对一次数据进行深度处理或分析（包括脱敏、规约、标注）后得到的"增值数据"。

（4）三次数据：对一次或二次数据进行洞察分析（包括统计分析、数据挖掘、机器学习、可视化分析等）后得到的，可以直接用于决策支持的"洞见数据"。

2.1.4 数据抽象程度

从数据的抽象或封装程度看,数据可分为数据、元数据和数据对象 3 个层次,如图 2-2 所示。在数据科学中,数据的抽象或封装程度对于数据处理方法的选择具有重要影响。例如,是否需要重新定义一个数据对象(类型)或将已有数据封装成数据对象。

(1)数据:对客观事物或现象直接记录下来后产生的数据,例如介绍数据科学知识的教材《数据科学》的内容。

(2)元数据:数据的数据,可以是数据内容的描述信息等。教材《数据科学》的元数据有作者、出版社、出版地、出版年、页数、印数、字数等。通常元数据可以分为五大类,即管理、描述、保存、技术和应用类元数据。

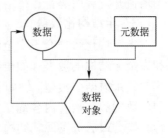

图 2-2 数据的封装

(3)数据对象:对数据内容与其元数据进行封装或关联后得到的更高层次的数据集。例如,可以把教材《作战数据管理》的内容、元数据、参考资料、与相关课程的关联数据以及课程相关的行为封装成一个数据对象。

2.2 人工情报数据获取

人工情报是最早出现的情报搜集方式,主要指利用人力资源公开或秘密地搜集得到的情报数据,一般来说,间谍是秘密的情报搜集者,而一些外交人员、武官、新闻记者、学者等充当公开的人工情报搜集者,战场侦察就是典型的依靠人力去获取情况。人工情报主要特点是情报来源渠道多,内容范围广。其中,通过特殊途径获取的内幕性和机密性情报,有很高的情报价值。

此外,人工情报还包括析出情报,即通过分析公开出版物,如报纸、杂志、新闻、科研报告、政府出版物等获得的情报。

美国在历史上曾多次由于情报失误而造成重大损失,早期如珍珠港事件,近期如"9·11"事件。近年来,美国愈发看重先进的侦察技术,对人力情报体系的作用有所忽视。在阿富汗战场上,由于存在语言障碍和对当地情况不了解,甚至出现过收买了假情报以致行动受挫的情况。痛定思痛,人力情报体系的发展终于重新引起美国情报机构的重视,实现人工收集与技术收集手段的融合,将是未来信息化战争条件下夺取情报极为重要的一环。

2.2.1 世界六大情报机构

世界六大情报机构包括英国军情六处、美国中央情报局、俄罗斯联邦安全局、以色列摩萨德、法国对外安全总局和德国联邦宪法保卫局。

1. 英国军情六处

军情六处(Military Intelligence 6,MI6),以诡秘著称于世。西方情报界把 MI6 看成是世界情报机关的"开山祖师",也是世界上效率最高的情报机构(图 2-3)。从 1909 年开创初期至今，它和它的前身都是严格保密的，也称秘密情报局，原为英国情报机构海外谍报系统，负责为英国政府在全球各地收集情报，主要任务包括反对恐怖主义、武器扩散与海外地区动乱带来的威胁。

图 2-3　英国军情六处

2. 美国中央情报局

美国中央情报局（Central Intelligence Agency）最早源于美国独立战争期间，乔治·华盛顿总统为对付冲突而主张建立的美国情报组织战略服务局，第二次世界大战后改建为中央情报组。1947 年，中央情报局取代中央情报组，正式成为美国总统执行办公室的一个独立机构。中央情报局是美国最大的情报机构，包括间谍和反间谍机关，是美国庞大情报系统的总协调机关。其下设管理处、行动处、科技处、情报处等部门，人数 2 万余名（图 2-4）。

图 2-4　美国中央情报局

中央情报局总部位于美国弗吉尼亚州的兰利，其主要任务是公开和秘密地收集与分析关于国外政府、公司、恐怖组织、个人、政治、文化、科技等方面的情报，协调其他国内情报机构的活动，并把这些情报报告到美国政府各个部门。

它也负责维持大量军事设备，这些设备在冷战期间为推翻外国政府做准备，例如苏联、危地马拉的阿本斯、智利的阿连德等对美国利益构成威胁的反对者。美国中央情报局总部设在弗吉尼亚州的兰利。情报技术人员多具有较高学历或是某些领域的专家。该机构的组织、人员、经费和活动严格保密，即使国会也不能过问。

3. 俄罗斯联邦安全局

俄罗斯联邦安全局（FSB）负责俄罗斯联邦国内的反间谍工作，同时也负责打击大规模有组织犯罪活动、恐怖活动，打击非法武器贩卖和走私活动，打击危害国家安全的非法武装组织和集团，以及保护国家边境安全。为苏联时期契卡、内务人民委员部、克格勃的继承组织（图2-5）。

图2-5 俄罗斯联邦安全局

联邦安全总局下辖有数支特种部队，用以打击恐怖分子和非法武装，该局装备有武装直升机、装甲战车、火炮、武装舰艇等重型武器，全局共有约3万人，在全国设有分支机构，局长和副局长由俄罗斯总统直接任命。

4. 以色列摩萨德

摩萨德（Mossad），全称为以色列情报和特殊使命局（The Institute for Intelligence and Special Operations）。自从成立以来，摩萨德进行了多次让世界震动的成功行动。它的成功，成为世界情报史上的传奇（图2-6）。

图2-6 以色列情报和特殊使命局

在以色列特拉维夫市南端海滨，有一座很不起眼的陈旧的棕褐色小楼，这就是大名鼎鼎的摩萨德总部。摩萨德正式成立于1951年初，前身原属外交部政治司，以大胆、激进、诡秘著称于世。实际上，以色列有多个情报组织。军队、警察、外交机构都有自己的情报系统，但最重要的当属摩萨德。

5. 法国对外安全总局

法国对外安全总局（Direction Générale de la Sécurité Extérieure，DGSE）又称第七局、

法国国外安全总局、法国国外情报局。总部设在巴黎第 20 区图尔威尔游泳池附近的莫蒂埃旧兵营里，故有"游泳池"的代称（图 2-7）。

图 2-7　法国对外安全总局

总部位于巴黎第 20 区的对外安全局是法国最大的情报机构。其前身最早是戴高乐领导的中央情报活动局，1946 年改名为法国国外情报和反间谍局。1981 年法国社会党执政后，加强了情报机关的整顿和改革。1982 年 4 月，更名为"对外安全总局"。对外安全总局的主要任务是全面搜集国外政治、经济、军事、科技和恐怖活动等各种情报，负责侦破在国外的有损于法国利益的间谍活动，通过搜集的外国通信信号破译外国情报等。

与其他同类部门相比，DGSE 是法国国防部投入预算最多的机构。除了国防部的拨款外，对外安全总局还享有法国总理的"共同勤务规定"内的特殊资金。仅在 2002 年，这种特殊资金就达到了 3320 万欧元。目前，DGSE 共有大约 3500 名工作人员。

6. 德国联邦宪法保卫局

德国情报机构获取情报的能力不亚于美国的中央情报局。目前有联邦情报局、联邦宪法保卫局、联邦军事情报局等。德国联邦宪法维护厅，或者称德国联邦宪法保卫局（Bundesamt für Verfassungsschutz，BfV），成立于 1950 年，总部位于科隆。主要负责德国国内安全情报工作。其中最重要的一项工作就是"负责监视出现在德国联邦之内的，某些违反自由、民主等基本准则的行为"，但德国联邦宪法保卫局并不拥有警察般的权力（图 2-8）。

图 2-8　德国联邦宪法保卫局

德国联邦宪法保卫局是德国的反间谍机构，属内政部管辖。下设基本法问题处、反间谍处、秘密保卫处、反右翼激进分子处、反左翼激进分子处等部门，其总部位于德国科隆市郊的埃伦费尔德。它的主要任务是搜集和分析涉及国家安全的情报，侦破国内的间谍、特务、颠覆、破坏、暗杀等活动，并参与制定各项保密制度和措施以及对身居要职的政府工作人员的政审工作。

2.2.2　美国情报机构体系

美国拥有世界上最庞大的情报机构。当前美国有 16 个情报机构，其主要机构体系如图 2-9 所示。

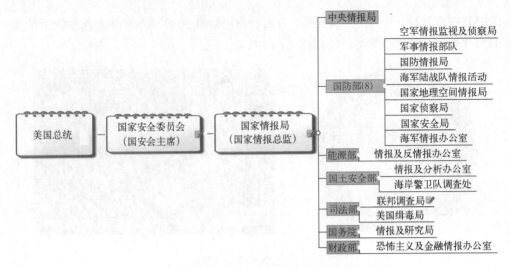

图 2-9 美国情报机构体系

国家安全委员会是美国的最高军事决策机构，根据美国《国家安全法》的规定由总统、副总统、国务卿、国防部长、紧急计划局局长以及总统指定并经参议院同意的其他行政部军种部部长与副部长组成。美国是世界上第一个设立国家安全委员会的国家，美国总统为国安会主席。美军参谋长联席会议主席是国安会法定军事顾问，美国国家情报总监是法定情报顾问。

国家情报总监办公室（Director of National Intelligence，DNI，也翻译成国家情报局），根据 2004 年情报改革和防恐法案（Intelligence Reform and Terrorism Prevention Act of 2004）而设立，是美国联邦政府的一个部门，是美国国家安全委员会的具体执行部门，全面统管协调美国 16 个重要情报机构（图 2-10）。由美国总统直接指挥、管理与控制。主要职责是为美国总统、美国国家安全会议与美国国土安全会议提供关系美国国家安全的情报服务。

图 2-10 国家情报总监办公室及其统管协调情报机构

除中央情报局（CIA）属于独立情报机构外，美国其他15个情报机构均属于不同政府部门的下属机构。具体如下：

国防部下属的空军情报监视及侦察局、军事情报部队、国防情报局、海军陆战队情报活动、国家地理空间情报局、国家侦察局、国家安全局、海军情报办公室；能源部下属的情报及反情报办公室；国土安全部下设的情报及分析办公室和海岸警卫队调查处；司法部下设的联邦调查局和美国缉毒局；国务院下辖的情报及研究局；财政部下设的恐怖主义及金融情报办公室。

（1）中央情报局。中央情报局由时任美国总统杜鲁门签署的1947年国家安全法，经美国国会通过而成立。它是美国最大的情报机构，也是美国情报体系中唯一一个独立的情报部门。其主要任务是：通过公开和秘密渠道收集、分析关于国外政府、公司和个人，以及政治、文化、科技等方面的情报；协调其他美国国内情报机构的活动，并把这些情报汇总报告给美国政府各部门。中央情报局也负责维护大量的军事设备，这些设备在冷战期间用于推翻外国政府，如苏联，以及对美国利益构成威胁的反对者，如危地马拉的阿本斯和智利的阿连德等。

中央情报局没有国内任务，也没有逮捕权，只是美国从事情报分析、秘密情报搜集和隐蔽行动的重要政府机构。

（2）联邦调查局。联邦调查局创立于1908年7月26日，是美国司法部属下的主要特工调查部门，是美国最大的反间谍机构和最重要的联邦执法部门，也是最大的调查与联络网络中枢。它与中央情报局并驾齐驱，成为美国谍报界的象征，在美国当代史上扮演了重要角色。

FBI的任务是调查违反美国联邦法律的内部犯罪行为，以及调查来自于外国的情报和恐怖活动等。其中，在反外国间谍活动、暴力犯罪和白领阶层犯罪等方面，FBI享有最高优先权。

FBI北京办事处于2002年10月22日成立，其办公地点设在美国驻华使馆。作为FBI第45个海外专员办事处，北京办事处有两名特工，负责FBI在中国的事务。

（3）国防情报局（DIA）。美国国防情报局是根据1961年8月1日的国防部命令成立的，是国防部对外军事情报的主要生产者和管理者，负责为国家决策者、军事人员等情报用户提供及时、客观的全源性军事情报，以协助其应对全频谱冲突类型中的各种威胁和挑战。DIA还管辖陆海空三军情报局以及美国各大军区司令部的情报部门，是"军队的中央情报局"。

（4）国家安全局（NSA）。美国国家安全局于1952年11月4日由杜鲁门总统秘密指挥创建，现在是美国政府机构中最大的情报部门，是美国情报机构的中枢，专门负责收集和分析外国通信资料。它的情报工作在比中央情报局更为保密的状态下进行。它名义上是隶属于美国国防部的一个部门，实际上则是一个隶属于总统并为国家安全委员会提供情报的"密码组织"。

（5）国家侦察局（NRO）。美国国家侦察局成立于1960年8月25日。该机构为美国政府设计、组装和发射侦察卫星，并协调、收集和分析通过中央情报局以及航天飞机、卫星收集到的情报。该机构得到美国国家侦察计划（外国情报收集计划的一部分）的拨款。该机构是美国国防部的组成部分之一。

（6）国家地理空间情报局（NGA）。美国国家地理空间情报局的前身是美国国家影像与制图局。"9·11"事件发生后，为保卫国家安全而加强情报网络，成为美国政府的首要事务。认识到地理空间情报在这方面的重要性，时任美国总统的乔治·布什在2003年签署了2004防御法案财政计划，获准美国国家影像与制图局变更为国家地理空间情报局。如今的美国国家地理空间情报局，已成为美国国家安全部门的一部分，也是美国情报部门的关键组织。

美国国家地理空间情报局坐落于美国马里兰州的贝特斯塔，它的主要设施在华盛顿和密苏里州，并且还在世界范围内拥有联络员。

（7）空军情报监视及侦察局（AFISRA）。该局隶属美国国防部情报局领导，总部设在的萨克斯州莱克兰空军基地，成立于2007年6月8日，最早称为空军情报局后更为现名，具有收集情报和培训情报人员的职能。

（8）军事情报部队（MI）。该局隶属美国军事情报局领导，是美国陆军的情报部门，主要职能是为战略层面的决策者提供及时、准确作战情报，并负责提供电子战技术支援及战术评价。

（9）海军陆战队情报室（MCIA）。是海军陆战队的情报部门，隶属海军陆战队和国防情报局双重领导，是海军情报处、海岸警备队情报局、国家海洋情报办公室等单位的合作伙伴，为海军战队及上层决策者提供所需的各类情报。

（10）海军情报局（ONI）。该局隶属美国国防部情报局领导，1882年由美国海军部长威廉·H.亨特提议建立，其主要职能是担负海军战术情报任务，负责在战时与和平时期收集并报告外国海军发展及动向的最新情报。

（11）恐怖主义和金融情报办公室。该部门隶属美国财政部领导，由美国总统直接任命的一名财政部副部长负责。主要职能是获取恐怖主义活动和金融情报，以打击金融犯罪和实施经济制裁。

（12）情报及分析办公室（I&A）。是美国国土安全部的情报机构，该办公室负责汇总和分析国土安全部获取的各类情报，对威胁美国国土安全的生物、核恐怖活动，流感疾病、污染等情报进行收集、分析、整理并及时报告，同时与国家和地方政府其他部门、私人企业分享情报和分析成果。

（13）海岸警卫队调查处（CGIS）。隶属美国海岸警卫队领导，从事刑事犯罪调查、海事执法、情报收集、禁毒、外国人走私、渔业违法、环境犯罪以及反恐任务。协助联邦政府有关部门的调查和州、地方政府的执法。

（14）情报和反情报办公室（OICI）。隶属美国能源部（DOE）领导，为能源部和国家能源决策制定者收集和提供外国能源、核武器、核扩散、核能、放射性废物等方面的技术情报，针对外国核武器、核材料和世界能源问题的技术性情报分析。目前，反情报活动工作主要由国家核安全局和国家情报主管办公室处理。

（15）情报及研究局（INR）。最初成立为研究和分析战略服务办公室的分支（1942—1945年），第二次世界大战结束，由美国国务院领导，下设16个分支机构，重点收集、整理和分析有关战争的情报。

（16）美国缉毒局（Drug Enforcement Administration, DEA）。该局成立于1973年7月1日，是美国司法部下属的执法机构，主要任务是打击美国境内的非法毒品交易和使用。美国缉毒局不仅在国内对于《联邦列管物质法案》所列物品，同联邦调查局享有共同管辖权，而且承担了在国外协调和追查美国毒品调查的任务。

2.3 信号情报数据获取

信号情报主要是使用专门的电子技术设备通过电子侦察获得，如无线电技术侦察、雷达侦察等，主要任务是侦察和侦听无线电通信、敌方雷达、导弹制导等电子设备发射的信号，获取其技术参数、通信内容、所在位置等情报。

信号情报（SIGINT）是一个总称，主要包括通信情报（COMINT）、电子情报（ELINT）。通信情报指从通信中获得的技术信息和情报，主要是通过窃听有线电话、无线电话、卫星、陆上通信线、海底电缆等获取的情报。电子情报指从非通信系统发射的电磁辐射中获取的技术情报和地理位置情报，用途是识别与目标、源和发射器有关的任何特征。

信号情报具有数量大、时效性强、准确性高、获取较容易、破译较困难等特点。20世纪70年代以来，随着现代科学技术的不断发展并广泛应用于军事斗争领域，世界各国对信号情报的搜集越来越重视，专门从事信号情报搜集的机构、人员和手段日益增多，信号情报在军事情报总量中的比例不断增加，在军事情报工作中的地位不断上升。

20世纪初，无线电通信出现后便开始在军事上应用，从而产生了电子对抗。主要形式有通信侦察与反侦察、通信干扰与反干扰。第二次世界大战期间，电子对抗全面形成，从通信对抗扩大到雷达对抗。

2.3.1 通信侦察

通信侦察技术是指利用无线电收信设备或其他接收设备（如窃听器），通过截获、分析和识别敌方信号，以获取敌方无线通信装备所在的空间位置以及工作频率、功率、信号形式与特征等信息的技术。通信侦察系统通常由接收天线、接收机和终端设备等三部分组成。

按照侦察设备作用范围和作战级别的不同，通信侦察可分为战术通信侦察和战略通信侦察。战术通信侦察的对象是战术通信，侦察范围相对较小，但实时性要求高，主要针对战场军、师指挥部和前线战斗指挥部之间以及与下属部队和下属部队之间的通信，频率范围是从短波到超短波的战术通信频段。战术通信侦察一般属于支援侦察。战略通信侦察的对象是战略通信，侦察范围包括陆、海、空、天的全球通信，主要针对国家军事指挥中心和战区指挥部之间以及与执行特殊任务的作战部队之间的通信。频率范围从短波、超短波至微波的远距离战略通信频段。战略通信侦察一般属于情报侦察，在平时和战时都要进行，通信侦察情报的形成，通常需要长期的观测和积累，然后经过自动分析和处理，才能得到比较准确、系统和翔实的情报。通信情报侦察还需要获取对通信信号解调后的内容，即传送的信息真谛，包括语音、数据、图像、文字信息等。

在习惯上还常常使用另外一些不同的分类方法，例如：按工作频段可分为短波通信侦察、超短波通信侦察、微波通信侦察等；按运载平台可分为便携式、车载、机载、舰（船）载、星载通信侦察等；按被侦察对象属性可分为常规通信侦察、跳频通信侦察、直扩通信侦察等。

2.3.2 电子侦察

电子侦察是获取敌方军事情报的一种特殊的军事侦察手段，它不是通过侦察员直接观察来获得情报，而是利用电子设备来观察敌方电子设备的活动。用来进行侦察的设备称为侦察接收机，它可以把空间中存在的微弱电磁信号收集起来，经过放大和处理，识别这些信号的特征。因此，在侦察接收机的侦收范围内，如果敌方的电子设备因执行任务的需要向外发射电磁波，其信号就可能被侦察设备截获，从而获得敌方的电磁信息，再进一步分析得出敌方的军事部署和行动企图等有价值的军事情报。雷达和无线电通信等设备是依靠向外辐射电磁波来工作的，它们是电磁波发生的来源，因此称这些设备为辐射源。所以，电子侦察是利用电子侦察装备截获敌方雷达、通信或其他设备发出的电磁波信号，并进行识别、分析和定位，为我方军事行动提供情报支持的一类行动。

根据被侦察对象的不同，电子侦察可分为通信侦察、雷达侦察、导航侦察、导弹制导侦察和光电侦察等；根据任务和用途的不同，可分为电子情报侦察和电子支援侦察。

1. 电子情报侦察

电子情报侦察属于战略侦察，是通过有长远目的的预先侦察来截获对方电磁辐射信号，并精确测定其技术参数，全面收集和记录数据，进行综合分析和核对，以查明对方辐射源的技术特性、地理位置、用途、能力、威胁程度、薄弱环节，以及敌方武器系统的部署变动情况和战略战术意图等，从而为战时进行电子支援侦察提供信息，为己方有针对性地使用和发展电子对抗技术，制定军事作战计划提供依据。为了不断监视和查清对方的电子环境，电子情报侦察通常需要对同一地区和频谱范围进行反复侦察，而且要求具有即时的与长期的分析和反应能力。它主要着眼于新的不常见的信号，同时证实已掌握的信号，并了解其变化情况。由电子情报侦察所收集的情报力求完整准确，利用它可以建立包括辐射源特征参数、型号、用途和威胁程度等内容的数据库，并不断以新的数据对现行数据库进行修改和补充。通过电子情报侦察所获得的情报，可分为辐射情报和信号情报两类。辐射情报是从对方无意辐射中获得的情报；信号情报是从对方有意辐射的电磁信号中获得的情报。信号情报一般可分为通信情报和电子情报。通信情报是从通信辐射中获得的情报，涉及通信信息、加密和解密原则等，其信息价值高，保密性强。电子情报是从非通信信号中获得的情报，主要是从雷达信号中获得的情报。其他作为电子情报源的信号还有导航辐射和敌我识别信号、导弹制导信号、信标和应答机信号、干扰机信号、高度计信号和某些数据通信网信号等。

2. 电子支援侦察

电子支援侦察属于战术侦察，是根据电子情报侦察所提供的情报在战区进行实时侦察，以迅速判明敌方辐射源的类型、工作状态、位置、威胁程度和使用状况，为及时实施威胁告警、规避、电子干扰、电子反干扰、引导和控制杀伤武器等提供所需的信息，并将获得的现时情报作为战术指挥员制定当前任务的基础，以支援军事作战行动。对电子支援侦察的主要要求是快速反应能力、高的截获概率，以及实时的分析和处理能力。

电子侦察不是直接从敌方辐射源的使用者或设计者获得情报，而是在离辐射源很远处，依靠直接对敌方辐射源的快速截获与分析来获取有价值的情报。电子侦察本身并不辐射电磁能量，因而具有作用距离远、侦察范围广、隐蔽性好、保密性强、反应迅速、获取信息多、提供情报及时和情报可靠性高等特点。但是，电子侦察也有其局限性，主要是完全依赖于对方的电磁辐射，而且在密集复杂的电磁环境中信息处理的难度较大。

虽然电子侦察与雷达的基本军事目的相同，都是为了发现敌方，但是它们却在功能上表现出许多不同的特点。

首先，雷达是以各种实在的物体为发现对象，雷达的发现对象称为目标时，例如飞机、军舰、战车和导弹等。雷达发射强大的电磁波，当电磁波传播过程中碰到目标时，目标将一部分电磁波反射回来，被雷达的接收机探测到，从而发现目标。而电子侦察自身是不主动发射电磁波的，它只是接收雷达或其他辐射源发出的电磁波，因此是以辐射源为发现对象的。所以，也常说雷达是有源工作的，而电子侦察是无源工作的。这里所说的"源"，是指辐射电磁波的意思。也常把雷达说成是"主动"的，而电子侦察是"被动"的。正是工作原理上的这种特点，使得电子侦察具有自身不辐射，从而不暴露自己、隐蔽性好的优点。而雷达则作为一个辐射源，只要一工作，就把自己暴露出来了。但无源工作也给电子侦察带来弊端，即当敌方的辐射源停止辐射时，也由于不存在那个"源"，也就不能进行电子侦察了。

其次，由于不同的雷达或通信设备，它们辐射的电磁信号形式是不相同的。电子侦察具有很强的对各类信号分析的能力，所以依据截获的信号特征，可以判断出辐射源的类型和身份。例如，可以区分出警戒雷达、火炮控制雷达、导弹制导雷达等，也可以辨别出通信电台的类型以及它所归属的通信网，甚至从截获的通信信息中破译出敌方传送信息的具体内容。这种对于辐射源属性的识别能力，使得电子侦察能够提供更丰富、更准确的作战态势。

最后，无源工作的特点也使电子侦察存在着一个重大的功能不足，那就是仅靠一部电子侦察设备无法对辐射源测距，即不能确切知道辐射源离侦察设备有多远。雷达测定目标的距离是利用电磁波在大气中的传播时间来推算的。雷达接收机把发射电磁波的时间和电磁波经目标反射回到接收机的时间测量出来，就能实现这一功能。但是在电子侦察接收机中，虽然也可以测量出电磁波到达的时间，但是，电磁波是什么时候发射的，电子侦察设备却无从知道，因此无法确定电磁波的传播时间，所以测距也就不可能了。正因为如此，电子侦察的定位任务要由比较复杂的系统和技术来实现，从而也派生出了无源定位这样一种电子战技术。

2.4 图像情报数据获取

图像情报，主要指使用技术手段将目标物用光学或电子方法复制在胶片、电子显示设备或其他载体上所提取的情报，具有直观、生动、方便、快捷、真实等特点。随着航空、航天和遥感技术的发展，图像情报在现代军事斗争中的应用越来越广，作用越来越大。卫星拍摄或者航空摄影等手段获得的图像情报（IMINT），包括可见光、红外成像、紫外成像、合成孔径雷达（SAR）或活动目标指示器（MTI）成像等，一般不算作信号情报。这些手段根据载体的不同又可分为便携式、车载式、机载式和舰载式等。

2.4.1 可见光成像

可见光信息获取技术主要包括可见光照相、电视摄像、微光夜视与微光电视等技术。

1. 可见光照相技术

1976年以前，卫星对地面拍照都用胶片，而后传回地面。这种方式的特点是分辨力较高，但实效性差。1976年，美军发射的第五代照相侦察卫星"锁眼"-11，采用了一种称为电荷耦合器件的新型微电子器件用于可见光照相，不再需要感光胶片，而直接完成光电转换，获得相应的电信号。然后通过专用的数字通信系统，把图像信号传回地面。可以得到照片，也可以屏幕显示。这样既保证了及时性，分辨力也达到了胶片方式的水平。该卫星照相高度160km时，地面分辨力最高可达0.15m。

2. 电视摄像技术

电视摄像技术是通过光电转换，获得与目标光学图像相应的电信号，经过传输、处理，在显示屏幕上显示出来。将这种方式用于连续地获取和表示活动目标的图像信息，就是电视摄像。电视摄像的优点是能够实时地获取目标区域的活动图像，美军"锁眼"-11侦察卫星，以及许多类型的侦察机都采用了电视摄像技术。战场电视侦察是获取视频图像情报的重要手段，具有直观、清晰、快速、实时传输等特点，能通过图像一目了然地观察到前沿敌方阵地地形、布设、武器装备、兵力部署、调动等情况。

3. 微光夜视与微光电视技术

微光夜视与微光电视技术是能在夜暗条件下获取目标图像信息的技术。其关键技术就是像增强管。把三级像增强管串联，可以使图像的亮度增强5～10万倍。微光夜视是当前应用最广、数量最多的军用夜视装备。美军在伊拉克战争中就使用了AN/PVS-14单色夜视装置、AN/PVS-17微型夜视瞄准具、"夜星"双筒夜视镜等。

2.4.2 红外成像

任何温度高于热力学零度的物体都会不同程度地向外辐射包括红外波段在内的电磁波，红外探测器则利用目标和周围背景的热辐射强度差，实现对目标的探测、跟踪与识别。按照实现信息获取是否必须用红外波照射目标区域，红外波信息获取技术分为主动式和被动式两大类。

1. 主动式红外成像

先用红外探照灯发出红外波照射目标区域，产生的反射波由光学系统采集，如果使之作用于对红外波敏感的专门红外胶片，就得到黑白的或假彩色的照片，这种技术就是红外照相，其典型装备就是主动式红外夜视仪。由于它在工作时必须发出红外波，因而遭敌发现和摧毁的威胁极大，这种夜视仪将被逐渐淘汰。

2. 被动式红外成像

任何温度高于热力学零度（-273.15℃）的物体，都总是不断地以电磁波的形式向外辐射能量，称为热辐射。一般军事目标热辐射的主要成分属于红外波范围。即使在黑夜，军事目标仍然在不停地发出红外波。只要借助于红外敏感器件，将其接收再加以处理，就可以获取有关的信息。在此原理基础上发展起来的装备就是被动式红外夜视仪或称热成像仪。热成像仪用于识别伪装，特别是对发现隐藏在树林、草丛中的人员、车辆、火炮等十分有效。

2.4.3 合成孔径雷达成像

用于战场侦察的合成孔径雷达主要是获取战场图像和地面活动目标信息,可在夜间和恶劣的气候条件下探测、搜索、跟踪敌方运动中的人员、车辆、舰船等,具有探测距离远、覆盖面积大、测量速度快、全天候、全天时工作的特点。

孔径是指物镜的直径,孔径大,透过的光量就多,分辨力就高。飞机或卫星上的雷达受载体空间的限制,天线不可能很大,按通常的原理,作用距离就近,分辨力也不会高。面对这样的问题出现了一种思路,即把雷达在运动中不同空间位置所接收的目标回波信号以适当方式处理,取得相互增强的效果,那就是相当于一个小孔径的天线起到了大孔径天线的作用,从而提高对目标的分辨力。按照这样的思路实现的雷达就是合成孔径雷达(SAR),其成像效果如图 2-11 所示。

图 2-11 美国五角大楼的 SAR 成像

合成孔径雷达技术本质上是一种用以改善雷达分辨力的信号处理技术。实现这一技术的必要前提是雷达相对于目标快速运动。在工程上实现这一概念的途径有两种:一是目标不动而雷达平台运动,由此构成的雷达称为合成孔径雷达;二是雷达平台不动而目标运动,构成的雷达称为逆合成孔径雷达。合成孔径雷达既能达到很高的分辨力,实现目标成像,又必须配备于飞机、卫星等运动的载体。对于此类空间受限条件,更能发挥合成孔径雷达以小尺寸天线获得高分辨力的优点;逆合成孔径雷达则用于探测高速运动的目标。

2.4.4 美军典型战场图像侦察装备

在阿富汗战场,美军利用 C^4ISR 系统将侦察卫星、有人/无人侦察机、地面特种部队结合在一起进行联合作战,将多源情报(包括图像情报)综合分析处理,缩短了目标搜索和打击时间,制止了敌方利用情报搜集和使用两者之间的"时间差",基本上实现了国防部在海湾战争后制定的"从传感器到射手的时间不能超过 10min"的目标。在这场以信息技术为基础的作战中,战场实时情报的获取与处理起到了十分关键的作用。

1. 无人机载侦察设备

美军在阿富汗战场上使用的无人侦察机有两种：一种是"捕食者"中空长航时无人机；另一种是"全球鹰"高空无人机。

"捕食者"无人侦察机上面装载光电、前视、红外和合成孔径雷达（SAR）等图像传感器，是美军现役的技术含量高、性能最好的远程无人侦察机，主要完成实时战场图像侦察。该机 1996 年首次应用 AN/ZPQ-1 型合成孔径雷达，对地面固定和移动目标进行实时成像侦察。再加上配有先进的"天球"（Skyball）光电/红外侦察平台（在光电平台上装有高分辨率彩色电视摄像机、三代红外成像仪和激光测距/目标指示器），因而在无人机平台上首次真正实现了全天候的实时图像侦察，成为侦察卫星和有人侦察机的重要补充及增强手段，特别是在复杂地形和不良气象条件下，能侦察敌方纵深重要活动目标，并将侦察图像实时传回指挥所。

RQ-4A"全球鹰"高空无人侦察机上的核心是休斯飞机公司研制的集成侦察传感系统。它是一个由具有移动目标识别功能的合成孔径雷达、高分辨力的光电照相机、红外传感器等多种侦察仪器组成的任务平台，采用的是商用现成技术，能同时收集雷达和光电图像，通过集成的图像处理器进行实时处理。雷达和光电/红外传感器都有广域收集和点目标搜索模式。广域搜索模式时，24h 可搜索 $40000km^2$ 的区域。在点目标模式下，能在 24h 内覆盖 $1900km^2$，并把目标定位在 20m 内。点目标模式下装在飞机两侧的合成孔径雷达能获得 0.3m 的分辨率的图像，此时 SAR 每小时能获得 79 幅图像。在广域搜索模式下能生成分辨力为 1m 的图像，每小时覆盖 $1842km^2$。

2. 有人机载侦察设备

美军另一种获取图像情报的手段是利用各种有人侦察机，以填补航天侦察和长航时中高空无人侦察机的不足。空军有人侦察机的主力机种是 U-2 系列（目前约有 35 架，包括改进型 U-2R 和 U-2U 侦察机）、RC-135 系列（目前主要使用的是 S、U、V1、W、X 等型号），机上装有可见光和红外侦察设备（SYERS）以及 SAR 雷达（ASARS-Ⅱ）。海军主要是 P-3C 反潜巡逻机，该机主要装载标准照相机、红外相机、逆合成孔径雷达。此外，陆军的 EO-5 侦察飞机、改进的 C-130 飞机以及装备了战术空中侦察舱（TARPS）系统的舰载 F-14 战斗机都用来完成战场图像情报的任务。

3. 特种部队地面图像侦察系统

特种部队的主要任务之一是深入敌后，对重点目标实施侦察，引导打击。20 世纪 80 年代末期针对特种部队地面图像侦察的需求，美国国防部曾开展过电子无胶卷摄影系统的研究工作，目前已配发柯达公司研制的 DCS465 数字相机，分辨力达 300 万像素，经插值处理后可达到 500 万像素。在高分辨力镜头上集成了激光测距和激光指示构件，通过数字接口传入士兵计算机中，完成图像获取、目标位置测算、图像校正等一系列工作。通过数字图像传输系统中的窄带无线电传递高清晰度侦察影像，也可以通过单兵便携式卫星终端把图像情报传送到情报中心，直接对目标实施引导打击。

2.5 开源情报数据获取

在网络时代的大数据洪流冲击下，开源情报（open source intelligence, OSINT）呈现出动态性、海量性和多源异构等特性。如何利用离散分布的开源情报进行知识获取、传播、创造、利用，并在知识的产生方式上实现变革，逐渐成为当今世界各国政府部门、安全部门、科研机构与商业组织重点关注的课题。当前，科研机构和学术组织常常利用公开的期刊数据、图书馆库、文摘数据库等数据资源来分析各自所关注的领域。互联网公开数据源不断增加，为开源情报在科技情报分析领域进行大数据解析提供了充足的数据土壤。而利用开源数据，系统地对相关领域研究状况进行解析，能够快速掌握领域态势的定量依据，以数据说话，为科研人员和机构制定并调整研究动向，以及与领域关键人员机构建立合作提供有效的支撑。

开源情报工作是近十多年来引起广泛关注的情报课题。根据美国国家情报局和国防部的定义，开源情报工作是"从公开可获得的来源收集信息，对这些信息进行开发并及时传递给特定用户以满足其情报需求的工作"。具体而言，开源情报有着多层含义：其一也是狭义的理解，指情报源和情报内容的"开源"，即从公开的情报源中获得公开情报，并进行分析整理后传递给用户；其二是广义的理解，除了情报源和情报内容的"开源"之外，还强调工作的"开源"，一是机构所有员工都随时随地参与情报工作，二是强调情报的共享与共用。从目前国内外相关研究和工作的内容上看，大多数情况下人们提及"开源情报工作"都是指其狭义上的概念。

开源情报既是一门情报学科，也指根据该学科实践所获得的情报。如其他情报学科一样，开源情报也是根据指挥官的情报需求而开发的。

一般来说，开源情报工作的情报源包括：①媒体（报纸、杂志、广播电视、电子刊物等）；②网络社区（SNS 网站、视频网站、维基百科网、博客、社交 APP 等）；③公开数据（政府报告、政府发布的统计数据、上市公司公开的运营数据等）。

2.5.1 开源情报工作的发展历史

从工作内容上看，开源情报工作并非什么新名词，它具有悠久的历史。近百年来，许多新闻媒体、研究机构以及社会情报机构的人员都在从事各类公开信息的收集和分析工作。只是在以前相当一段时间，开源情报工作并没有引起足够的重视，许多国家和机构都是将情报工作的重点放在那些秘密情报（如通过间谍、军事卫星等渠道获得的信息）和付费情报（如各类商业数据库中的信息）上，而只是把开源情报作为一种边缘性工作。

最早关注开源情报工作价值的是曾担任过美国海军陆战队情报官的戴维·史迪尔（David Steele）。史迪尔早在 1992 年就在为 *Whole Earth Review* 杂志所撰写的一篇名为 *E3i: Ethics, Ecology, Evolution, and Intelligence* 的文章中提出：国家情报工作应当转换工作思路，重视情报共享和开源情报，替代传统的秘密式的情报工作。史迪尔也因此被称为"开源情报之父"。

然而，受限于当时开源渠道可获得的情报数量以及开源情报的社会需求，戴维·史迪尔提出开源情报的概念后，在当时并没有引起政府和社会的重视。开源情报工作发展的转折点是美国的"9·11"事件。在"9·11"事件之前，美国面临的敌人（如纳粹德国、苏联、伊拉克、朝鲜等）都是十分明确的，在应对这些敌人威胁的过程中，美国形成了以美国中央情报局、国防部等为核心的国家情报体系并有效运作，这些情报体系具有以下特点：①从情报属性上看，以秘密情报工作为主；②从工作承担者上看，情报工作由国家情报体系内的专业情报人员负责；③从情报获取手段上看，第二次世界大战前以情报人员为主（人员情报——Humint），第二次世界大战后以卫星、窃听器、偷拍器等情报设备为主（信号情报——Sigint、图像情报——Imint）。

然而"9·11"事件之后，美国的头号敌人变成了恐怖组织。政府和民众反思之后发现，现在他们面对的敌人往往是"看不见、摸不着"的，许多恐怖组织就隐藏在社会之中。而且许多恐怖分子平时并无异常，然而在受了某种激进思潮影响之后就可能做出许多惊人之举，如2010年5月发生在纽约时代广场爆炸案的主角便是一例。在这种情况下，传统的情报工作无法适应，转而加大了对开源情报工作的需求：一是要广泛收集分析各种公开信息，及时从中发现情报；二是要民众广泛参与，共同面对恐怖威胁。

美国陆军开源情报手册ATP2-22-9指出："在卫星和其他高科技信息手段出现之前，军事专家就已经规划、准备、收集和生产来自公开信息的情报，以获得对外国土地、民众、潜在威胁和军队的理解"。事实上，美国展开正式的开源情报实践至少已经有70多年的历史。1941年2月，以美国成立外国广播监测处（FBMS）为标志性事件，开创了美国收集和分析军事情报的开源情报之最。中央情报局在1947年将外国广播监测处收为"麾下"，并更名为对外广播新闻处（FBIS）。对外广播新闻处监测范围较以往有所放大，已扩大到了外国电视、广播、平面媒体等大众传媒上。被美国情报界称为"情报分析之父"的谢尔曼·肯特于1947年指出，情报界每天所使用的情报中，大约有80%来自公开来源。其在1949所著《为美国世界政策而服务的战略情报》指出，虽然有些情报可能是通过秘密途径获得的，但是大量的情报必须是来自平淡无奇、光明正大地观察和研究得来的。1966年6月30日，时任美国总统的约翰逊在理查德·M.赫尔姆斯宣誓就任中央情报局局长的仪式上发表讲话，指出开源情报工作的重要性："最高成就不是获取秘密情报，而是来自于对印刷文献资料长年累月的耐心研究。"此外，也有中国学者梳理了美国拥有近60年历史的情报界顶级刊物《情报研究》，得出的其中一条结论是"情报资料来源，从传统战时谍报秘密手段，有转向开源情报的搜集整理的趋势"。

2.5.2 开源情报工作的价值

正如英国冲突研究所研究员安妮·阿迪斯所说："与密级来源情报相比，公开来源情报谈不上好和坏，只是不同而已。但没有公开来源情报，密级来源情报分析就不可能做好"。与其他类型的情报工作相比，开源情报工作的价值主要体现在以下三方面。

1. 情报收集成本小风险低

（1）开源情报的经济成本较低。有专家甚至认为相比于卫星等其他情报工具，在开源情报工作上的投入可以获得更大的回报，因此对于那些情报工作预算吃紧的国家，完全可以用开源情报替代传统的秘密情报工作。

（2）降低情报收集工作量。传统情报工作都需要专业人员来收集情报，成本较高。而利用维基百科等Web 2.0等机制，可以动员机构内的所有人员以及社会上对该主题感兴趣的人员来共同收集情报，情报成本大大降低。

（3）开源情报工作几乎是零风险的。开源情报可以避免其他情报工作中可能存在的违法或违反道德的风险。对国家而言，开源情报可以避免其他类型情报工作常常引发的外交纠纷。

2. 开源情报内容更加丰富

（1）情报具有不断变化的属性，这迫使情报工作人员能够迅速简便地理解外国社会和文化。当前的威胁来源快速变化而且地理上分散，情报分析工作往往很快地从一个主题转换成另一个主题，情报专家需要很快地消化关于某个国家的社会、经济和文化信息——开源情报可以提供这些详细信息。

（2）情报人员需要借助开源情报来理解那些秘密情报。虽然情报人员创造了大量秘密情报，但与某个主题相关的秘密情报数量总是有限的。而情报机构获得的秘密情报往往只是只言片语，如果只根据这些秘密情报内容，在上下文不足的情况下，情报人员往往很难明白某份情报的含义。而开源情报可以提供补充，让情报人员可以对相关情报有一个掌握，从而真正理解某份秘密情报的内容。

（3）开源情报有助于研究长期问题。因为秘密情报往往内容零散，而且只为满足特定需求，因此这些情报往往不够连贯。而开源情报可以通过公共渠道持续获取，能形成较长时间序列的信息，因此可以从中研究关于某种事物的长期规律与趋势。

3. 开源情报工作具有隐蔽性

（1）有时候人们从秘密情报渠道获得了情报，但在向公众说明或与对手交涉时，可以将其解释为从开源情报途径获得的，这样可以避免暴露秘密情报源以及情报渠道。

（2）传统情报工作往往需要采用各种人工或技术手段到对方系统中进行情报刺探，一旦被对方发现踪迹，对方就可以根据情报搜索内容推断己方的意图，而开源情报工作完全在自己国家或机构内部进行，对方无法察觉，自然也无从推断自身的意图。

当然，由于开源情报的来源问题，其也存在许多不足之处：① 信息量大，信息过载，需要花费大量精力来筛选有用情报。虽然目前已有许多用于信息提取和过滤的IT产品，但在实际工作中仍需要大量的人力来从事开源情报筛选工作。② 信息的真实性难以确定。首先，报纸、网络等公开载体上的信息往往有很大的随意性，鱼龙混杂，可靠性较差。其次，有些国家和社会机构出于某种目的，可能会故意散播虚假信息，为此开源情报工作中往往需要从不同来源对获得的情报进行确认。

2.5.3 国内外开源情报工作状况

近几年，欧美等发达国家越来越重视开源情报工作，逐步建立起比较完整的开源情报工作体系。下面简要介绍各国的开源情报工作状况。

1. 美国

美国是开源情报工作的急先锋。早在1941年，美国就成立了外国广播监测处（Foreign Broad cast Monitoring Service，FBMS），标志美国情报工作开始转变，即注意力从秘密情报转向公开源情报。目前，美国已建立了比较完善的开源情报工作体系。2005年，美国国家情报主任办公室成立了开源中心（Open Source Center，OSC），2006年又立法启动了国家开源事业计划（National Open Source Enterprise，NOSE），专注公开信息的搜集、共享和分析，而且规定任何情报工作必须包含开源成分。通过OSC，美国力图实现"在任何国家，从任何语言"获取开源情报的能力，获取有关国家军事、国防、政府、社会和经济方面大量的有价值情报，其中互联网是其主要的开源情报源。这些工作取得了很好的效果，据美国中央情报局的统计，2007年的情报收集总数中超过80%来自公开情报源。另外，美国政府官员和民间人士组织成立了开源情报论坛（Open Source Intelligence Forum），定期召开会议。

2. 欧洲

欧洲各国也十分重视开源情报工作，定期举办开源情报论坛（EUROSINT）。虽然欧洲国家并没有像美国那样设立专门的开源情报机构，但各相关政府机构都将开源情报工作作为自身的重要工作内容之一。

以瑞士为例，瑞士联邦政府建立了跨部门的开源情报工作组，联邦国防部下属战略情报中心（Strategic Intelligence Service）、军事情报中心（Military Intelligence Service）都建立了制度化的开源情报工作体系，警察部下属的国内情报中心也于2001年建立了专门的开源情报工作小组。

在英国，英国广播公司监测处（BBC Monitoring）是一个十分重要的开源情报机构，该机构对全球范围的大众媒体进行甄选和翻译，为英国政府提供国外媒体和宣传的参考服务。该机构最大的股东为内阁办公室，外交和联邦事务部、国防情报组以及其他情报机构也为它提供了大量经费支持。

3. 澳大利亚

澳大利亚在西方国家中较早建立了专业性开源情报机构。早在2001年，澳大利亚就建立了国家开源情报中心（National Open Source Intelligence Centre，NOSIC），为联邦政府、各州政府部门以及商业机构提供社会安全、跨国犯罪、恐怖主义、激进主义等领域的开源情报监测、研究和分析支持。同时，一些国家安全部门如国家评估办公室（The Office of National Assessments，ONA）建立了开源情报中心，辅助政府制定国际政治、国家战略以及经济发展等方面的战略决策，确保政府得到国内外威胁的全面预警。

4. 中国

我国的开源情报工作具有较长的历史，各级科技情报所、舆情工作部门等都可以视为开源情报工作的一部分。近几年，各级情报机构也在开源情报工作方面做了一些新的探索，如上海科技情报所建立了以开源情报为基础、面向行业情报服务的"第一情报网"。但总的说来，与情报工作发达的西方国家相比，我国政府和社会对开源情报的价值仍认识不足，开源情报的社会潜力仍没有得到充分的挖掘。

2.5.4 以互联网为核心的开源情报新趋势

随着互联网的发展、移动互联网及与之息息相关的地理空间信息、相关大数据技术同步发展，情报机构开始对互联网积极介入。开源情报获取技术不断发展，开源情报数据量随之呈现指数级的增长。

（1）传统开源情报对象的网络化和网络带来的新型开源情报对象。在互联网之前，开源情报的主要来源是图书、杂志、广播电视、新闻媒体以及政府和民间机构公开的信息和数据等。在互联网诞生及逐步发展后，开源情报的情报源具有以下特点：一是包含了上述传统情报源的网络化产品；二是以谷歌地球为代表的地理空间情报网站及服务；三是诞生了网络社区这一新型情报对象，即社交媒体网站、视频网站、维基百科网、博客、论坛甚至购物网站。

（2）社交媒体情报不仅拥有意识形态、价值观层面的价值，还可直接为军事防务服务。由于社交媒体的兴盛,互联网上出现了大量个人发布的信息。皮尤研究中心调查显示有65%的成年互联网用户使用社交网站。每一天,仅推特中就大约发布4亿条帖子,更不论其他社交媒体网站。其中包含大量具有情报价值的信息。例如,索马里恐怖组织激进组织青年党(al-Shabaab)的支持者使用微博来炫耀在摩加迪沙的3次爆炸:"城市以前的一个警察局发生了第三次爆炸,当时民兵准备占领警察局。"

美国国防部认为,社交媒体为了解民众的思想脉搏提供了重要的机遇:人们对于事件的反应,对于重要问题的意见、政治情绪、呼吁举行抗议活动以及其他一些事情。社交媒体还为防务、情报以及国土安全分析人员就潜在的危机提供了早期预警,如下一次"阿拉伯之春"运动、军事冲突或自然灾害。因此,在传统的情报分析对象的基础上,社交媒体越来越成为一个新的重点情报源。

美国国防部认为,这些工具将可能得到无穷无尽的情报成果,其中包括战术的、战役的、战略的以及全球的情报,不仅是发现谁会跟激进组织青年党的帖子,而且还可以了解到巴基斯坦反政府情绪的聚集点,或者生活在迪拜的伊朗人对于阿亚图拉回国的感受,以及什么时间他们会有这样的感受。开罗的暴动是由于食品价格,或者是由于诋毁先知穆罕默德的电影录像。

情报公司Micro Tech公司总裁兼首席执行官托尼·希门尼斯认为,"除了社会整体层面的意识形态、价值观方面的重要情报,社交媒体情报同样直接适用于军事和情报应用。军事行动是一项非常庞大的活动,当然可以纳入社交媒体与军人保持接触并使之参与行动,现在这种现象已经变得非常普遍",希门尼斯评论道,"以正确的心态分析军队人员的关切、倾向和问题,可能会产生更高的效率并使任务胜利完成"。例如,从征兵工作的相关公开数据,到特定地区民众对于美军的存在的情绪。

(3)技术处理能力成为开源情报待突破的瓶颈。由于互联网海量的开源信息,如果没有一个有效的分析方法,真正具有情报价值的信息反而会被海量的无效信息所淹没,如何进行有效的、及时的、智能的情报分析就成了当前情报界最为棘手的问题。

据报道,美国中央情报局、国防情报局、国务院都开始投资技术公司以更好地获取网络情报。海军研究办公室也开始资助私营企业研究社交媒体预警与情报业务。此外,美国陆军情报和保密司令部意图能够匿名地扫描多达40个国家以及66种语言的社会媒体平台和开源信息,并且在巨大的信息数据集上进行大数据分析,从而搜索政治、军事、经济和其他领域的趋势。而且陆军想要能够从智能手机上做到这一点,从国土安全部到国防高级研究计划局等机构都指望使用社会媒体分析来寻找恐怖主义迹象或作为紧急事态下的舆论引导。现在所面临的挑战包括庞大的数据规模以及使用在像推特和脸书上的种类繁多的语言。

1. 搜索引擎

搜索引擎,就是根据用户需求与一定算法,运用特定策略从互联网检索出指定信息反馈给用户的一门检索技术。搜索引擎依托于多种技术,如网络爬虫技术、检索排序技术、网页处理技术、大数据处理技术、自然语言处理技术等,为信息检索用户提供快速、高相关性的信息服务。搜索引擎技术的核心模块一般包括爬虫、索引、检索和排序等,同时可添加其他一系列辅助模块,以为用户创造更好的网络使用环境。

搜索引擎的整个工作过程分为三部分:一是"蜘蛛"在互联网上爬行和抓取网页信

息，并存入原始网页数据库；二是对原始网页数据库中的信息进行提取和组织，并建立索引库；三是根据用户输入的关键词，快速找到相关文档，并对找到的结果进行排序，将查询结果返回给用户。以下对其工作原理做进一步分析。

1）网页抓取

Spider 每遇到一个新文档，都要搜索其页面的链接网页。搜索引擎"蜘蛛"访问 Web 页面的过程类似普通用户使用浏览器访问其页面，即 B/S 模式。引擎"蜘蛛"先向页面提出访问请求，服务器接受其访问请求并返回 HTML 代码后，把获取的 HTML 代码存入原始页面数据库。搜索引擎使用多个"蜘蛛"分布爬行以提高爬行速度。搜索引擎的服务器遍布世界各地，每一台服务器都会派出多只"蜘蛛"同时去抓取网页。要做到一个页面只访问一次，从而提高搜索引擎的工作效率，则在抓取网页时，搜索引擎要建立两张不同的表，一张表记录已经访问过的网站，一张表记录没有访问过的网站。当"蜘蛛"抓取某个外部链接页面 URL 的时候，需把该网站的 URL 下载回来分析，当"蜘蛛"全部分析完这个 URL 后，将这个 URL 存入相应的表中，这时当另外的"蜘蛛"从其他的网站或页面又发现了这个 URL 时，它会对比看看已访问列表有没有，如果有，"蜘蛛"会自动丢弃该 URL，不再访问。

2）预处理，建立索引

为了便于用户在数万亿级别以上的原始网页数据库中快速便捷地找到搜索结果，搜索引擎必须将 spider 抓取的原始 Web 页面做预处理。网页预处理最主要过程是为网页建立全文索引，之后开始分析网页，最后建立倒排文件（也称反向索引）。Web 页面分析有以下步骤：判断网页类型，衡量其重要程度、丰富程度，对超链接进行分析，分词，把重复网页去掉。经过搜索引擎分析处理后，Web 网页已经不再是原始的网页页面，而是浓缩成能反映页面主题内容的、以词为单位的文档。数据索引中结构最复杂的是建立索引库，索引又分为文档索引和关键词索引。每个网页唯一的 docID 号是由文档索引分配的，每个 wordID 出现的次数、位置、大小格式都可以根据 docID 号在网页中检索出来。最终形成 wordID 的数据列表。倒排索引形成过程是这样的：搜索引擎用分词系统将文档自动切分成单词序列—对每个单词赋予唯一的单词编号—记录包含这个单词的文档。倒排索引是最简单的，实用的倒排索引还需记载更多的信息。在单词对应的倒排列表除了记录文档编号外，单词频率信息也被记录进去，便于以后计算查询和文档的相似度。

3）查询服务

在搜索引擎界面输入关键词，单击"搜索"按钮之后，搜索引擎程序开始对搜索词进行以下处理：分词处理、根据情况对整合搜索是否需要启动进行判断、找出错别字和拼写中出现的错误、把停止词去掉。接着搜索引擎程序便把包含搜索词的相关网页从索引数据库中找出，而且对网页进行排序，最后按照一定格式返回到"搜索"页面。查询服务最核心的部分是搜索结果排序，其决定了搜索引擎的好坏及用户满意度。实际搜索结果排序的因子很多，但最主要的因素之一是网页内容的相关度。影响相关性的主要因素包括如下 5 个方面：

（1）关键词常用程度。经过分词后的多个关键词，对整个搜索字符串的意义贡献并不相同。越常用的词对搜索词的意义贡献越小，越不常用的词对搜索词的意义贡献越大。常用词发展到一定极限就是停止词，对页面不产生任何影响。所以搜索引擎用的词加权系数高，常用词加权系数低，排名算法更多关注的是不常用的词。

（2）词频及密度。通常情况下，搜索词的密度和其在页面中出现的次数成正相关，次数越多，说明密度越大，页面与搜索词关系越密切。

（3）关键词位置及形式。关键词出现在比较重要的位置，如标题标签、黑体等，说明页面与关键词越相关。在索引库的建立中提到的，页面关键词出现的格式和位置都被记录在索引库中。

（4）关键词距离。关键词被切分之后，如果匹配地出现，说明其与搜索词相关程度越大，当"搜索引擎"在页面上连续完整地出现或者"搜索"和"引擎"出现的时候距离比较近，都被认为其与搜索词相关。

（5）链接分析及页面权重。页面之间的链接和权重关系也影响关键词的相关性，其中最重要的是锚文字。页面有越多以搜索词为锚文字的导入链接，说明页面的相关性越强。链接分析还包括了链接源页面本身的主题、锚文字周围的文字等。

2. 各类数据源

如果直接查询"数据"不能得到任何有用的结果，可以尝试求助于该领域的学者，或者可以翻阅相关论文或学术报告，还可以在新闻机构发布的报刊图表中寻找数据源。

在这个用数据说话的时代，能够打动人的往往是用数据说话的理性分析，能够找到合适的数据源是非常重要的。特别是想要对一个新的领域进行研究和探索，拥有这个领域的数据是有十分重要的。下面介绍一些能够用上的开源数据获取方式，不仅可以提升数据收集的效率，而且可以学习更多思维方式。

有关数据提供的综合性网络服务日益增多。有些网络应用提供了大型的数据文件，供人有偿或无偿下载。还有一些应用则由广大开发人员创建，通过应用编程接口（Application Programming Interface，API）获得数据，这能让我们运用某些服务应用（例如 Twitter）的数据，并整合进自己的程序中去。以下是其中一些资源。

（1）Freebase（www.freebase.com）。一个主要致力于提供关于人物、地点和事件的数据的社区。它在数据方面有点类似维基百科，但网站的结构更清晰。可以下载网友上传的数据文件，或者将自己的数据进行备份。

（2）Infochimps（infochimps.org）。数据市场，提供免费和收费的数据下载，也可以通过 API 来获得数据。

（3）Numbrary（numbrary.com）。为网上的数据进行编目，主要为政府数据。

（4）维基百科（wikipedia.org）。在这个靠社区运转的百科全书中有大量 HTML 表格格式的小型数据集。

（5）CEIC（www.ceicdata.com/zh-hans）。最完整的一套超过 128 个国家的经济数据，能够精确查找 GDP、CPI、进口、出口、外资直接投资、零售、销售，以及国际利率等深度数据。其中的"中国经济数据库"收编了 300000 多条时间序列数据，数据内容涵盖宏观经济数据、行业经济数据和地区经济数据。

（6）wind（万得）（www.wind.com.cn）。万得被誉为中国的 Bloomberg，在金融业有着全面的数据覆盖。金融数据的类目更新非常快，很受国内的商业分析者和投资人的青睐。

（7）中国统计信息网（www.tjcn.org）。国家统计局的官方网站，汇集了海量的全国各级政府各年度的国民经济和社会发展统计信息，建立了以统计公报为主，统计年鉴、阶段发展数据、统计分析、经济新闻、主要统计指标排行等。

此外，还有各类学术资源可以使用，如各大高校的图书馆。

（8）数据图书馆（lib.stat.cmu.edu/DASL）。有关数据文件以及讲述基础统计方法用法的在线图书馆，来自卡内基梅隆大学。

（9）伯克利数据实验室（sunsite3.berkeley.edu/wikis/datalab）。加州大学伯克利分校图书馆系统的一部分。

（10）加州大学洛杉矶分校统计数据库（www.stat.ucla.edu/data）。加州大学洛杉矶分校统计学院的数据库，主要用于实验室和课程练习。

2.6　数据获取手段综合分析

2.6.1　人工收集手段分析

人类情报活动的历史悠久，情报已成为政治、经济和军事领域必不可少的要素。人力情报工作通常是指以人作为情报的搜集者、传递者和分析者，在整个情报工作中发挥绝对的主导作用。自从情报产生之日起，人的作用就一直左右着情报活动的发展。近代以前，由于科学技术落后，人力情报一直是获取情报的主要手段。此后，随着工业革命的到来，电报、电话、无线电技术的出现，依赖于科学技术的现代情报方式应运而生，且日益成为倚重的对象。第二次世界大战以来，随着信息技术、新材料、军事航天等技术的飞速发展，情报侦察实现了全天候、全时段，情报侦察的空间逐步向陆、海、空、天、电多维延伸。但是，技术的发展并不能完全代替人力情报及其作用，恰恰因为有人的主观能动性和创造性的控制，人力情报才具有技术情报难以比拟的优越性，具体表现在以下几个方面：

（1）人力情报相对于技术情报而言使用费用较低，无须花费大规模的资金就可招募或培训出合格的情报人员或特情人员。

（2）人的主观能动性和创造性的发挥是技术情报所不能比拟的。在情报搜集的过程中，人力情报工作可根据时间、地点、人物、事件的不断变化，充分发挥主观能动性，自主控制事态的局势，选取最佳的时机和方案，可以方便快捷地获取所需情报。同时，它可以很好地对付对方所施展的欺骗和伪装之术，达到火眼金睛，去粗取精，去伪存真。

（3）人力情报工作反应迅速，启动快捷。一旦确立了行动方案，人力情报工作便可以立即开展，而且情报人员及特情人员可以形成巨大的人力情报网，见缝插针，利用人类独具的敏感性，快速而准确地获取情报。

（4）人力情报工作不受技术和气候条件的制约。人力情报之所以被誉为最古老和传统的情报搜集手段，其重要的原因就在于它是随着人类社会的产生而产生的。无论什么样的条件，人类都可以利用自身所具有的感官去看、去听，凭着自身的敏感性获取所要获得的信息。

当然，人工收集手段也有局限性，主要表现在以下几方面：

（1）人力情报活动风险较大、收效有限。人力侦察是历史上最古老的情报获取方式，其通过情报人员的观察、刺探、窃取、收买、渗透等方式搜集获取情报，存在随时被发现的风险。此外，人力侦察战线拉得长，其结果也存在许多不确定性，因此，收效有限。

（2）人力侦察的脆弱性。在实施人力侦察的情报工作中，起决定作用的就是间谍。间谍之间的个体差异是导致情报成败的关键。他们往往被派遣到一个国家或团体的内部，在远离国土的地方进行情报收集活动，经常因为各种失误而导致行动失败。他们或者对当地情况缺乏较深的了解，对周围环境和当地民俗也不熟悉，导致当地人一眼就可以看出他们不是本地人，其活动很容易被监视，从而暴露自己的真实身份，致使情报搜集工作功亏一篑。例如，在全球打击国际恐怖主义的过程中，美国针对奥萨玛·本·拉登的行踪进行了一系列的侦察，在人力情报的实施上就遇到了巨大的困难。美国情报机构缺乏懂阿拉伯语的人才，间谍中会阿拉伯语的人更少，而且阿拉伯内部的各组织间整体差异较大，文化背景有所不同，方言较多。

因此，美国情报机构很难将间谍打入其内部组织，不单单是他们的长相与阿拉伯人不同，更重要的是上述各种条件的限制，使美国的计划几乎不可能实施。

2.6.2 技术收集手段分析

随着科学技术的发展，现代技术侦察手段日臻完善，人们可以在千里之外了解世界上每个角落的详情，各国情报界越来越倚重技术类情报手段。美国目前有80%以上的情报是通过无线电侦听、卫星侦察、飞机侦听和拍照、互联网截取等高技术手段获得的。技术收集手段的优越性具体表现在：技术侦察手段应对不确定性。电报、电话、无线电以及其他通信手段的发展使及时、准确地搜集情报以及实时地传递命令成为可能。尤其是空中侦察、雷达、卫星和其他技术的运用使确定敌军位置成为一件十分容易的事，无论它在地面、海上还是空中。计算机及其相关技术能够快速高效地处理大量的信息。精确制导武器不断改进，具有准确锁定目标的能力。这表明物质技术手段可以减少不确定因素所带来的消极影响。随着科学技术的发展，尤其是通信技术的革新，已经打破了时间和空间的阻碍，技术手段的改善基本解决了情报的实时传递问题，使战场指挥官可以尽快地掌握战场情况，及时做出决策，进而减少了战争的不确定性。

冷战时期，技术收集手段得到了最为有效的利用。这是因为，美国面临的威胁适用具体的测量方式来应对，如敌国有多少个导弹发射井，有多少艘潜艇，一个坦克团配备了多少辆坦克等。密码是可以破解的，各种秘密装备也能从天上拍摄到，遥测技术能够提供有价值的数据，这些都构成了当时美国情报来源的基础。

目前，技术侦察拥有多种手段，并不断完善，看起来它几乎无所不能。但是，不论技术如何进步，技术侦察也还是有鞭长莫及的地方。

首先，人的主观能动性和创造性是目前的技术手段无法替代的。例如，人们使用无人机、侦察机、卫星等现代化装备，可以了解军事部署和战场态势，但是却无法得到一场危机事件中敌方领导人的意图和打算，敌方内部是团结还是分裂，民众态度如何转变等情况。

其次，在技术侦察发展的同时，反技术侦察的措施也在不断发展。"道高一尺，魔高一丈"，侦察与反侦察总是互相依存，相生相克。在无线电通信领域，反侦察的方法从无线电静默到有线电信号加密，无不是为了保证己方的通信不被敌方截取。如果某一地区通信量骤然增加，可能是敌方在进行无线电欺骗，实际上并没有多少人在那里，这是他们故意释放的烟雾弹。总之，在情报活动的实践过程中，敌对各方都会千方百计地发展自己的侦察技术和手段，采取各种措施实施欺骗、迷惑、误导对方，以求取得冲突中的情报优势。

再次，技术情报的"黑匣子"搜集原始情报价值不高。据一名天文物理学家称："从那些东西（侦察卫星）上传下的信息会让你窒息……它快得吓人。你解读它们。从某种意义上说，你下入了海洋……这些都使你的目的根本无法实现。"不论怎样，正如帕特里克·麦克加维指出的，"我们几乎不受限制的信息搜集能力，只唤起很少的人对这些信息的效用提出质疑……结果是可怕的。越来越多的信息被搜集，而它们的价值却越来越小。那些没有价值的素材被收藏了起来，指望它们的价值会提高。这种希望太渺茫了"。

此外，技术侦察的费用开支巨大。1997年和1998年美国曾公布了整个情报系统的年度预算，分别为266亿美元和267亿美元。时隔近十年，美国不断加强对情报系统的投入，情报系统经费增加了多少难以估量。发射一颗侦察卫星就需要几亿美元。

最后，由于目前情报工作经常针对的对象已经不仅仅是一个敌对的国家，在反恐形势严峻的今天，对象可能是那些个人或者组织。这些人行踪隐蔽，居无定所，他们之间的联系经常是通过口信，连手机和电话都不用，任何窃听和卫星技术手段都很难捕捉到他们的踪影。

2.6.3 两种收集手段的关系

（1）技术收集手段对人工收集手段的影响。随着高技术在军事领域的广泛应用，侦察手段正朝着智能化、无人化的方向飞速迈进，各国情报机构在军事情报方面开始更多地依赖技术情报，如侦察卫星拍摄的图片等，而不再像过去那样重视培养像007这样的优秀间谍。在近几场高技术局部战争中，美国先进的技术情报系统大显神通，在某些领域发挥了人力情报难以比肩的功效。特别是随着"全球鹰""捕食者"等先进的无人侦察机在阿富汗、伊拉克战场的使用，许多人对于高技术侦察手段的作用出现了过分神化的倾向，甚至认为技术情报已经终结了人力情报。

原因主要是美国情报机构坚持一种无疑带有浓厚官僚主义色彩的论调——"人类总是有理智的，或者说可以迫使其变得理性"，因此，情报机构减少了其在情报工作中对人力情报的依赖，以技术手段取而代之。

（2）技术收集手段与人工收集手段的融合。技术能够为情报工作提供不可思议的帮助，但是，将情报工作屈从于技术却是大大错误的。当前，许多有识之士认识到，情报工作离不开情报人员，人能够让最昂贵的计算机所做出的计算看得更远，可以发现技术装备所不能发现的人的思想。他们呼吁要让情报工作重新回到一条技术和人力更加平衡的道路上。

在技术情报鼎盛期的20世纪80年代，高级情报官员拒绝接受"预测性情报"。他们对于情报工作的信条，就是在事情发生之后对事实进行解释。他们没能看到情报机构存在的理由——保证先敌制胜。在当今的时代，美国的情报机构面对的敌人是那些头脑发热的狂热分子，需要活生生的人力以及他们的非凡头脑与之抗衡。

如今，美国乃至全世界的情报机构所面对的对象已经不完全是具体的敌对国家了，从自杀式人体炸弹——这简直是我们这个时代最了不起的精确打击武器，能以最低的成本造成最大的战略性影响——到精心谋划的"9·11"事件，防不胜防。因此，美国国防情报局在今年制定的战略计划中明确提升情报收集能力的目标，即"通过国防情报计划解决情报收集方面存在的不足，不断提高国家情报局的能力，为指挥员和领导者提供独特的情报服务。为提高人力情报（HUMINT）和技术侦察能力，国防情报局将加大投入，通过改进侦察技术，实现对现实和潜在对手的精确渗透。"

因此，无论战争怎么发展，通过传统的人力侦察手段获取情报信息的方式永远不会过时，甚至会更普遍地应用。未来作战侦察手段应是高技术侦察手段和人力情报两者的巧妙结合。加强人力情报能力与手段、实现人力情报与技术情报的融合，将是未来信息化战争条件下夺取情报优势极为重要的一环。

2.7 网络"爬虫"获取数据

网络数据采集是指通过网络"爬虫"或网站公开 API 等方式从网站上获取数据信息。该方法可以将非结构化数据从网页中抽取出来，将其存储为统一的本地数据文件，并以结构化的方式存储。它支持图片、音频、视频等文件或附件的采集，附件与正文可以自动关联。在互联网时代，网络"爬虫"主要是为搜索引擎提供最全面和最新的数据。

2.7.1 网络"爬虫"原理

网络"爬虫"是一种按照一定的规则，自动地抓取 Web 信息的程序或者脚本。Web 网络"爬虫"可以自动采集所有其能够访问到的页面内容，为搜索引擎和大数据分析提供数据来源。从功能上来讲，爬虫一般有数据采集、处理和存储三部分功能，如图 2-12 所示。

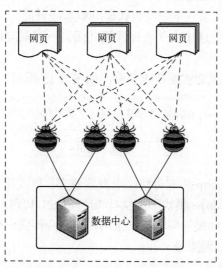

图 2-12 网络"爬虫"示意

网页中除了包含供用户阅读的文字信息外，还包含一些超链接信息。网络"爬虫"

系统正是通过网页中的超链接信息不断获得网络上的其他网页。网络"爬虫"从一个或若干初始网页的 URL 开始，获得初始网页上的 URL，在抓取网页的过程中，不断从当前页面上抽取新的 URL 放入队列，直到满足系统的一定停止条件。

网络"爬虫"系统一般会选择一些比较重要的、出度（网页中链出的超链接数）较大的网站的 URL 作为种子 URL 集合。

网络"爬虫"系统以这些种子集合作为初始 URL，开始数据抓取。因为网页中含有链接信息，通过已有网页的 URL 会得到一些新的 URL。可以把网页之间的指向结构视为一个森林，每个种子 URL 对应的网页是森林中的一棵树的根结点，这样网络"爬虫"系统就可以根据广度优先搜索算法或者深度优先搜索算法遍历所有的网页。

由于深度优先搜索算法可能会使"爬虫"系统陷入一个网站内部，不利于搜索比较靠近网站首页的网页信息，因此一般采用广度优先搜索算法采集网页。

网络"爬虫"系统首先将种子 URL 放入下载队列，并简单地从队首取出一个 URL 下载其对应的网页，得到网页的内容并将其存储后，经过解析网页中的链接信息可以得到一些新的 URL；然后，根据一定的网页分析算法过滤掉与主题无关的链接，保留有用的链接并将其放入等待抓取的 URL 队列；最后取出一个 URL，将其对应的网页进行下载，然后解析，如此反复进行，直到遍历了整个网络或者满足某种条件后才会停止。

2.7.2 网络"爬虫"流程

如果把互联网比作一张大的蜘蛛网，数据便是存放于蜘蛛网的各个节点，而"爬虫"就是一只小蜘蛛，沿着网络抓取自己的猎物（数据）。"爬虫"指的是：向网站发起请求，获取资源后分析并提取有用数据的程序；从技术层面来说就是通过程序模拟浏览器请求站点的行为，把站点返回的 HTML 代码/JSON 数据/二进制数据（图片、视频）爬到本地，进而提取自己需要的数据，存放起来使用。

用户获取网络数据的方式主要有两种。

方式 1：浏览器提交请求→下载网页代码→解析成页面。

方式 2：模拟浏览器发送请求（获取网页代码）→提取有用的数据→存放于数据库或文件中。

网络"爬虫"采用方式 2 实现数据获取，如图 2-13 所示。

图 2-13 网络"爬虫"方式

（1）发起请求。使用 http 库向目标站点发起请求，即发送一个 Request，Request 包含请求头、请求体等，Request 模块不能执行 JS 和 CSS 代码。

（2）获取响应内容。如果服务器能正常响应，则会得到一个 Response，Response 包含 HTML、JSON、图片、视频等。

（3）解析内容。

解析 HTML 数据：正则表达式（RE 模块），第三方解析库如 Beautifulsoup、pyquery 等。

解析 JSON 数据：JSON 模块。

解析二进制数据：以 WB 的方式写入文件。

（4）保存数据。将获取的数据保存到数据库（MySQL、MongdB、Redis 等）或是文件中。

网络"爬虫"的基本工作流程如图 2-14 所示。

（1）首先选取一部分种子 URL。

（2）将这些 URL 放入待抓取 URL 队列。

（3）从待抓取 URL 队列中取出待抓取 URL，解析 DNS，得到主机的 IP 地址，并将 URL 对应的网页下载下来，存储到已下载网页库中。此外，将这些 URL 放进已抓取 URL 队列。

（4）分析已抓取 URL 队列中的 URL，分析其中的其他 URL，并且将这些 URL 放入待抓取 URL 队列，从而进入下一个循环。

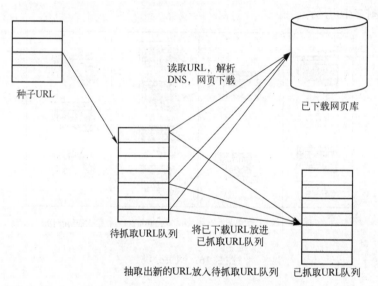

图 2-14 网络"爬虫"的基本工作流程

2.7.3 网络"爬虫"抓取策略

谷歌和百度等通用搜索引擎抓取的网页数量通常都是以亿为单位计算的。那么，面对如此众多的网页，通过何种方式才能使网络"爬虫"尽可能地遍历所有网页，从而尽可能地扩大网页信息的抓取覆盖面，这是网络"爬虫"系统面对的一个很关键的问题。在网络"爬虫"系统中，抓取策略决定了抓取网页的顺序。

（1）网页间关系模型。从互联网的结构来看，网页之间通过数量不等的超链接相互连接，形成一个彼此关联、庞大复杂的有向图。

如图 2-15 所示，如果将网页看成是图中的某一个节点，而将网页中指向其他网页的链接看成是这个节点指向其他节点的边，那么可将整个互联网上的网页建模成一个有向图。

理论上，通过遍历算法遍历该图，可以访问到互联网上几乎所有的网页。

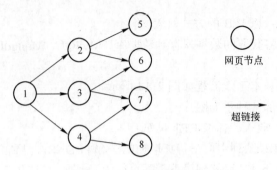

图 2-15 网页关系模型图

（2）网页分类。从"爬虫"的角度对互联网进行划分，可以将互联网的所有页面分为 5 个部分，即已下载未过期网页、已下载已过期网页、待下载网页、可知网页和不可知网页，如图 2-16 所示。

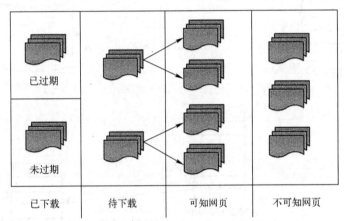

图 2-16 网页分类

抓取到本地的网页实际上是互联网内容的一个镜像与备份。互联网是动态变化的，当一部分互联网上的内容发生变化后，抓取到本地的网页就过期了。所以，已下载的网页分为已下载未过期网页和已下载已过期网页两类。

待下载网页是指待抓取 URL 队列中的那些页面。

可知网页是指还没有抓取下来，也没有在待抓取 URL 队列中，但是可以通过对已抓取页面或者待抓取 URL 对应页面进行分析，从而获取到的网页。

还有一部分网页，网络"爬虫"是无法直接抓取下载的，称为不可知网页。

为提高工作效率，通用网络"爬虫"会采取一定的爬行策略。常用的爬行策略有深度优先策略和广度优先策略，下面分别介绍。

（1）深度优先策略。深度优先策略是指网络"爬虫"会从起始页开始，一个链接一个链接地跟踪下去，直到不能再深入为止。网络"爬虫"在完成一个爬行分支后返回到上一链接节点进一步搜索其他链接。当所有链接遍历完后，爬行任务结束。这种策略比较适合垂直搜索或站内搜索，但爬行页面内容层次较深的站点时会造成资源的巨大浪费。

以图 2-15 为例，遍历的路径为 1→2→5→6→3→7→4→8。

在深度优先策略中，当搜索到某一个节点时，这个节点的子节点及该子节点的后继节点全部优先于该节点的兄弟节点，深度优先策略在搜索空间的时候会尽量地往深处去，只有找不到某节点的后继节点时才考虑它的兄弟节点。

这样的策略就决定了深度优先策略不一定能找到最优解，并且由于深度的限制甚至找不到解。

如果不加限制，就会沿着一条路径无限制地扩展下去，这样就会"陷入"到巨大的数据量中。一般情况下，使用深度优先策略都会选择一个合适的深度，然后反复地搜索，直到找到解，这样搜索的效率就降低了。所以深度优先策略一般在搜索数据量比较小的时候才使用。

（2）广度优先策略。广度优先策略按照网页内容目录层次深浅来爬行页面，处于较浅目录层次的页面首先被爬行。当同一层次中的页面爬行完毕后，"爬虫"再深入下一层继续爬行。

仍然以图 2-15 为例，遍历的路径为 1→2→3→4→5→6→7→8。

由于广度优先策略是对第 N 层的节点扩展完成后才进入第 $N+1$ 层的，所以可以保证以最短路径找到解。

这种策略能够有效控制页面的爬行深度，避免遇到一个无穷深层分支时无法结束爬行的问题，实现方便，无须存储大量中间节点，不足之处在于需较长时间才能爬行到目录层次较深的页面。

如果搜索时分支过多，也就是节点的后继节点太多，就会使算法耗尽资源，在可以利用的空间内找不到解。

习　题

1. 作战数据的分类方式有哪些？各自含义是什么？
2. 世界各国的情报机构有哪些？
3. 信号情报、通信情报、电子情报各自内涵及相互关系是什么？
4. 简要介绍图像情报的获取手段。
5. 开源情报的数据来源有什么？其作用如何？
6. 综合分析各类数据获取手段的优劣及关系。
7. 简要介绍网络"爬虫"的原理、过程以及策略。

第3章　数据建模及数据库设计

数据库是某个组织或部门所涉及的数据综合，它不仅要反映数据本身的内容，而且要反映数据之间的联系。为了用计算机处理现实世界中的具体事物，人们必须事先对具体事物加以抽象，提取主要特征，归纳形成一个简单清晰的轮廓，转换成计算机能够处理的数据，这就是"数据建模"。通俗地讲数据模型就是现实世界的模型。

数据建模指的是对现实世界各类数据的抽象组织，确定数据库需管辖的范围、数据的组织形式等直至转化成现实的数据库，也就是将经过系统分析后抽象出来的概念模型转化为物理模型后，通过数据建模工具建立数据库实体以及各实体之间关系的过程。

数据概念是围绕数据展开工作的逻辑起点，主要研究数据定义、数据与相邻概念的关系、数据分类、数据属性、数据寿命周期等方面内容。其中最核心的内容在于数据的建模，一个好的数据模型不仅可以准确反映客观事实，还可以符合数据库设计理论的要求。

3.1　数据建模概念及作用

数据建模是一种技巧，它可以记录事物的信息，如形状、尺寸、内容，以及业务处理流程中数据元素使用的规律。数据模型是建立数据库的蓝图，而不是数据库本身，是开发项目成功的基础，不过它也只是设计应用程序的一个基本要素。

建模的过程就是对现存事物的描述，也就是物理数据的 As-Is 状态，这样就可以查看现有数据库中数据的结构，以及在当前环境下数据库管理的规则。模型帮助我们观察当前和过去是怎样管理数据的。数据建模还可以建立新东西，这就是 To-Be 阶段。通常我们会创建多个"To-Be"设计，并从中选择一个来实现。建模是为了选择解决方案，即使对于一个相同的问题也可能会有几种不同的解决方案，要知道哪个是正确的并不容易。

数据建模的用处不只是构建新的数据库，数据建模还可以有许多其他用处。数据建模可以是数据生命周期管理过程中的一个完整的步骤，涉足数据设计、数据构建、数据维护与数据重新发现的所有方面。模型可以在数据产生、死亡和恢复中发挥作用。它的确是一项重大的设计技术，并且它还是一项重大的分类技术。在最近几年中，数据建模已经变得更为突出，这主要归因于存储的数据容量与复杂性的增加。

3.2　数 据 模 型

数据模型是用来描述数据表达的底层描述模型，它包含数据的定义、类型以及不同类型数据的操作功能，如浮点数类型可以进行加、减、乘、除操作等。与数据模型对应的是概念模型，它对目标事物的状态和行为进行抽象的语义描述，并提供构建、推理支持等操作。例如，一维浮点数可以描述温度概念，三维浮点数向量可以描述空间的风向概念。

数据模型应满足三方面要求：一是能比较真实地模拟现实世界；二是容易为人所理解；三是便于在计算机上实现。一种数据模型要很好地满足这三方面的要求在目前尚很困难。在数据库系统中针对不同的使用对象和应用目的，采用不同的数据模型。

3.2.1 数据模型组成要素

能表示实体类型及实体间联系的模型称为"数据模型（data model）"。模型是对现实世界的抽象。在数据库技术中，用模型的概念描述数据库的结构与语义，对现实世界进行抽象。

随着数据库学科的发展，数据模型的概念也逐渐深入和完善。早期，一般把数据模型仅理解为数据结构。其后，在一些数据库系统中，则把数据模型归结为数据的逻辑结构、物理配置、存取路径和完整性约束条件等 4 个方面。现代数据模型的概念，则认为数据结构只是数据模型的组成成分之一。数据的物理配置和存取路径是关于数据存储的概念，不属于数据模型的内容。此外，数据模型不仅应该提供数据表示的手段，还应该提供数据操作的类型和方法，因为数据库不是静态的而是动态的。因此，数据模型还包括数据操作部分。

一般地讲，数据模型通常包含数据结构、数据操作和数据完整性约束 3 个部分。

1. 数据结构

数据结构是所研究的对象类型的集合，是对系统静态特性的描述，是指对实体类型和实体间联系的表达和实现。数据结构是数据模型的基础，数据操作和约束都建立在数据结构上。不同的数据结构具有不同的操作和约束。

在数据库管理系统中，人们通常按照其数据结构的类型来命名数据模型。例如，层次结构、网状结构和关系结构的数据模型分别命名为层次模型、网状模型和关系模型。

2. 数据操作

数据操作是用于描述系统的动态特征，是对数据库中各种对象的实例所允许执行的操作的集合，包括操作及有关的操作规则。数据库主要有查询和更新（包括插入、修改、删除）两大类操作。数据模型要定义这些操作的确切含义及实现操作的语言。

3. 数据完整性约束

数据完整性约束给出数据及其联系应具有的制约和依赖规则。例如，在关系模型中，任何关系必须满足实体完整性和参照完整性这两类约束。此外，数据模型还应该提供定义完整性约束的机制，以反映具体应用所涉及的数据必须遵守的特定的语义约束。例如，在教师信息中的"性别"属性只能取值为男或女，教师任课信息中的"课程号"属性的值必须取自学校已经开设的课程等。在后续"关系模型"章节中将有详细讨论。

如同在建筑设计和施工过程的不同阶段需要不同的图纸一样，在实施数据库应用中也需要使用不同的数据模型。数据模型按不同的应用层次分成 3 种类型，也就是模型应用目的的不同，可以划分为概念模型、逻辑模型和物理模型。概念模型，是按照用户的观点来对数据进行建模，主要用于表达用户的需求。逻辑模型是在概念模型的基础上确定模型的数据结构,目前主要的数据结构有层次模型、网状模型、关系模型、面向对象模型和对象关系模型。物理模型是在逻辑模型的基础上,确定数据在计算机系统内部的表示方式和存取方式。下面将分别介绍。

3.2.2 概念模型

概念数据模型,简称概念模型(conceptual data model),是面向数据库用户的现实世界的模型,主要用来描述世界的概念化结构。它使数据库设计人员在设计初始阶段摆脱计算机系统及 DBMS 的具体技术问题,集中精力分析数据以及数据之间的联系等,而与具体的数据管理系统无关。概念数据模型必须换成逻辑数据模型,才能在 DBMS 中实现。

概念模型是对现实世界的第一层抽象,是用户和数据库设计人员之间交流的工具。它既是理解数据库的基础,也是设计数据库的基础。

概念模型也称信息模型,它是按用户的观点来对数据和信息建模,也就是把现实世界中的客观对象抽象为某一种信息结构,这种信息结构不依赖于具体的计算机系统,也不对应某个具体的 DBMS,它是概念级别的模型。概念模型用于信息世界的建模:一方面应该具有较强的语义表达能力,能够方便直接表达应用中的各种语义知识;另一方面它还应该简单、清晰、易于用户理解。

概念模型的表示方法很多,如 P.P.S.Chen 于 1976 年提出的实体联系模型(Entity Relationship Model,E-R 模型)、IDEF1X 模型、对象管理组织(OMG)提出的 UML 等。其中最著名、最常用的是 E-R 模型。这个模型直接从现实世界中抽象出实体类型及实体间联系,然后用 E-R 图表示数据模型。设计 E-R 图的方法称为 E-R 方法。E-R 图是直接表示概念模型的有力工具。

1. E-R 模型

1976 年,Peter Chen 首次提出了实体关系建模(entity relationship modeling)概念,并发明了陈氏表示法(Peter Chen's Notation),因此 ER 模型也称为陈氏模型(Chen's Model)。现实世界中的任何数据集合,均可用 E-R 图来描述。用 E-R 图表示的概念模型独立于具体的 DBMS 所支持的数据模型,它是各种数据模型的共同基础,因而比基本数据模型更一般、更抽象、更接近现实世界。

E-R 模型有 3 个基本元素,即实体、属性、联系。

(1)实体。用矩形表示,在矩形框内注明实体的名称,如图 3-1 所示,该图表示的是"班级"实体。

(2)属性。用椭圆表示,椭圆形框内写明属性名,并用无向边将其与相应的实体连接起来。如图 3-2 所示,班级实体有"班级名称"属性。

图 3-1 班级实体　　　　　　　图 3-2 班级名称属性

(3)联系。用菱形表示,菱形框内写明联系名,并用无向边分别与有关实体连接起来,同时在无向边旁标注联系的类型(1:1、1:n、m:n),联系还可以有属性。如

图 3-3 所示,学生实体与课程实体之间有多对多的"选课"联系,该联系同时有"成绩"属性。

图 3-4 所示为一个简单的概念模型,该模型有 4 个实体,分别是班级、学生、账目、课程。班级实体有班级编码和班级名称属性,学生实体有学号、姓名、性别、出生年月、入学时间和政治面貌属性,账目实体有账目编码和账目金额属性,课程实体有课程编码和课程名称属性。学生实体与账目实体之间是一对一的联系,班级实体与学生实体之间是一对多的联系,学生实体与课程实体之间是多对多的选课联系,并且选课联系有成绩属性。

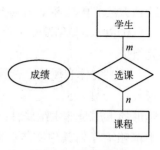

图 3-3 选课联系

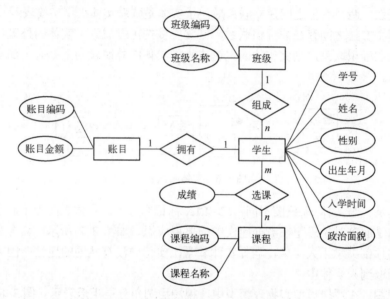

图 3-4 学生信息 E-R 概念模型

在实际中,在一个概念模型中涉及的实体和实体的属性较多时,为了清晰起见,往往采用 E-R 图的方法将实体及其属性与实体及其联系分别用两张 E-R 图表示。

E-R 模型有两个明显的优点:一是接近人的思想,容易理解;二是与计算机无关,用户容易接受。因此,E-R 模型已经成为数据库概念设计的一种重要方法,它是设计人员和不熟悉计算机的用户之间的共同语言。一般遇到一个实际问题,总是先设计一个 E-R 模型,然后再把 E-R 模型转换成计算机能实现的数据模型。

2. IDEF1X 模型

IDEF 的含义是集成计算机辅助制造(integrated computer-aided manufacturing,ICAM)的定义方法(ICAM definition method),最初的 IDEF 方法由美国空军 ICAM 项目建立。最初开发了 3 种方法,即功能建模(IDEF0)、信息建模(IDEF1)、动态建模(IDEF2),后来随着信息系统的相继开发,又开发出了下列 IDEF 族方法:过程描述获取方法(IDEF3)、面向对象的设计方法(IDEF4)、使用 C++语言的面向对象设计方法(IDEF4C++)、实体描述获取方法(IDEF5)、设计理论获取方法(IDEF6)、人-系统交互设计方法（IDEF8）、业务约束发现方法（IDEF9）、网络设计方法（IDEF14）等。

IDEF1X 使用简单的图形约定来表达复杂的规则集合。IDEF1X 模型共由下列几种单元组成。

（1）实体和属性。分为两大类：一类是独立实体，用直角分层矩形表示（图 3-5），矩形上面是实体的名称，矩形的上层是主键属性，矩形的下层是非主键属性；另一类是依赖实体，用圆角分层矩形表示。不依赖于任何其他实体就能唯一确定实体中每个实例的实体称为独立实体，否则称为依赖实体。

图 3-5　学生实体

（2）联系。

非标识联系：两个实体之间建立联系后，子实体是独立实体；用虚线表示。

标识联系：两个实体之间建立联系后，子实体是依赖实体；用实线表示。

如果两个实体之间存在非标识联系，则父实体的主键成为子实体的外键；如果两个实体之间存在标识联系，则父实体的主键成为子实体的外键且为主键的一部分。具体如图 3-6 所示。

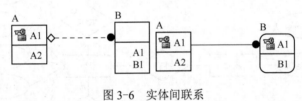

图 3-6　实体间联系

（3）继承。与实体-联系图不同，IDEF1X 标记符号中，实体之间除了联系之外，还有继承，这是面向对象思想在数据建模中的典型应用。如图 3-7 所示，其含义是老师实体和学生实体都继承于人实体，老师实体和学生实体中没有共同的属性，因为它们共同的属性都抽取到人实体中。

（4）视图。在逻辑模型和物理模型中，视图用圆角分层矩形表示（图 3-8）。矩形上层是视图的名称，矩形中层是视图的属性，矩形下层是视图参考的表或其他视图。

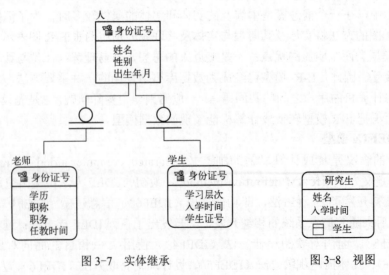

图 3-7　实体继承　　　　　　　图 3-8　视图

IDEF1X 是美国联邦政府广泛使用的一种模型，前面 E-R 示例模型的 IDEF1X 等效模型如图 3-9 所示。其中有 5 个实体，分别是班级、学生、账目、课程、选课等。班级实体有班级编码和班名称属性，学生实体有学号、姓名、性别、出生年月、入学时间和政治面貌属性，账目实体有账目编码属性和账目金额属性，课程实体有课程编码和课程名称属性，选课实体有成绩属性。

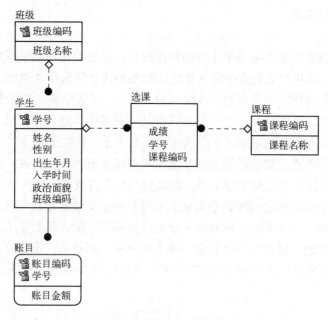

图 3-9 IDEF1X 模型

学生实体与账目实体之间是一对一的联系，班级实体与学生实体之间是一对多的联系，学生实体与选课实体之间是一对多的联系，课程实体与选课实体之间是一对多的联系。可以看出，IDEF1X 表示法比较简练、精确。

3.2.3 逻辑模型

逻辑数据模型，简称逻辑模型（logical data model）是在概念模型的基础上建立起来的，概念模型考虑的重点是如何将客观对象及客观对象之间的联系描述出来，而逻辑模型考虑的重点是以什么样的数据结构来组织数据。逻辑模型是用户从数据库所看到的模型，是具体的 DBMS 所支持的数据模型，如网状数据模型（network data model）、层次数据模型（hierarchical data model）等。此模型既要面向用户，又要面向系统，主要用于数据库管理系统（DBMS）的实现。

目前，数据库领域中最常见的逻辑模型如下：
（1）层次模型（hierarchical model）。
（2）网状模型（network model）。
（3）关系模型（relational model）。
（4）面向对象模型（object oriented model）。
（5）对象关系模型（object relational model）。

层次模型、网状模型和关系模型是按其数据结构而命名的。其中，层次模型和网状模型称为格式化模型（非关系模型）。20 世纪 70 年代至 80 年代初，格式化模型的数据库系统非常流行，在数据库系统产品中占据了主导地位。20 世纪 80 年代以来，计算机厂商新推出的数据库管理系统几乎都支持关系模型，非关系系统的产品也大都加上了关系接口。数据库领域当前的研究工作也都是以关系方法为基础，关系模型成为目前最重要的一种逻辑数据模型。

1. 层次模型

层次模型是数据库系统中最早出现的数据模型，层次数据库系统采用层次模型作为数据的组织方式。用树形结构来表示实体之间联系的模型称为层次模型。

构成层次模型的树是由节点和连线组成的，节点表示实体集（文件或记录型），连线表示相连两个实体之间的联系，这种联系只能是一对多的。通常把表示"一"的实体放在上方，称为父节点；而把表示"多"的实体放在下方，称为子节点。

根据树结构的特点，建立数据的层次模型需要满足下列两个条件：①有且仅有一个节点没有父节点，这个节点即为根节点；②其他节点有且仅有一个父节点。

现实世界中许多实体之间的联系本来就呈现一种很自然的层次关系，如行政机构、家族关系等。例如，一个学院下属有若干个系、处和研究所；每个系下属有若干个教研室和办公室；每个处下属有若干个科室；每个研究所下属有若干个研究室和办公室。这样，一个学院的行政机构就有明显的层次关系，可以用图 3-10 所示的层次模型将这种关系表示出来。

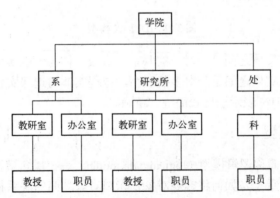

图 3-10 学院行政机构的层次模型

层次模型的一个基本特点是，任何一个给定的记录值只有按其路径查看时，才能显出它的全部意义，没有一个子女记录值能够脱离双亲记录值而独立存在。

层次模型最明显的特点是层次清楚、构造简单以及易于实现，它可以很方便地表示出一对一和一对多这两种实体之间的联系。但由于层次模型需要满足上面两个条件，这样就使得多对多联系不能直接用层次模型表示。如果要用层次模型来表示实体之间多对多的联系，则必须首先将实体之间多对多的联系分解为几个一对多联系。分解方法有两种：冗余节点法和虚拟节点法。这两种分解方法的具体细节请参看相关书籍。因此，对于复杂的数据关系，用层次模型表示是比较麻烦的。

层次模型的主要优点如下：

（1）层次数据模型本身比较简单。

（2）对于实体间联系是固定的，且预先定义好的应用系统，采用层次模型来实现，其性能优于关系模型，不低于网状模型。

（3）层次数据模型提供了良好的完整性支持。

层次模型的主要缺点如下：

（1）现实世界中很多联系是非层次性的，如多对多联系、一个节点具有多个双亲等，层次模型表示这类联系的方法很笨拙，只能通过引入冗余数据（易产生不一致性）或创建非自然的数据组织（引入虚拟节点）来解决。

（2）对插入和删除操作的限制比较多。

（3）查询子节点必须通过双亲节点。

（4）由于结构严密，层次命令趋于程序化。

可见用层次模型对具有一对多层次关系的部门进行描述非常自然、直观，容易理解。这是层次数据库的突出优点。

层次数据库系统的典型代表是 IBM 公司的 IMS（information management system）数据库管理系统，这是 1968 年 IBM 公司推出的第一个大型商用数据库管理系统，曾经得到广泛使用。

2. 网状模型

网状模型和层次模型在本质上是一样的。从逻辑上看它们都是用连线表示实体之间的联系，用节点表示实体集；从物理上看，层次模型和网状模型都是用指针来实现两个文件之间的联系，其差别仅在于网状模型中的连线或指针更加复杂，更加纵横交错，从而使数据结构更复杂。

在网状模型中同样使用父节点和子节点的术语，并且同样把父节点安排在子节点的上方。

在数据库中，把满足以下两个条件的基本层次联系集合称为网状模型：①允许一个以上的节点无双亲；②一个节点可以有多于一个的双亲。

网状模型是一种比层次模型更具普遍性的结构，它去掉了层次模型的两个限制，允许多个节点没有双亲节点，允许节点有多个双亲节点，此外它还允许两个节点之间有多种联系（称为复合联系）。因此，网状模型可以更直接地去描述现实世界，而层次模型实际上是网状模型的一个特例。

与层次模型一样，网状模型中每个节点表示一个记录类型（实体），每个记录类型可包含若干个字段（实体的属性），节点间的连线表示记录类型（实体）之间一对多的父子联系。

例如学院的教学情况可以用图 3-11 所示的网状模型描述。

网状模型和层次模型都属于格式化模型。格式化模型是指在建立数据模型时，根据应用的需要，事先将数据之间的逻辑关系固定下来，即先对数据逻辑结构进行设计使数据结构化。

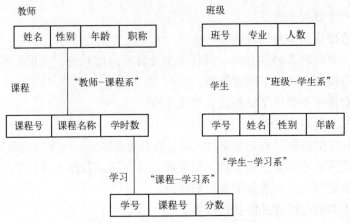

图 3-11 学院教学情况的网状模型

由于网状模型所描述的数据之间的联系要比层次模型复杂得多,在层次模型中子节点与父节点的联系是唯一的,而在网状模型中这种联系可以不唯一。因此,为了描述网状模型记录之间的联系,引进了"系"(set)概念。"系"可以理解为命名了的联系,它由一个父记录型和一个或多个子记录型构成。每一种联系都用"系"来表示,并将其标以不同的名称,以便相互区别,如图 3-11 中的"教师-课程系""课程-学习系""学生-学习系"和"班级-学生系"等。从图中可以看到:教师的属性有姓名、性别、年龄、职称;班级的属性有班号、专业、人数;课程的属性有课程号、课程名、学时数;学生的属性有学号、姓名、性别、年龄;在课程与学生的联系学习中也有其相关属性学号、课程号、分数。

用网状模型设计出来的数据库称为网状数据库。网状数据库是目前应用较为广泛的一种数据库,它不仅具有层次模型数据库的一些特点,而且也能方便地描述较为复杂的数据关系。因此,它可以直接表示实体之间多对多的联系。可以看出,网状模型是层次模型的一般形式,层次模型则是网状模型的特殊情况。

由于记录之间的联系是通过存取路径实现的,应用程序在访问数据时必须选择适当的存取路径,因此用户必须了解系统结构的细节,由此加重了编写应用程序的负担。

网状数据模型的主要优点如下:

(1) 能够更为直接地描述现实世界,如一个节点可以有多个双亲。

(2) 具有良好的性能,存取效率较高。

网状数据模型的主要缺点如下:

(1) 结构比较复杂,而且随着应用环境的扩大,数据库的结构就变得越来越复杂,不利于用户最终掌握。

(2) 数据定义、数据操纵语言复杂,用户不易使用。网状数据模型的典型代表是 DBTG 系统,也称 CODASYL 系统,这是 20 世纪 70 年代数据系统语言研究会(Conference On Data System Language,CODASYL)下属的数据库任务组(Data Base Task Group,DBTG)提出的一个系统方案。DBTG 系统虽然不是实际的软件系统,但是它提出的基本概念、方法和技术具有普遍意义。它对网状数据库系统的研制和发展产生了重大的影响。后来不少系统都采用 DBTG 模型或者简化的 DBTG 模型。例如,Cullinet Software 公司的

IDMS、Univac 公司的 DMSll00、Honeywell 公司的 IDS/2、HP 公司的 IMAGE 等。

3. 关系模型

关系模型（relational model）的主要特征是用二维表格表示实体集。与前两种模型相比，关系模型数据结构简单，容易为初学者理解。关系模型是由若干个关系模式组成的集合。关系模式相当于前面提到的记录类型，它的实例称为关系，每个关系实际上是一张二维表格。关于关系模型的具体内容在后续章节有详细讨论。

层次和网状模型中的联系通过指针实现，而在关系模型中基本的数据结构是表格，记录之间的联系通过模式的关键字体现。

关系模型和层次、网状模型的最大差别是用关键字而不是用指针导航数据，其表格简单，用户易懂，用户只需用简单的查询语句就可以对数据库进行操作，并不涉及存储结构、访问技术等细节。关系模型是数学化的模型。由于把表格看成一个集合，因此集合论、数理逻辑等知识可引入到关系模型中来。SQL 语言是关系数据库的代表性语言，已得到广泛应用。

20 世纪 70 年代对关系数据库的研究主要集中在理论和实验系统的开发方面。20 世纪 80 年代初才形成产品，但很快得到广泛的应用和普及，并最终取代层次、网状数据库产品。典型的关系 DBMS 产品有 DB2、Oracle、Sybase、SQL Server、MySQL 和小型产品 Foxpro、Access 等。

关系模型的基本元素包括关系、关系的属性、视图等。关系模型是在概念模型的基础上构建的，因此关系模型的基本元素与概念模型中的基本元素存在一定的对应关系，如表 3-1 所列。

表 3-1 关系模型与概念模型的对应关系

概念模型	关系模型	说明
实体	关系	概念模型中的实体转换为关系模型的关系
属性	属性	概念模型中的属性转换为关系模型的属性
联系	关系，外键	概念模型中的联系有可能转换为关系模型的新关系，被参照关系的主键转化为参照关系的外键
	视图	关系模型中的视图在概念模型中没有元素与之对应，它是按照查询条件从现有关系或视图中抽取若干属性组合而成

关系模型是目前最重要的一种数据模型。关系模型是与格式化模型完全不同的数据模型，它与层次模型、网状模型相比有着本质的区别，它建立在严格数学概念基础之上。

与层次和网状模型相比，关系模型有如下优点：

（1）数据结构比较简单。在关系模型中，无论实体还是联系都用关系表示，对数据的检索和更新结果也是关系，所以其数据结构简单、清晰，易懂易用。

（2）具有很高的数据独立性。在关系模型中，用户完全不涉及数据的物理存放，只与数据本身的特性发生关系。

（3）可以直接处理多对多的联系。在关系模型中，由于使用表格数据来表示实体之间的联系，因此，可以直接描述多对多的实体联系。

（4）关系模型的存取路径对用户透明，从而具有更高的数据独立性、更好的安全保密性，也简化了程序员的工作和数据库开发工作。

（5）坚实的理论基础。在层次模型和网状模型的系统研究和数据库设计中，其性能和质量主要取决于设计者的主观经验和客观技术水平，但缺乏一定的理论指导。因此，系统的研制和数据库的设计都比较盲目，即使是同一个数据库管理系统，相同的应用，不同的设计者设计出来的系统的性能可以差别很大。而关系模型是建立在严格的数学理论基础之上的，从而避免了层次模型和网状模型系统中存在的问题。

关系数据模型的主要缺点：由于存取路径对用户透明，查询效率往往不如非关系数据模型。因此为了提高性能，必须对用户的查询请求进行优化，这增加了开发关系数据库管理系统的难度。

4. 对象模型

虽然关系模型比层次、网状模型简单灵活，但还不能表达现实世界中存在的许多复杂的数据结构，例如CAD数据、图形数据、嵌套递归的数据，它们需要更高级的数据库技术表达这类信息。

面向对象的概念最早出现在1968年的Smalltalk语言中，随后迅速渗透到计算机领域的每一个分支，现已使用在数据库技术中。对象数据库是面向对象概念与数据库技术相结合的产物。

对象模型（object model）中基本的概念是对象和类。

（1）对象（object）。对象是现实世界中实体的模型化，与实体概念相仿，但远比实体复杂。每个对象有一个唯一的标识符，把状态（state）和行为（behavior）封装（encapsulate）在一起。其中，对象的状态是该对象属性值的集合，对象的行为是在对象状态上操作的方法集。

（2）类（class）。将属性集和方法集相同的所有对象组合在一起，构成了一个类。类的属性值域可以是基本数据类型（整型、实型、字符串型），也可以是记录类型和集合类型。也就是说，类可以有嵌套结构。系统中所有的类组成了一个有根的有向无环图，称为类层次。

一个类可以从类层次的直接或间接祖先那里继承所有的属性和方法。用这个方法实现了软件的可重用性（reuse）。

对象模型能完整地描述现实世界的数据结构，具有丰富的表达能力，但模型相对比较复杂，涉及的知识比较多，因此对象数据库尚未达到关系数据库的普及程度。

5. 各模型比较

上述4种逻辑数据模型的比较如表3-2所列。

表3-2 4种逻辑数据模型的比较

模型	层次模型	网状模型	关系模型	对象模型
创始	1968年IBM公司的IMS系统	1969年CODASYL的DBTG报告（1971年通过）	1970年E.F.Codd提出关系模型	20世纪80年代
数据结构	复杂（树结构）	复杂（有向图结构）	简单（二维表）	复杂（嵌套、递归）
数据联系	通过指针	通过指针	通过表间的公共属性	通过对象标识
查询语言	过程性语言	过程性语言	非过程性语言	面向对象语言
典型产品	IMS	IDS/Ⅱ、IMAGE/3000、IDMS、TOTAL	DB2、Oracle、Sybase、SQL Server、MySQL	ONTOS DB
盛行期	20世纪70年代	20世纪70年代至80年代	20世纪80年代至今	20世纪90年代至今

3.2.4 物理模型

物理模型是面向计算机物理表示的模型，描述了数据在储存介质上的组织结构，它不但与具体的 DBMS 有关，而且与操作系统和硬件有关。每一种逻辑数据模型在实现时都有相对应的物理数据模型。DBMS 为了保证其独立性与可移植性，大部分物理数据模型的实现工作由系统自动完成，而设计者只设计索引、聚集等特殊结构。

物理数据模型是在逻辑数据模型的基础上，考虑各种具体的技术实现因素，进行数据库体系结构设计，真正实现数据在数据库中的存放。

对于关系模型而言，物理数据模型的内容包括确定所有的表和列、定义外键用于确定表之间的关系、基于性能的需求可能进行反规范化处理等内容。在物理实现上的考虑，可能会导致物理数据模型和逻辑数据模型有较大的不同。物理数据模型的目标是如何用数据库模式来实现逻辑数据模型，以及真正地保存数据。

物理模型的基本元素包括表、字段、视图、索引、存储过程、触发器等，其中表、字段和视图等元素与逻辑模型中基本元素有一定的对应关系，如表 3-3 所列。

表 3-3 物理模型与逻辑模型的对应关系

逻辑模型	物理模型	说明
关系	表	逻辑模型中的关系转换为物理模型中的表
属性	字段	逻辑模型中的属性转换为物理模型中的字段，由于物理模型与具体的 DBMS 相对应，物理模型中字段的类型与逻辑模型中属性的类型可能不完全一致
主键属性	主键字段	逻辑模型中的主键属性转换为物理模型中的主键字段
外键属性	外键字段	逻辑模型中的外键属性转换为物理模型中的外键字段
视图	视图	逻辑模型中视图转换为物理模型中的视图

3.2.5 各模型间关系

当然，不同层次的数据模型之间存在一定的对应关系，可以进行相互转换，如图 3-12 所示。

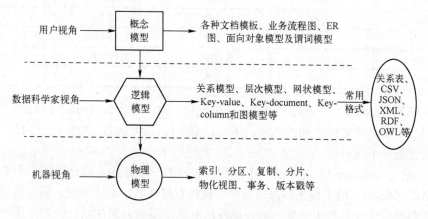

图 3-12 数据模型的层次

3.3 关系模型

1970年，美国IBM公司San Jose研究室的研究员E.F.Codd首次提出了数据库系统的关系模型，开创了数据库的关系方法和关系数据理论的研究，为数据库技术奠定了理论基础。由于E.F.Codd的杰出工作，他于1981年获得ACM图灵奖。

20世纪80年代以来，计算机厂商新推出的数据库管理系统几乎都支持关系模型，非关系系统的产品也大都加上了关系接口。数据库领域当前的研究工作也都是以关系方法为基础。

关系数据库系统是支持关系模型的数据库系统。关系模型由关系模型数据结构、关系模型数据操作和关系模型完整性约束三部分组成的。

3.3.1 关系模型数据结构

关系模型的数据结构非常单一。在关系模型中，现实世界的实体以及实体间的各种联系均用关系来表示。在用户看来，关系模型中数据的逻辑结构是一张二维数据表。表中的每行表示一个实体对象，表的每列对应一个实体属性。这样的一张表结构称为一个关系模式，其表中的内容称为一个关系。

关系数据库是大量二维关系表组成的集合，每个关系表中是大量记录（元组）的集合，每个记录包含着若干属性。关系中的记录是没有重值的，是无序的。

下面给出关系数据模型的主要术语。

（1）关系（relation）。关系模型由一组关系组成，"关系"也就是关系数据库系统中的表，每个关系的数据结构是一张二维表。每个表中有0行或多行数据，每一行数据有一列或者多列。例如表3-4也可称作学生基本信息关系，该关系是一个4行5列的二维表。

表3-4 学生基本信息

学号	系名	住处	课程	成绩
395001	三系	1号楼	大学英语	85
395002	三系	1号楼	大学物理	88
495027	四系	3号楼	数据库基础	95
595102	五系	2号楼	软件工程	82

（2）元组（tuple）。表中的一行称为一个元组，也可称为行（row）或记录。一个元组可表示一个实体或实体之间的联系。例如，第一行（395001，三系，1号楼，大学英语，85）就是一个元组。

（3）属性（attribute）。表中的一个列称为关系的一个属性，即元组的一个数据项，又称为字段（field），用于描述对象的特性。属性有属性名、属性类型、属性值域和属性值。属性名在一个关系表中是唯一的，属性的取值范围称为属性域。例如，第一列"学号"就是一个属性。

（4）域（domain）。属性的取值范围称为属性的域。例如，"成绩"属性的取值范围

0～100，因此 0～100 就是"成绩"属性的域。

（5）候选码（candidate key）。若表中某个属性组能唯一确定一个元组，而其真子集不能唯一确定一个元组，则该属性组为候选码或候选键。例如，{学号，课程}就是候选码，它能唯一确定表中的一行，也就是说，表任意两行之间可以通过学号值和课程值的组合来加以区分。

（6）主码（primary key）。当有多个候选码时，可以任选一个候选码为主码或主键。例如，{学号，课程}可以选作主码。

（7）主属性（prime attribute）。候选码的任何一个属性都是主属性，其他属性都是非主属性（nonprime attribute）。例如学号、课程都是主属性，系、住处、成绩都是非主属性。

3.3.2 关系模型数据操作

关系模型给出了关系操作的能力，但不对关系型数据库管理系统（RDBMS）语言给出具体的语法要求。

传统的集合运算不仅会出现在高中的数学课本中，而且会出现在数据库的学习中。数据库其实是一个二维的表，就相当于是一个数学的集合。有的时候需要两个表进行运算，例如，找到两个表中相同的部分，这个运算机制就是传统的集合运算中的"交"。有的时候需要表本身进行计算，例如，只需要显示表中某一列的数值，这个就是关系的专门运算"投影"。所以传统的数学集合的关系运算与数据库专有的关系运算密切相关。要先弄明白集合的运算才能更好地学习关系运算。

各种运算符如表 3-5 所列。

表 3-5 关系模型运算符

运算符		含义
集合运算符	∪	并
	-	差
	∩	交
	×	笛卡儿积
专门的关系运算符	σ	选择
	π	投影
	⋈	连接
	÷	除

关系模型中常用的关系操作包括并（union）、交（intersection）、差（difference）、选择（select）、投影（project）、连接（join）、除（divide）等查询（query）操作和增加（insert）、删除（delete）、修改（update）操作两大部分。查询的表达能力是其中最重要的部分。

关系操作的特点是集合操作方式，即操作的对象和结构都是集合。这种操作方式也称为一次一集合（set-at-a-time）的方式。相应地，非关系数据模型的数据操作方式则为一次一记录（record-at-a-time）的方式。

1. 传统的集合运算

集合运算就是对满足同一规则的记录进行的加减等四则运算。传统的集合运算是二目运算，包括交、并、差、笛卡儿积 4 种运算，这 4 种运算都与数学上的同名运算概念相似。

（1）并（union）。关系 R 和关系 S 具有相同的 n 目（两个关系都有 n 个属性），且相应的属性取自同一个域，则关系 R 与关系 S 的并由属于 R 或属于 S 的元组组成，其结果关系仍为 n 目关系（图 3-13）。记作

$$R \cup S = \{t | t \in R \vee t \in S\}$$

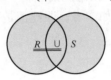

图 3-13　$R \cup S$

（2）差（difference）。设关系 R 和关系 S 具有相同的 n 目，且相应的属性取自同一个域，则关系 R 与关系 S 的差由属于 R 而不属于 S 的所有元组组成。其结果关系仍为 n 目关系（图 3-14）。记作

$$R - S = \{t | t \in R \wedge t \notin S\}$$

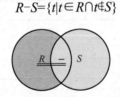

图 3-14　$R-S$

（3）交（intersection）。设关系 R 和关系 S 具有相同的 n 目，且相应的属性取自同一个域，则关系 R 与关系 S 的交由既属于 R 又属于 S 的元组组成，其结果关系仍为 n 目关系（图 3-15）。记作

$$R \cap S = \{t | t \in R \wedge t \in S\}$$

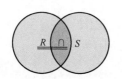

图 3-15　$R \cap S$

（4）笛卡儿积。两个分别为 n 目和 m 目的关系 R 和 S 的笛卡儿积是一个（$n+m$）列的元组的集合，元组的前 n 列是关系 R 的一个元组，后 m 列是关系 S 的一个元组。若 R 有 $k1$ 个元组，S 有 $k2$ 个元组，则关系 R 和关系 S 的笛卡儿积有 $k_1 \cdot k_2$ 个元组（图 3-16）。记作

$$R \times S = \{\widehat{t_r t_s} \mid t_r \in R \wedge t_s \in S\}$$

或记作

$$R \times S = \{(r_1, \cdots, r_n, s_1, \cdots, s_m) \mid ((r_1, \cdots, r_n) \in R \wedge (s_1, \cdots, s_m) \in S)\}$$

式中：r,s 为 R 和 S 中的相应分量。

简单来说，就是把 R 表的第一行与 S 表第一行组合写在一起，作为一行。然后把 R 表的第一行与 S 表第二行依次写在一起，作为新一行。以此类推。当 S 表的每一行都与 R 表的第一行组合过一次以后，换 R 表的第二行与 S 表第一行组合，以此类推，直到 R 表与 S 表的每一行都组合过一次，则运算完毕。如果 R 表有 n 行，S 表有 m 行，那么笛卡儿积 $R \times S$ 有 $n \times m$ 行。

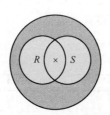

R	A	B	C
	1	2	3
	4	5	6
	7	8	9

S	D	E
	a	b
	c	d

$R \times S$	A	B	C	D	E
	1	2	3	a	b
	1	2	3	c	d
	4	5	6	a	b
	4	5	6	c	d
	7	8	9	a	b
	7	8	9	c	d

图 3-16　$R \times S$

注：MySQL 目前只支持并、笛卡儿积，不支持交、差运算。

2. 专门的关系运算

数据库的专门关系运算有选择（对关系进行水平分割）、投影（对关系进行垂直分割）、连接、自然连接（关系的结合）、除运算等。

（1）选择（selection）。选择就是筛选行。选择一般要对一张表选择符合条件的行（但包含所有列）（图 3-17）。记作

$$\sigma_F(R) = \{t \mid t \in R \wedge F(t) = "真"\}$$

（2）投影（projection）。投影就是筛选列。一个数据库表，如仅希望得到其一部分的

列的内容（但全部行），就是投影（图 3-18）。记作
$$\Pi_A(R) = \{t[A] | t \in R\}$$
式中：A 为 R 中的属性列。

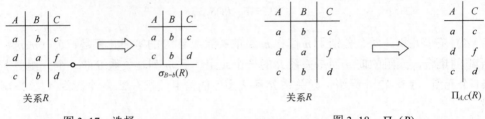

图 3-17 选择   图 3-18 $\Pi_A(R)$

（3）连接（join）。两表笛卡儿积的结果比较庞大，实际应用中一般仅选取其中一部分的行，选取两表列之间满足一定条件的行，就是关系之间的连接。根据连接条件的种类不同，关系之间的连接分为等值连接、大于连接、小于连接、自然连接。

条件是类似于"B 列=D 列"的"某列=某列"的条件，就是等值连接；

条件是"某列>某列"的，就是大于连接；

条件是"某列<某列"的，就是小于连接。

自然连接是不提出明确的连接条件，但暗含着一个条件，就是"列名相同的值也相同"。在自然连接的结果表中，往往还要合并相同列名的列。当对关系 R 和 S 进行自然连接时，要求 R 和 S 含有一个或者多个共有的属性。

已知关系 R 和 S，如图 3-19 所示。

关系 R

A	B	C
a_1	b_1	5
a_1	b_2	6
a_2	b_3	8
a_2	b_4	12

关系 S

B	E
b_1	3
b_2	7
b_3	10
b_3	2
b_5	2

图 3-19 关系 R 和 S

对关系 R、S 按条件"R 表的 B 列=S 表的 B 列"进行连接的结果（等值连接）如图 3-20 所示。

$R.B=S.B$ 的等值连接 $R \underset{R.B=S.B}{\bowtie} S$

A	$R.B$	C	$S.B$	E
a_1	b_1	5	b_1	3
a_1	b_2	6	b_2	7
a_2	b_3	8	b_3	10
a_2	b_3	8	b_3	2

图 3-20 等值连接

小于连接的结果（$B<D$）如图 3-21 所示。

关系 R

A	B	C
1	2	3
4	5	6
7	8	9

关系 S

D	E
3	1
6	2

$B<D$ 的小于连接 $R \underset{B<D}{\bowtie} S$

A	B	C	D	E
1	2	3	3	1
1	2	3	6	2
4	5	6	6	2

图 3-21 小于连接的结果

自然连接的结果（自然连接暗含的条件是 $R.B=S.B$ 且 $R.C=S.C$，因为 R、S 中有同名的 2 列 B、C）如图 3-22 所示。

关系 R

A	B	C
a	b	c
d	b	c
b	b	f
c	a	d

关系 S

B	C	D
b	c	d
b	c	e
a	d	b

自然连接 $R \bowtie S$

A	B	C	D
a	b	c	d
a	b	c	e
d	b	c	d
d	b	c	e
c	a	d	b

图 3-22 自然连接的结果

多个条件之间可用∧表示且，即两边的条件必须同时成立。

如 $C>4 \wedge D>3$，表示 C 列值>4，且 D 列值>3，二者需同时满足。

用∨表示或，即两边的条件有一个成立即可。

例如性别="女"∨年龄<20 表示性别为"女"或者年龄在 20 岁以下。

（4）除法（division）。记为 $R \div S$，它是笛卡儿积的逆运算。设关系 R 和 S 分别有 r 列和 s 列（$r>s$，且 $s \neq 0$），那么 $R \div S$ 的结果有（$r-s$）个列，并且是满足下列条件的最大的表：其中每行与 S 中的每行组合成的新行都在 R 中，如图 3-23 所示。

注意：有时关系之间的除法也有余数，可能 $S \times T$ 的结果为 R 的一部分（最大的一部分），R 中的多余部分为余数。

举例：C、D 是关系 S 中的两个属性，故在 R 集合中对除了 C、D 的属性，即 A、B 两属性进行投影，得到 $a,b;b,c;e,d$ 这 3 组，然后用这个结果与关系 S 进行笛卡儿积运算，发现 $b\ c\ d$ 这组在关系 R 中没有，其余 $a,b;e,d$ 做的运算在 R 中存在，因此最后结果为 $a,b;e,d$。

关系 R

A	B	C	D
a	b	c	d
a	b	e	f
a	b	c	f
e	d	c	d
e	d	e	f
a	b	e	f

关系 S

C	D
c	d
e	f

$R \div S$

A	B
a	b
e	d

$R \div S$

图 3-23 $R \div S$

3.3.3 关系模型完整性约束

关系数据模型的数据操作主要包括查询、插入、删除和更新数据,这些操作必须满足关系的完整性约束条件。关系的完整性约束包括三大类型:实体完整性、参照完整性和用户定义的完整性。其中,实体完整性、参照完整性是关系模型必须满足的完整性约束条件,用户定义的完整性是应用领域需要遵照的约束条件,体现了具体领域中的语义约束。

1. 实体完整性

实体完整性规则:若属性(指一个或一组属性)是关系的主属性,则属性不能为空值。

如果主码(或主键)由若干属性组成,则所有这些主属性都不能取空值。例如学生选课关系(学号,课程,成绩)中,"学号""课程编号"为主码,则"学号"和"课程"两个属性都不能取空值。

2. 参照完整性

现实世界中的实体之间往往存在某种联系,在关系模型中,实体与实体的联系包含在关系模式的表达之中,由此产生关系模式与关系模式之间的引用。

参照完整性规则:若属性(或属性组)F是关系模式R的外码,它与关系模式S的主码K相对应,则对于R中每个元组在F上的值必须为下列两种情况之一:取空值(F的每个属性值均为空值)、等于S中某个元组的主码值。

下面举例说明,如表 3-6~表 3-8 所列。

表 3-8 选课中,"课程编号""学号"两个属性分别引用了表 3-6 学生中的"学号"主属性和表 3-7 课程中"课程编号"主属性,那么这就要求两个属性在满足实体完整性要求的同时,还要求表 3-8 选课中引用的两个属性值必须是已经存在的值。

表 3-6 学生

学号	姓名	性别	年龄	入学日期	班级
J20001	李楷	m	19	19980906	JS2001
J20002	张会	f	20	19980907	JS2001
J20003	王者	m	20	19980906	JS2001
D20001	赵良	m	18	19980901	DZ2001

表 3-7 课程

课程编号	课程名称	学分	开课系	开课教师
G001	程序语言	5	CS	T001
G002	数据结构	6	CS	T020
E001	信号处理	5	EE	T012

表 3-8 选课

课程编号	学号	成绩
G001	J20001	78
G002	J20002	85
E001	J20003	86
E001	D20001	88

3. 用户定义的完整性

用户定义的完整性就是针对某一具体关系数据库的约束条件。它反映某一具体应用所涉及的数据必须满足的语义要求。例如，住处属性不能取空值，学号属性必须取唯一值，成绩属性的取值范围为 0～100 等。

对应具体应用中出现的这类约束条件，应当由关系模型提供定义和检验这类约束的机制，以便使用统一的方法处理这些约束，而不要由应用程序承担这一检查功能。

3.3.4　E-R 图转为关系模型

E-R 图由实体、实体的属性、实体之间的联系 3 个要素组成，因此 E-R 图向关系模型的转换就是解决如何将实体、实体的属性、实体间的联系转换成关系模型中的关系和属性以及如何确定关系的码。在 E-R 图向关系模式的转换中，一般遵循下列原则：

（1）对于实体，一个实体型就转换成一个关系模式，实体名成为关系名，实体的属性成为关系的属性，实体的码就是关系的码。

如图 3-24 中的实体分别转换成如下关系模式：

图书（图书标识，出版社标识，评论，价格，出版日期，图书类别，书名）
作者（作者标识，作者姓名，作者简历，联系电话，通信地址）
出版社（出版社标识，出版社名称，联系人姓名，账号）
书店（书店标识，书店名称，地址，所在城市）

对于联系，由于实体间的联系存在一对一、一对多、多对多等 3 种联系类型，因而联系的转换也因这 3 种不同的联系类型而采取不同的原则措施。

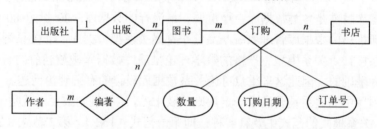

图 3-24　图书管理系统全局 E-R 模型

（2）对于一对一的联系，可以将联系转换成一个独立的关系模式，也可以与联系的任意一端对应的关系模式合并。如果转换成独立的关系模式，则与该联系相连的各实体的键及联系本身的属性均转换成新关系的属性，每个实体的键均是该关系的候选键；如果将联系与其中的某端关系合并，则需在该关系模式中加上另一关系模式的键及联系的属性，两关系中保留了两实体的联系。

（3）对于一对多的联系，可以将联系转换成一个独立的关系模式，也可以与"多"端对应的关系模式合并。如果成为一个独立的关系模式，则与该联系相连的各实体的键以及联系本身的属性均转换成新关系模式的属性，"多"端实体的键成为新关系的键。若将其与"多"端对应的关系模式合并，则将"一"端关系的键加入到"多"端，然后把联系的所有属性也作为"多"端关系模式的属性，这时"多"端关系模式的键仍然保持不变。

如"出版"关系，由于其本身没有属性，最好将其与"多"端正合并，将"一"端的键——"出版社标识"加入到图书实体中。

（4）对于多对多的联系，可以将其转换成一个独立的关系模式。与该联系相连的各实体的键及联系本身的属性均转换成新关系的属性，而新关系模式的键为各实体的键的组合。

如：编著关系（图书标识，作者标识，作者序号）

订购关系（图书标识，书店标识，订购日期，数量，订单号）

（5）对于3个或3个以上实体的多元联系可以转换成一个关系模式。与该联系相连的各实体的键及联系本身的属性均转换成新关系的属性，而新关系模式的键为各个实体的键的组合。

（6）自联系：在联系中还有一种自联系，这种联系可按上述的一对一、一对多、多对多的情况分别加以处理。如职工中的领导和被领导关系，可以将该联系与职工实体合并，这时职工号多次出现，但作用不同，可用不同的属性名加以区别，例如在合并后的关系中，再增加一个"上级领导"属性，存放相应领导的职工号。

3.4 关系数据库设计范式

关系数据库（relational database）管理系统运用数学方法来处理数据库中的数据。1962年，Codasyl发表的"信息代数"最早将这类方法用于数据处理，随后1968年David Child在7090机上实现了集合论数据结构，美国IBM公司的E.F.Codd严格系统地提出关系模型理论，他从1970年起陆续发表的多篇论文，奠定了关系数据库的理论基础。

关系数据库目前是各类数据库中最重要、最流行的数据库。20世纪80年代以来，计算机厂商新推出的数据库管理系统产品几乎都是关系型数据库，非关系型数据库也大都加上了关系接口。关系模型有严格的数学理论推演，数据库领域当前的研究工作都是以关系方法为基础的，因此这里重点讨论关系数据库设计的有关理论问题。

关系数据库中的关系是要满足一定规则或要求的，这种规则或要求就是范式（normal form，NF）。关系模式的范式主要有4种：即第一范式（1NF）、第二范式（2NF）、第三范式（3NF）、BCNF范式（BCNF），更复杂的范式有第四范式（4NF）和第五范式（5NF）。满足最低要求的范式是第一范式，在第一范式基础上进一步满足一些要求的为第二范式，简称为2NF，其余范式依此类推。满足这些规范的数据库简洁、结构明晰，同时可以在不同程度上避免插入（insert）、删除（delete）和更新（update）操作异常；反之则是乱七八糟，不仅给数据库编程人员制造麻烦，而且可能存储了大量不需要的冗余信息。

一般说来，数据库只需满足第三范式即可。下面重点介绍第一范式、第二范式和第三范式。

3.4.1 第一范式

第一范式是指数据库表的每一列都是不可分割的基本数据项，同一列中不能有多个值，即实体中的某个属性不能有多个值或者属性不可再分。如果出现重复的属性，就可能需要定义一个新的实体，新的实体由重复的属性构成，新实体与原实体之间为一对多关系。在第一范式中表的每一行只包含一个实例的信息。简而言之，第一范式就是无重复的列。

在任何一个关系数据库中，第一范式是对关系模式的基本要求，不满足第一范式的数据库就不是关系数据库。

表 3-9 中，包含姓名、职务和工资 3 个属性，其中工资属性可进一步分解为基本工资和奖励工资，根据第一范式的定义，工资关系模式不属于第一范式。

表 3-9 工资表

姓名	职务	工资	
		基本工资	奖励工资
李晓华	讲师	2300	1500
张三文	副教授	3500	2300

为了使工资关系模式满足第一范式的要求，需要改变表 3-9 的结构。在表 3-10 工资新关系模式中，包含姓名、职务、基本工资和奖励工资 4 个属性，且每一个属性都是不可再分的，因此工资新关系模式满足第一范式要求。

表 3-10 工资新关系

姓名	职务	基本工资	奖励工资
李晓华	讲师	2300	1500
张三文	副教授	3500	2300

由于 1NF 要求太低，仅仅能满足 1NF 的关系模式算不上一个好的关系模式。在表 3-4 学生基本信息关系模式中，包含学号、系名、住处、课程、成绩等 5 个属性，且所有属性都不可再分，因此学生基本情况关系模式属于第一范式，但是该关系模式并不是一个好的关系模式。

（1）存在插入异常。假如有一名新学生到四系报到，给他编了学号 495118，安排住在 3 号楼，由于他刚到学校还没有选课，课程属性值暂时为空，但是课程属性作为主键属性不能为空，结果新入学的学生因暂时没有选课而不能注册到学生基本情况表中，也就是说存在插入异常。

（2）存在删除异常。假设学号为 495027 的同学决定取消选修"数据库基础"这门课程，由于课程属性不能为空，要取消这门课，那么（495027，四系，3 号楼，数据库基础，95）这个元组必须删除，这样"495027 同学是四系的学生住 3 号楼"的信息也被删除了，也就是说存在删除异常。

（3）存在数据冗余。（395001，三系，1 号楼，大学英语，85）和（395001，三系，1 号楼，计算机网络，70）两个元组中都包含了"395001 是三系的学生住 1 号楼"的信息，当这名同学选了 10 门课时，"395001 是三系的学生住 1 号楼"的信息就要重复 10 次，也就是说存在数据冗余。

（4）数据修改复杂。如果学号为 395001 的同学申请从三系转到五系，申请批准后，在（395001，三系，1 号楼，大学英语，85）和（395001，三系，1 号楼，计算机网络，70）两个元组中，都要将"三系"改为"五系"，将"1 号楼"改"2 号楼"，当这名同学选了 10 门课时，这些信息就要反复修改 10 次，也就是说数据修改复杂。

3.4.2 第二范式

在表 3-4 学生基本信息关系模式中，存在上述插入异常、删除异常、数据冗余和数据修改复杂的原因在于{系名,住处}两个属性对{学号,课程}属性存在部分依赖。由于{系名,住处}只依赖于{学号}，为了消除部分函数依赖，可将表 3-4 分解为表 3-11 和表 3-12。分解以后，上述的插入异常、删除异常、数据冗余和数据修改复杂的问题都迎刃而解。

表 3-11 学生、系名、住处

学号	系名	住处
395001	三系	1 号楼
395002	三系	1 号楼
495027	四系	3 号楼
595102	五系	2 号楼
695213	六系	2 号楼

表 3-12 学生选课成绩

学号	课程	成绩
395001	大学英语	85
395002	大学物理	88
495027	数据库基础	95
595102	软件工程	82
695213	数据工程	90
395001	计算机网络	70

显然，学生、系名、住处表关系模式和学生选课成绩关系模式都属于第二范式。

第二范式是在第一范式的基础上建立起来的，即满足第二范式必须先满足第一范式。第二范式要求实体的属性完全依赖于主关键字。完全依赖是指不能存在仅依赖主关键字一部分的属性，如果存在，那么这个属性和主关键字的这一部分应该分离出来形成一个新的实体，新实体与原实体之间是一对多的关系。为实现区分通常需要为表加上一个列，以存储各个实例的唯一标识。简而言之，第二范式就是属性完全依赖于主键。

虽然第二范式与第一范式相比有很大改善，但是第二范式仍然算不上一个好的关系模式，它可能存在下列问题。

（1）存在插入异常。在学生系名住处表中，假设刚成立了七系，住处为 4 号楼，七系还没有招收学生，学号为空，但是学号作为主键属性不能为空，因此对刚成立的七系，无法添加到学生系名住处表中，也就是说存在插入异常。

（2）存在删除异常。在学生系名住处表中，假设四系的学生都毕业了，那么四系的学生都要从表中删除，当删除这些学生时，有关"四系"以及"四系学生住 3 号楼"的信息也一同被删除了，也就是说存在删除异常。

（3）存在数据冗余。在学生系名住处表中，每一名同学都要写明系名和住处，如果三系有 100 名同学，那么"三系学生住在 1 号楼"这个信息就会重复 100 次，也就是说存在数据冗余。

（4）数据修改复杂。在学生系名住处表中，每一名同学都要写明系名和住处，如果三系的学生统一搬到 3 号楼住,则三系每名同学的住处信息都要修改,假如三系有 100 名同学,则住处信息需要修改 100 次,也就是说存在数据修改复杂的问题。

3.4.3 第三范式

在表 3-11 学生系名住处关系模式中,存在上述插入异常、删除异常、数据冗余和数据修改复杂的根本原因是{住处}属性依赖于{学号}。为了消除该依赖,可以将表 3-11 进一步分解为表 3-13 和表 3-14,分解以后,上述的插入异常、删除异常、数据冗余和数据修改复杂的问题都迎刃而解。

表 3-13 学生系名

学号	系名
395001	三系
395002	三系
495027	四系
595102	五系
695213	六系

表 3-14 系名住处

系名	住处
三系	1 号楼
四系	3 号楼
五系	2 号楼
六系	2 号楼

学号系名关系模式和系名住处关系模式都属于第三范式。

满足第三范式必须先满足第二范式。简而言之,第三范式要求一个数据库表中不包含已在其他表中已包含的非主关键字信息。例如,存在一个部门信息表,其中每个部门有部门编号(dept_id)、部门名称、部门简介等信息。那么在员工信息表中列出部门编号后就不能再将部门名称、部门简介等与部门有关的信息再加入员工信息表中。如果不存在部门信息表,则根据第三范式也应该构建它,否则就会有大量的数据冗余。简而言之,第三范式就是属性不依赖于其他非主属性。

在关系数据库中,除了函数依赖之外还有多值依赖、连接依赖的问题,从而提出了 BC 范式、第四范式、第五范式等更高一级的规范化要求。在此不作介绍,有兴趣的同学可以自己查阅相关资料学习。

3.4.4 各范式之间关系

满足最低要求的称为第一范式,在第一范式基础上进一步满足一些要求的称为第二范式,其余以此类推。显然各种范式之间存在如下联系:

$$1NF \supset 2NF \supset 3NF \supset BCNF \supset 4NF \supset 5NF$$

规范化程度有 6 个不同的级别,即 6 个范式,低一级范式的关系模式,通过模式分解可以转换为若干个高一级范式的关系模式,这种过程就是关系模式的规范化 (normalization)。规范化程度过低的关系不一定能够很好地描述现实世界,可能会存在插入异常、删除异常、数据冗余和数据修改复杂等问题,解决的办法是对其进行规范化处理,转换为高级模式。

规范化的基本思想是逐步消除数据依赖中不合适的部分,使模式中的各种关系达到某种程度的"分离"。采用"一事一地"的模式设计原则,让一个关系只描述一个概念、一个实体或者实体间的一种联系。若多于一个概念就把它"分离"出去。

规范化是一个过程,该过程决定把哪些属性(列)放在哪些实体(表)中。规范化可以帮助我们设计好的表结构,因为规范化减少了数据的冗余,使得系统更容易维护而且系统效率也会更高。关系型数据库的逻辑设计就是数据库的表结构设计。在关系数据库中,只有表中存有数据。规范化只减少了数据的冗余而并没有消除冗余。为了使相关的表连接起来,在规范化过程中不得不引入控制冗余(外键),不过这种控制冗余与1NF和2NF表的数据冗余相比,已经少得微不足道了。

满足范式要求的数据库设计是结构清晰的,同时可避免数据冗余和操作异常。这并不意味着不符合范式要求的设计一定是错误的,在数据库表中存在1:1或1:N关系这种较特殊的情况下,合并导致的不符合范式要求反而是合理的。在设计数据库时一定要时刻考虑范式的要求。

3.5 数据库设计

数据库设计是从用户对数据的需求出发,研究并构造数据库结构的过程。数据库设计是一项复杂而又困难的工作,其设计好坏不仅直接影响当前应用,还影响数据库应用过程中的维护,从而也影响数据库的生命周期。因此,采用一个最优的数据库设计方法显得尤为重要。目前为止,真正满足设计一个最优数据库的设计方法还不能说已经形成,数据库设计还有赖于设计人员的素质和实践经验,但在数据库领域广泛使用的基本设计方法已经被实践证明是较有效的。

3.5.1 数据库设计的内容

数据库设计是指对于一个给定的应用环境,创建一个既性能良好、能满足不同用户使用要求,又能被选定的数据库管理系统(DBMS)所接受的数据模型,建立数据库及其应用系统,使之能够有效地存储数据,满足用户的信息要求和处理要求。也就是对于给定的应用环境(现实世界)范围内的数据,根据各种应用处理的要求,加以合理地组织,逐步抽象成已经选定为某个数据库管理系统能够定义和描述的具体数据结构,以便根据这一结构建立起既能反映现实世界中信息和信息之间的联系,满足应用系统各个应用处理要求,又能被某个(或已选定的)DBMS所接受的,能够实现系统目标的数据库。

数据库设计的主要任务,是通过对现实系统中的数据进行抽象,得到符合现实系统要求的、能被数据库管理系统支持的数据模型。实际上,如果数据模型设计得不合理,即使使用性能良好的数据库管理系统软件,仍然会出现文件系统存在的冗余、异常和不一致等问题,很难使应用系统达到最佳状态。数据库设计的优劣将直接影响信息系统的质量和运行效果。在具备数据库管理系统、系统软件、操作系统和硬件环境后,对数据库开发人员来说,就是如何根据这个环境表达用户的需求,构造最优的数据模型,然后据此建立数据库及其应用系统,这个过程称为数据库设计。

数据库设计与数据库应用系统设计相结合,即数据库设计包括两个方面:结构特性的设计与行为特性的设计。结构特性的设计,又称静态特性设计,就是数据库框架和数据库结构设计,其结果是得到一个合理的数据模型,以反映真实的事务间的联系。目的是汇总各用户的视图,尽量减少冗余,实现数据共享。结构特性是静态的,一旦成型,通常不再轻易变动。

数据库的行为特性设计，又称动态特性设计，是指应用程序设计，如查询、报表处理等。它确定用户的行为和动作。用户通过一定的行为与动作存取数据库和处理数据。行为特性现在多由面向对象的程序给出用户操作界面。

在数据库设计中，结构特性设计是关键，因为数据库结构框架正是从考查用户的行为所涉及的数据处理进行汇总和提炼出来的，在这一点上数据库设计与其他软件设计有较大区别。

3.5.2 数据库设计的特点

从使用方便和改善性能的角度来看，结构特性必须适应行为特性。数据库模式是各应用程序共享的结构，是稳定、永久的结构。数据库模式也正是考察各用户的操作行为并将涉及的数据处理进行汇总和提炼出来的，因此数据库结构设计是否合理，直接影响到系统的各个处理过程的性能和质量，这也使得结构设计成为数据库设计方法和设计理论关注的焦点，所以数据库结构设计与行为设计要相互参照，它们组成统一的数据库工程，这是数据库设计的一个重要特点。数据库设计过程如图 3-25 所示。

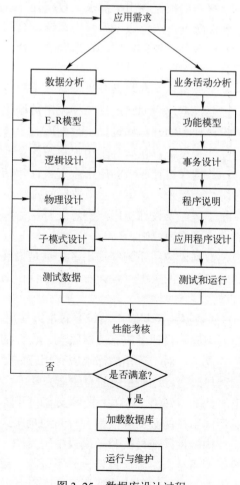

图 3-25　数据库设计过程

从图 3-25 所示的数据库设计过程中可以看到，设计工作是按照两条思路进行的：一条是沿着图左边的直线，从数据分析开始，这条线上的所有工作都是数据库静态设计或结构设计的主要工作；一条是图右边的直线，从业务活动分析开始，其线上的所有工作都是数据库动态设计或行为设计的主要工作。中间有连线的地方，表明连线两边的工作相互影响，这些工作也可以并行展开。

数据库设计的第一步进行需求分析。需求分析阶段的具体工作包括系统请求、可行性研究、系统调查等。需求调查中要详细了解用户的业务活动和涉及的原始数据，分别作出数据分析和业务活动分析，得到需求分析阶段的文档；接下来进行系统设计，系统设计工作分别进行：依据原始数据分析的结果进行数据库设计，得到 E-R 模型。依据用户业务活动分析的结果进行应用功能设计，得到应用系统模块结构；有了 E-R 模型，再继续遵循数据库设计的步骤，完成逻辑设计、物理设计。另外，根据应用系统模块结构完成应用系统的程序设计和调试，最后装载数据、数据库试运行直至系统运行与维护。

在设计过程中力求将数据库设计和系统其他成分的设计紧密结合，把数据和处理的需求搜集、分析、抽象、设计、实现在各个阶段同时进行，相互参照，相互补充，以完善两方面的设计。

建立一个数据库应用系统需要根据各用户需求、数据处理规模、系统的性能指标等方面来选择合适的软件、硬件配置，选定数据库管理系统，组织开发小组完成整个应用系统的设计。所以，数据库设计是硬件、软件、管理等的结合，这是数据库设计的又一个重要特点。

数据库设计时还有一个主要特点，那就是其设计是一个"反复探寻，逐步求精"的过程。数据库设计的第一步要根据用户的活动规律抽象出数据结构，即数据模型，以数据模型为核心进行逻辑结构设计和物理结构设计。数据库的一个重要优点是减少数据冗余，实现数据共享。因此，能否设计出包含各个用户视图的全局数据模型就成为数据库设计中的核心问题。同时，数据库设计应该和应用系统设计相结合，这样整个设计过程把结构设计和行为设计密切结合起来，是建立一个数据库应用系统行之有效的方法。

数据库设计是一项系统工程，要设计出用户满意并且生命周期较长的数据库及其应用系统，必须遵循下面的设计思想和原则。

（1）用户参与。用户是数据库应用系统的提出者，也是最终的使用者，用户参与数据库设计的全过程是满足用户要求的关键，设计者和用户合作的程度决定了系统开发的进程，甚至系统应用的前景。

（2）战略眼光。一个好的数据库及其应用系统要想永远使用，一成不变是不现实的，因为事物总是发展变化的。因此，设计者应有战略眼光，设计的系统不仅能满足用户目前的需求，也应满足近期的需求，对于远期的需求应有相应的处理方案，即设计人员应充分考虑到系统可能的扩充与改变，这样系统才有生命力。

人们总是力求设计出的数据库好用，希望数据库安全、可靠、便于维护、易于扩充、具有最小的冗余，以及对不同用户的数据存取都有较高的响应速度。要实现这个目标，无疑结构特性要好，然而结构特性是在模式和子模式中定义的，而行为特性则体现在应用程序中，导致程序和数据不易结合，因此最佳设计不可能一蹴而就，只能是一种反复探寻的过程，因此通常采用综合用户底层的基础数据，逐步逼近设计目标的设计方法。

3.5.3 数据库设计的步骤

数据库设计包括数据库及其应用系统设计。数据库及其应用系统设计是一项复杂的系统软件工程。要设计出一个完善而高效的数据库及其应用系统，必须做好每一个阶段的工作。本节将按照软件工程的生命周期，全面介绍数据库设计不同阶段的任务、内容和设计过程。

一个数据库设计的过程通常要经历 3 个阶段，即总体规划阶段，系统开发设计阶段，系统运行和维护阶段。具体可分为下列步骤：数据库规划、需求分析、概念结构设计、逻辑结构设计、物理设计、数据库实施与维护 6 个步骤，如图 3-26 所示。

图 3-26 数据库设计步骤

上述规范化设计方法的 6 个步骤是从数据库及其应用系统设计和开发的全过程来考察数据库设计的问题，因此它既是数据库也是一般应用系统的设计过程。

1. 数据库规划

搞好数据库规划对于数据库建设特别是大型数据库及信息系统的建设具有十分重要的意义，主要是明确数据库建设的总体目标和技术路线，得出数据库设计项目的可行性分析报告，并对数据库设计的进度和人员分工做出安排。

数据库在规划过程中主要是做下列工作：

（1）系统调查。调查，就是要明确单位的组织层次，得到单位的组织结构图。

（2）可行性分析。可行性分析就是要分析数据库建设是否具有可行性，即从经济、法律、技术等多方面进行可行性论证分析，在此基础上得出可行性报告。经济上的考察，包括对数据库建设所需费用的结算及数据库回收效益的估算。技术上的考察，即分析所提出目标在现有技术条件下是否有实现的可能。最后，需要考察各种社会因素，决定数据库建设的可行性。

（3）数据库建设的总体目标和数据库建设的实施总安排。目标的确定，即数据库为谁服务，需要满足什么要求，单位在设想战略目标时，很难提得非常具体，它还将在开发过程中逐步明确和定量化。因此，比较合理的办法是把目标限制在较少的基本指标或关键目的上，因为只要这些目标或目的达到了，其他许多变化就有可能实现，无须过早地限制或讨论其细节。数据库建设的实施总安排，就是要通过周密分析研究确定数据库建设项目的分工安排以及合理的工期目标。

2. 需求分析

准确明确用户要求，是数据库设计的基础。它影响到数据库设计的结果是否合理与实用。简单地说，需求分析就是分析用户的需要与要求。需求分析是数据建模的起点，需求分析的结果是否准确将直接关系到后面的各个阶段并最终影响到数据库设计是否合理和实用。需求分析的结果是得到一份明确的系统需求说明书，解决系统做什么的问题。

数据需求分析通常不是单独进行的，而是融合在整个系统需求分析的过程之中。开展需求分析时，首先要调查清楚用户的实际要求，与用户充分沟通，形成共识，然后再分析和表达这些要求与共识，最后将需求表达的结果反馈给用户，并得到用户的确认。

1）需求分析的任务

需求分析的任务是通过详细调查现实世界要处理的对象（部门、单位）充分了解原系统（手工系统或原有的信息系统）工作概况，明确各用户的各种需求，在此基础上确定新的功能。新系统的设计不仅要考虑现时的需求，还要为今后的扩充和改变留有余地，要有一定的前瞻性。

需求分析的重点是调查、收集用户在数据管理中的信息要求、处理要求、安全性与完整性要求。信息要求是指用户需要从数据库中获取信息的内容与性质。由用户的信息要求可以导出数据要求，即在数据库中需要存储哪些数据。处理要求是指用户要求完成什么样的处理功能，对处理的响应时间有什么要求，处理方式是批处理还是联机处理。安全性的意思是保护数据不被未授权的用户破坏，完整性的意思是保护数据不被授权的用户破坏。

2）需求分析方法

进行需求分析首先要调查清楚用户的实际需求并初步进行分析。与用户达成共识后再进一步分析与表达这些需求。

调查分析用户的需求通常需要4步：

（1）调查组织机构情况。包括了解该组织的部门组成情况、各部门的职责等，为分析信息流程做准备。

（2）调查各部门的业务活动情况。包括了解各个部门的输入和使用什么样的数据，如何加工处理这些数据，输出什么信息、输出到什么部门、输出什么样的格式。这是调查的重点。

（3）在熟悉业务活动的基础上，协助用户明确对新系统的要求，包括信息要求、处理要求、完全性与完整性要求。

（4）对前面调查的结果进行初步分析，确定新系统的边界，确定哪些功能由计算机完成或将来准备让计算机完成，哪些活动由人工完成。由计算机完成的功能就是新系统应该实现的功能。

在调查过程中，可以根据实际采用不同的调查方法。常用的调查方法有以下几种：

（1）跟班作业。通过亲身参加业务工作来了解业务活动情况。

（2）开调查会。通过与用户座谈来了解业务活动情况及用户的需求。

（3）查阅档案资料。如查阅单位的各种报表、总体规划、工作总结、条例规范等。

（4）询问。对调查中的问题可以找专人询问。最好是懂点计算机知识的业务人员，他们更能清楚回答设计人员的询问。

（5）设计调查用表请用户填写。这里关键是调查用表要设计合理。

在实际调查过程中，往往综合采用上述方法。但无论何种方法都必须要用户充分参与、和用户充分沟通，在与用户沟通中最好与那些懂点计算机知识的用户多交流，因为他们更能清楚表达他们的需求。

3）需求分析步骤

分析用户的需求可以采用如下4步的方式进行：分析用户的活动、确定系统的边界、分析用户活动所涉及的数据、分析系统数据。下面结合图书馆信息系统的数据库设计来加以详细说明。

（1）分析用户的活动。在调查需求的基础上，通过一定抽象、综合、总结可以将用户的活动归类、分解。如果一个系统比较复杂，则一般采用自顶向下的用户需求分析方法将系统分解成若干个子系统，每个子系统功能明确、界限清楚。这样就得到了用户的数类活动。如一个"图书馆"的征订子系统经过调查后分析，主要涉及如下几种活动：查询图书、书店订书等。在此基础上可以进一步画出业务活动的"用户活动图"，通过用户活动图可以直观地把握用户的工作需求，也有利于进一步和用户沟通以便更准确地了解用户的需求。图 3-27 所示为图书馆部分业务活动。

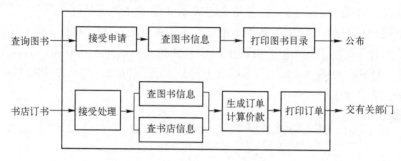

图 3-27　图书馆部分业务活动

（2）确定系统的边界。用户的活动多种多样，有些适宜计算机来处理，而有些即使在计算机环境中仍然需要人工处理。为此，要在上述用户活动图中确定计算机与人工分工的界线，即在其上标明由计算机处理的活动范围（计算机处理与人工处理的边界。如图在线框内部分由计算机处理，线框外的部分由人工处理）。

（3）分析用户活动所涉及的数据。在明确计算机处理的范围后，就要分析该范围内用户活动所涉及的数据。最终的目的是数据库设计，是用户的数据模型的设计，分析用户活动主要就是为了研究用户活动所涉及的数据。为此这一步关键是搞清用户活动中的数据以及用户对数据进行的加工。在处理功能逐步分解的同时，他们所用的数据也逐级分解形成若干层次的数据流图。

数据流图（data flow diagram，DFD）是一种图形化的过程建模工具，描述了各处理活动之间的数据流动和数据的变化，强调数据流和处理过程，是一种从数据流的角度描述一个组织业务活动的图示。数据流图广泛用于数据库设计中，并用作需求分析阶段的重要文档技术资料——系统需求说明书的重要内容，也是数据库信息系统验收的依据。

数据流图是从数据和数据加工两方面来表达数据处理系统工作过程的一种图形表示法，是用户和设计人员都能容易理解的一种表达系统功能的描述方式。

数据流图包含 4 个基本要素：外部实体、数据流、过程和数据存储。数据流图用上面带有名字的箭头表示数据流，用标有名字的圆圈表示数据的加工处理，用直线表示文件（离开文件的箭头表示文件读、指向文件的箭头表示文件写），用方框表示数据的源头和终点。图 3-28 所示为一个简单的数据流图。

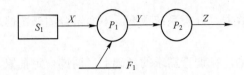

图 3-28 一个简单的数据流图

该图表示数据流 X 从数据源 S_1 出发流向加工处理进程 P_1，P_1 在读取文件 F_1 的基础上将数据流加工成数据流 Y，再经加工处理进程 P_2 加工成数据流 Z。

在画数据流图时一般从输入端开始向输出端推进，每当经过使数据流的组成或数据值发生变化的地方就用加工将其连接。注意：不要把相互无关的数据画成一个数据流，如果涉及文件操作则应表示出文件与加工的关系（是读文件还是写文件）。

在查询图书信息时，书店可能会查询作者的相关信息，从而侧面了解书的内容质量，所以需要"作者"文件。另外也会查询出版社有关信息，以便和其联系，所以还需要"出版社"文件。这样，在图 3-27 图书馆部分业务活动图基础上，用数据流的表示方法得出相应的数据流图，如图 3-29 所示。

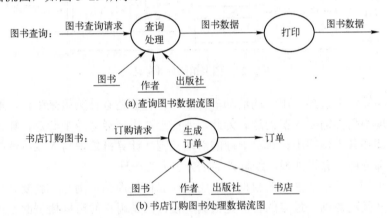

(a) 查询图书数据流图

(b) 书店订购图书处理数据流图

图 3-29 图书管理系统内部用户活动图对应的各数据流图

（4）分析系统数据。数据流图中对数据的描述是笼统的、粗糙的，并没有表述数据组成的各个部分的确切含义，只有给出数据流图中的数据流、文件、加工等的详细、确切描述才算比较完整地描述了这个系统。这个描述每个数据流、每个文件、每个加工的集合就是数据字典。

数据字典（data dictionary，DD）是进行详细的数据收集与分析所得到的主要成果，是数据库设计中的又一个有力工具。它与 DBMS 中的数据字典在内容上有所不同，在功能上是一致的。DBMS 数据字典是用来描述数据库系统运行中所涉及的各种对象，这里的数据字典是对数据流图中出现的所有数据元素给出逻辑定义和描述。数据字典也是数据库设计者与用户交流的又一个有力工具，可以供系统设计者、软件开发者、系统维护者和用户参照使用，因而可以大大提高系统开发效率，降低开发和维护成本。

数据字典通常包括数据项、数据文件、数据流、数据加工处理 4 个部分。

① 数据项。

数据项描述={数据项名，别名，数据项含义，数据类型，字节长度，取值范围，取

值含义，与其他数据项的逻辑关系}

其中取值范围与其他项的逻辑关系定义了数据的完整性约束，是DBMS检查数据完整性的依据。当然不是每个数据项描述都包含上述内容或一定需要上述内容来描述。

如图书包括多个数据项，其中各项的描述可以用表3-15来描述。

表3-15 图书各数据项描述

数据项名	数据类型	字节长度
图书编号	字符	6
书名	字符	80
评论	字符	200
出版社标识	字符	4
价格	数字	8
出版日期	日期	8
图书类别	字符	12

② 数据文件。

数据文件描述={数据文件名，组成数据文件的所有数据项名，数据存取频度，存取方式}

存取频度是指每次存取多少数据，单位时间存取多少次信息等。存取方式指是批处理还是联机处理、是检索还是更新、是顺序检索还是随机检索等。这些描述对于确定系统的硬件配置以及数据库设计中的物理设计都是非常重要的。对关系数据库而言，这里的文件就是指基本表或视图。如图书文件表可以描述如下：

图书={组成：图书编号、书名、评论、出版社标识、价格、出版日期、图书类别，存取频度：M次/天，存取方式：随机存取}

③ 数据流。

数据流描述={数据流的名称，组成数据流的所有数据项名，数据流的来源，数据流的去向，平均流量，峰值流量}

数据流来源是指数据流来自哪个加工过程，数据流去向是指数据流将流向哪个加工处理过程，平均流量是指单位时间里的传输量，峰值流量是指流量的峰值。

④ 数据加工处理。

数据加工处理描述={加工处理名，说明，输入的数据流名，输出的数据流名，处理要求}

处理要求一般指单位时间内要处理的流量，响应时间，触发条件及出错处理等。

对数据加工处理的描述不需要说明具体的处理逻辑，只需要说明这个加工是做什么的，不需要描述这个加工如何处理。

3. 概念结构设计

数据库逻辑结构依赖于具体的DBMS，直接设计数据库的逻辑结构会增加设计人员对不同数据库管理系统的数据库模式的理解负担，同时也不便于与用户交流，为此加入概念设计这一步骤。它独立于计算机的数据模型，独立于特定的DBMS。它通过对用户需求综合、归纳抽象、形成独立于具体DBMS的概念模型。概念结构是各用户关心的系统信息结构,是对现实世界的第一层抽象,如图 3-30 所示。

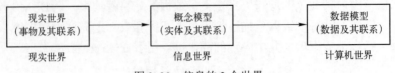

图 3-30　信息的 3 个世界

在需求分析阶段,数据库设计人员在充分调查的基础上描述了用户的需求,但这些需求是现实世界的具体需求。在进行数据库设计中,设计人员面临的任务是将现实世界的具体事物转换成计算机能够处理的数据,这就涉及现实世界与计算机的数据世界的转换。人们总是首先将现实世界进行第一层抽象形成信息世界。在这里人们将现实世界的事物及其联系抽象成信息世界的实体及实体之间的联系,这就是实体及联系方法。

概念结构设计阶段就是将用户需求抽象为信息结构即概念模型的过程。实体-联系模型(Entity Relationship Model,E-R 模型)为该阶段的设计提供了强有力的工具。信息世界为现实世界与数据世界架起了桥梁,便于设计人员与用户的互动,同时把现实世界转换成信息世界,使我们朝数据世界又大大前进了一步。

由于在需求阶段得到的是各局部应用的数据字典及数据流图,因此在概念结构设计阶段就是首先得到各局部应用的局部 E-R 图,然后将各局部 E-R 图集成形成全局的 E-R 图。

1)概念模型设计要求

在概念模型设计阶段,设计人员从用户的角度看待数据及处理要求和约束,产生一个反映用户观点的概念模型。将概念模型设计作为一个独立的过程有以下几个方面的好处:一是各阶段的任务相对单一化,设计复杂程度大大降低,便于组织管理;二是概念模型不受特定的 DBMS 的限制,也不需要考虑数据存储和访问效率问题,因而比逻辑模型更为稳定;三是概念模型不含具体的 DBMS 所附加的技术细节,能够准确反映用户需求。

通常对概念模型有以下要求:

(1)概念模型是对现实世界的抽象和概括,它应该真实、充分反映现实世界中事物和事物之间的联系,有丰富的语义表达能力,能表达用户的各种需求。

(2)概念模型应简洁、明晰、独立于机器、容易理解,方便数据库设计人员与用户交换意见,使用户能够积极参与数据库的设计工作。

(3)概念模型应易于变动。当应用环境和应用要求改变时,容易修改和补充概念模型。

(4)概念模型应容易向关系、层次或网状等各种数据模型转换,易于从概念模型导出与 DBMS 相关的逻辑模型。

2)设计局部 E-R 模型

为了清楚表达一个系统,人们往往将其分解成若干个子系统,子系统还可以再分,而每个子系统就对应一个局部应用。由于高层的数据流图只反映系统的概貌,而中间层的数据流较好地反映了各局部应用子系统的组成,因此人们往往以中间层数据流图作为设计区分 E-R 图的依据。根据信息理论的研究结果,一个局部应用中的实体数不能超过 9 个,不然就认为太大需要继续分解。

选定合适的中间层局部应用后,就要通过各局部应用所涉及的收集在数据字典中的数据,并参照数据流图来标定局部应用中的实体、实体的属性、实体的码、实体间的联系以及它们联系的类型来完成局部 E-R 模型的设计。

事实上，在需求分析阶段的数据字典和数据流图中数据流、文件项、数据项等就体现了实体、实体的属性等的划分。为此，从这些内容出发然后做必要的调整。

在调整中应遵守的准则：现实中的事物能做"属性"处理的就不要做"实体"对待。这样有利于 E-R 图的处理简化。那么什么样的事物可以作为属性处理呢？实际上实体和属性的区分是相对的。同一事物在此应用环境中为属性在彼应用环境中就可能为实体，因为人们讨论问题的角度发生了变化。如在"图书广场"系统中，"出版社"，是图书实体的一个属性，但当考虑到出版社有地址、联系电话、负责人等，这时出版社就是一个实体了。

一般可以采取下述两个准则来决定事物可不可以作为属性来对待：

（1）如果事物作为属性，则此事物不能再包含别的属性。即事物只需要使用名称即可表示，那么用属性来表示。反之，如果需要事物具有比它名称更多的信息，那么用实体来表示。

（2）如果事物作为属性，则此事物不能与其他实体发生联系。联系只能发生在实体之间，一般满足上述两条件的事物都可作为属性来处理。

对于图 3-31 中的各个局部应用，下面考察它们的 E-R 图。

看似一个实体"图书"就能够满足查询图书的要求，但考虑到要联系出版图书的出版社（如汇款），所以除它的名称以外还需要知道地址、联系人等信息，故需要"出版社"这个实体，在图书实体中以出版社的标识来标明图书对应的出版社。另外，考虑到一本图书可能有多个作者，一方面作者的数量各本书之间是不一样的；另一方面订购图书时可能还需要查询作者名字以外的其他信息，故还需要一个作者实体。考虑到作者的排名次序，作者与图书之间的联系有一个作者序号属性。其 E-R 模型如图 3-31 所示。

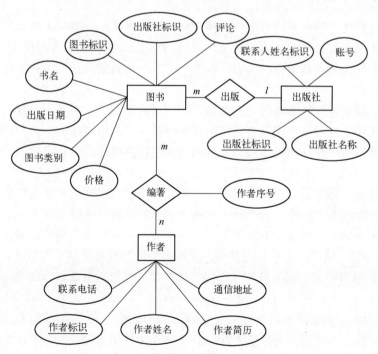

图 3-31 图书管理系统查询图书业务对应的 E-R 模型

办理图书订购,无疑需要图书实体、书店实体,其 E-R 模型如图 3-32 所示(一些实体的属性在本图中省略)。图书和书店之间发生订购联系,为了表示这种联系,联系应具有订购日期、订购数量等属性。

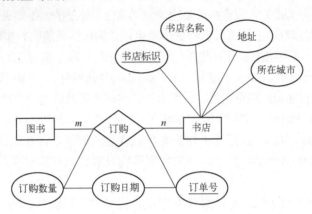

图 3-32　图书管理系统图书订购业务对应的 E-R 模型

3)设计全局 E-R 模型

当所有的局部 E-R 图设计完毕后,就可以对局部 E-R 图进行集成。集成即把各局部 E-R 图加以综合连接在一起,使同一实体只出现一次,消除不一致和冗余。集成后的 E-R 图应满足以下要求:

(1)完整性和正确性。整体 E-R 图应包含局部 E-R 图所表达的所有语义,完整地表达与所有局部 E-R 图中应用相关的数据。

(2)最小化。系统中的对象原则上只出现一次。

(3)易理解性。设计人员与用户能够容易理解集成后的全局 E-R 图。

全局 E-R 图的集成是件很困难的工作,往往要凭设计人员的工作经验和技巧来完成。当然,这并不是说集成是无章可循的。事实上,一个优秀的设计人员都往往遵从下列的基本集成方法。

(1)依次取出局部的 E-R 图进行集成。集成过程类似于后根遍历一棵二叉树,其叶节点代表局部视图,根节点代表全局视图,中间节点代表集成过程中产生的过渡视图。通常是两个关键的局部视图先集成,当然如果局部视图比较简单也可以一次集成多个局部 E-R 图。

集成局部 E-R 图就是要形成一个为全系统所有用户共同理解和接受的统一的概念模型,合理地消除各 E-R 图中的冲突和不一致是工作的重点和关键所在。

各 E-R 图之间的冲突主要有 3 类,即属性冲突、命名冲突和模型冲突。

① 属性冲突。属性冲突包括属性域冲突和属性取值单位冲突。属性域冲突是指在不同的局部 E-R 模型中同一属性有不一样的数值类型、取值范围或取值集合。属性取值单位的冲突是指同一属性在不同的局部 E-R 模型中具有不同的单位。

② 命名冲突。如果两个对象有相同的语义则应归为同一对象,使用相同的命名以消除不一致;另外,如果两个对象在不同局部 E-R 图中采用了相同的命名但表示的却是不同的对象,则可以将其中一个更名来消除名字冲突。

③ 模型冲突。同一对象在不同的局部 E-R 模型中具有不同的抽象。如在某局部的 E-R 模型中是属性，在另一局部 E-R 模型中是实体，这就需要进行统一。

同一实体在不同的局部 E-R 模型中所包含的属性个数和属性排列顺序不完全相同。这时可以采用各局部 E-R 模型中属性的并集作为实体的属性，再将实体的属性做适当的调整。可以在逻辑结构设计阶段设置各局部应用相应的子模式（如建立各自的视图 VIEW）来解决各自的属性及属性次序要求。

实体之间的联系在不同的局部 E-R 模型中具有不同的联系类型。如在局部应用 USER1 中的某两实体联系类型为一对多，而在局部应用 USER2 中它们的联系类型变为多对多。这时应该根据实际的语义加以调整。

（2）检查集成后的 E-R 模型图，消除模型中的冗余数据和冗余联系。在初步集成的 E-R 图中，可能存在可由其他别的基本数据和基本联系导出的数据和联系。这些能够被导出的数据和联系就是冗余数据和冗余联系。冗余数据和冗余联系容易破坏数据的完整性，给数据的操作带来困难和异常，原则上应予以消除。不过有时候适当的冗余能起到空间换时间的效果。如在工资管理中若需经常查询工资总额，就可以在工资关系中保留工资总额（虽然工资总额可由工资的其他组成项代数求和得到冗余属性，但它能大大提高工资总额的查询效率）。不过在定义工资关系时应把工资总额属性定义成其他相关属性的和以利于保持数据的完整性。集成后的全局 E-R 模型如图 3-24 所示（省略了实体的属性）。

4. 逻辑结构设计

概念模型独立于机器，更抽象，从而更加稳定，但是为了能够在具体的 DBMS 上实现用户的需求，还必须在概念模型的基础上进行逻辑模型的设计。逻辑模式设计的主要目标就是产生一个具体 DBMS 可处理的数据模型和数据库模式，即把概念设计阶段的全局 E-R 图转换成 DBMS 支持的数据模型，如层次模型、网状模型、关系模型等，并进行优化。由于现在的 DBMS 普遍都采用关系模型结构，因此这里只讨论基于关系模型结构的逻辑模型设计。

理论上，应选择最适合相应概念结构的数据模型，然后在支持该数据模型的 DBMS 中选择最合适的 DBMS。DBMS 的选择受技术、经济、组织等各方面因素的影响。技术上，要考虑 DBMS 是否适合当前的应用系统。经济上，要考虑购买和使用的费用等，主要包括软件、硬件购置费用，DBMS 支持服务费，人员的培训费用等。组织上，主要考虑工作人员对 DBMS 熟悉了解的程度。

事实上，有时单位本身选定了 DBMS，开发设计人员没有选择的余地。另外，设计人员也只能在自己熟悉的 DBMS 中进行选取。

逻辑结构设计一般分 3 步：

（1）将概念结构转换为一般的关系、网状或层次模型。

（2）将转换来的关系、网状、层次模型向 DBMS 支持下的数据模型转换，变成合适的数据库模型。

（3）对模型进行调整和优化。

由于目前最流行采用关系模型来进行数据库的设计，这里就介绍 E-R 图向关系模型的转换。

1）E-R 图向关系模型转换

具体内容已经在"关系模型"章节中详细讨论过。

2）关系模型向特定的关系型数据库管理系统转换

形成一般的数据模型后，下一步就要将其向特定的 DBMS 规定的模型进行转换，这一转换依赖于机器，没有一个通用的规则，转换的主要依据是所选定的 DBMS 功能及限制，这种转换比较简单，不会有太大困难。

3）逻辑模式优化

从 E-R 图转换来的关系模式只是逻辑模式的雏形，要成为逻辑模型还要进行调整和优化，以进一步提高数据库应用系统的性能。

优化是在性能预测的基础上进行的。性能一般用 3 个指标来衡量：单位时间里所访问的逻辑记录个数的多少；单位时间里数据传送量的多少；系统占用的存储空间的多少。由于在定量评估性能方面难度大，消耗时间长，一般不宜采用，通常采用定性判断不同设计方案的优劣。

关系模式的优化一般采用关系规范化理论和关系分解方法作为优化设计的理论指导，一般采用下述方法。

（1）确定数据依赖。用数据依赖分析和表示数据项之间的联系，写出每个数据项之间的依赖。即按需求分析阶段所得到的语义，分别写出每个关系模式内部各属性之间的数据依赖，以及不同关系模式属性之间的数据依赖。

（2）对于各个关系模式之间的数据依赖进行极小化处理，消除冗余的联系。

（3）按照数据依赖理论对关系模式一一进行分析，考察是否存在部分依赖、传递依赖、多值依赖，确定各关系模式分别属于第几范式。

（4）按照需求分析阶段得到的处理要求，分析这些模式对于这样的应用环境是否合适，确定是否要对某些模式进行合并和分解。

在关系数据库设计中一直存在规范化与非规范化的争论。规范化设计的过程就是按不同的范式，将一个二维表不断进行分解成多个二维表并建立表之间的关联，最终达到一个表只描述一个实体或者实体间的一种联系的目标。目前遵循的主要范式有 1NF、2NF、3NF、BCNF、4NF 和 5NF 等。在工程中 3NF、BCNF 应用得最广泛。

规范化设计的优点是有效消除数据冗余，保持数据的完整性，增强数据库稳定性、伸缩性、适应性。非规范化设计认为现实世界并不总是依从于某一完美的数学化的关系模式。强制地对事物进行规范化设计，形式上显得简单，内容上趋于复杂，更重要的是会导致数据库运行效率的降低。

事实上，规范化和非规范化也不是绝对的，并不是规范化越高的关系就越优化，反之亦然。例如，当查询经常涉及两个或多个关系模式的属性时，系统进行连接运算，大量的 I/O 操作使得连接的代价相当高，可以说关系模型的低效率的主要原因就是由连接运算引起的。这时可以考虑将几个关系进行合并，此时第二范式甚至第一范式也是合适的，但另一方面，非 BCNF 模式从理论上分析存在不同程度的更新异常和冗余。

（5）对关系模式进行必要的分解，提高数据操作的效率和存储空间的利用率。被查询关系的大小对查询的速度有很大的影响，为了提高查询速度有时不得不把关系分得再小一点。有两种分解方法，即水平分解和垂直分解。这两种方法的思想就是要提高访问的局部性。

水平分解是把关系的元组分成若干个子集合，定义每个集合为一个子关系，以提高系统的效率。根据"80/20原则"，在一个大关系中，经常用到的数据只是关系的一部分，约为20%，可以把这20%的数据分解出来，形成一个子关系。如在图书馆业务处理中，可以把图书的数据都放在一个关系中，也可以按图书的类别分别建立对应的图书子关系，这样在对图书分类查询时将显著提高查询的速度。

垂直分解是把关系模式的属性分解成若干个子集合，形成若干个子关系模式。垂直分解是将经常一起使用的属性放在一起形成新的子关系模式。垂直分解时需要保证无损连接和保持函数依赖，即确保分解后的关系具有无损连接和保持函数依赖性。另外，垂直分解也可能使得一些事务不得不增加连接的次数。因此，分解时要综合考虑使得系统总的效率得到提高。如对图书数据可把查询时常用的属性和不常用的属性分置在两个不同的关系模式中，可以提高查询速度。

（6）有时为了减少重复数据所占的存储空间，可以采用假属性的办法。在有些关系中，某些数据多次出现。设某关系有函数依赖 $A \rightarrow B$，如果 B 的域所可取的值比较少，所占存储空间又比较大。另外，A 的域可取的值比较多，这样 B 的同一个值在 A 中多次出现。对这种情况，可以用一个假属性来代替属性 B，这个假属性的取值非常短，也许就是一些编号或标识。如学生的经济状况一般包括家庭人均收入的档次、奖学金等级、有无其他经济来源等，与其在学生记录中填写占用大量的存储空间，不如把经济状况分成几个类型。设 A 代表学号，B 代表经济状况，C 代表经济状况类型，则 $A \rightarrow B$ 的依赖分成两个函数依赖：$A \rightarrow C$，$C \rightarrow B$，这样 $A \rightarrow C$ 保留在原来的关系中，将 $C \rightarrow B$ 表示在另一个关系模式中，这样占用存储空间比较大的 B 的每个取值在两个关系中只出现一次，从而大大节约了存储空间。

5. 物理结构设计

经过概念模型设计和逻辑模型设计，数据模型设计的核心工作基本完成。如果要将数据模型转换为真正的数据库结构，还需要针对具体的 DBMS 进行物理模型设计，使数据模型走向数据存储应用环节。物理设计的目标是从一个满足用户信息要求的已确定的逻辑模型出发，设计一个在限定的软件、硬件条件和应用环境下可实现的，运行效率高的物理数据库结构。如选择数据库文件的存储结构、索引的选择、分配存储空间以形成数据库的内模式。

物理模型考虑的主要问题包括命名、确定字段类型和编写存储过程和触发器代码等。

1）命名问题

如果要将逻辑模型正确地转换为物理模型，首先需要考虑命名问题，主要是由于以下几个方面的原因。

（1）在进行概念模型设计和逻辑模型设计时，为了便于理解和交流，命名时往往习惯使用中文名称，但是目前有些 DBMS 不支持中文，这就要求必须对中文名称重新命名为英文名称。

（2）逻辑模型中使用英文名称时，为了便于理解和交流，命名过程中往往使用含义比较详细的名称，名称的长度很可能会超过选定的 DBMS 名称长度的上限，这时要求进行缩短命名。

（3）逻辑模型中使用的名称有可能与 DBMS 中的保留字重名，这也要求重新命名。

2）确定字段类型

由于逻辑模型不针对任何特定的 DBMS，因此逻辑模型中的字段类型与选定的 DBMS 肯定存在差异，这就要根据 DBMS 来重新确定字段类型。

3）编写存储过程和触发器代码

常常在逻辑模型中对关系设置了许多约束条件，针对这些约束条件，如果 DBMS 仅从表结构设计方面不能完全实现这些约束条件，那么就需要设计触发器来表达这些约束。

另外，为了提高数据的访问效率，可能需要将本来可以在应用程序中实现的功能转而由 DBMS 来实现，这也需要在物理模型设计一些存储过程和触发器，需要注意的是不同的 DBMS，其存储过程和触发器的语法会有所不同。

4）物理模型设计

将逻辑数据模型转换为物理数据模型后，关系模型中的关系在物理模型中转换为表，关系模型中的属性转换为物理模型中表的字段。转换后，表的字段类型与逻辑模型中关系模式的属性的数据类型有明显不同，在逻辑模型设计中，关注的重点是如何将概念模型转换为关系模式，不考虑具体 DBMS，因此属性的数据类型是通用的类型，而在物理模型设计中，需要选定具体的 DBMS，例如，若选择的 DBMS 是 Oracle 11g，逻辑模型中 text 类型就转换为 CLOB 类型，character 型转换为 CHAR 类型，boolean 类型转换为 SMALLINT。

6. 数据库实施与维护

设计人员运用 DBMS 所提供的数据语言及其宿主语言，根据逻辑结构设计及物理设计的结果建立数据库，编制与调试应用程序，组织数据入库，并进行试运行。数据库应用系统经过试运行后若能达到设计要求即可投入运行使用，在数据库系统运行阶段还必须对其进行评价、调整和修改。当应用环境发生了大的变化时，若局部调整数据库的逻辑结构已无济于事，应该淘汰旧的系统，设计新的数据库应用系统。这样旧的数据库应用系统的生命周期已经结束。

设计一个完善的数据库应用系统是不可能一蹴而就的，它往往是上述 6 个阶段的不断反复。

同时需要指出的是，这个设计过程既是数据库设计过程，也是数据库应用系统的设计过程。这两个设计过程要紧密结合，相互参照。事实上，如果不了解应用系统对数据的处理要求，不考虑如何去实现这些要求，是不可能设计出一个良好的数据库结构的，因为数据库结构设计总是为了服务于数据库应用系统对数据的各种要求。

完成数据库的物理设计后，设计人员要用 RDBMS 提供的数据定义语言和其他的实用程序将数据库的逻辑设计及物理设计描述出来，再经过调试产生目标模式，然后组织数据库入库，这就是数据库的实施阶段。数据库进入实施阶段后，由于应用环境在变化，数据库运行后物理存储也在变化，为了适应这些变化，要对数据库设计不断进行评价、调整、修改等工作，这就是数据库的维护。

1）数据库的实施

数据库的实施一般包括下列步骤：

（1）定义数据库结构。确定数据库的逻辑及物理结构后，就可以用选定的 RDBMS

提供的数据定义语言 DDL 来严格描述数据库的结构。

（2）数据的载入。数据库结构建立后，就可以向数据库中装载数据。组织数据入库是数据库实施阶段的主要工作。数据入库是一项费时的工作，来自各部门的数据通常不符合系统的格式，另外，系统对数据的完整性也有一定的要求。对数据入库操作通常采取以下步骤：

① 筛选数据。需要装入数据库的数据通常分散在各个部门的数据文件或原始凭证中，首先要从中选出需要入库的数据。

② 输入数据。在输入数据时，如果数据的格式与系统要求的格式不一样，就要进行数据格式的转换。如果数据量小，可以先转换后再输入，如果数据量较大，可以针对具体的应用环境设计数据录入子系统来完成数据格式的自动转换工作。

③ 检验数据。检验输入的数据是否有误。一般在数据录入子系统的设计中都设计有一定的数据校验功能。在数据库结构的描述中，其中对数据库的完整性的描述也能起到一定的校验作用，如图书的"价格"要大于 0。当然有些校验手段在数据输入完后才能实施，如在财务管理系统中的借贷平衡等。当然有些错误只能通过人工来进行检验，如在录入图书时把图书的"书名"输错。

（3）应用程序的编码与调试。数据库应用程序的设计应与数据库设计并行进行，也就是说编制与调试应用程序是与数据库入库同步进行。调试应用程序时由于数据库入库尚未完成，可先使用模拟数据。

2）数据库试运行

应用程序调试完成，并且有一部分数据入库后，就可以开始数据库的试运行。这一阶段要实际运行应用程序，执行其中的各种操作，测试功能是否满足设计要求。如不满足就要对应用程序部分进行修改、调整及达到设计要求为止。

（1）数据库试运行主要包括下列内容。

① 功能测试。实际运行应用程序，执行其中的各种操作，测试各项功能是否达到要求。

② 性能测试。分析系统的性能指标，从总体上看系统是否达到设计要求。

（2）在组织数据入库时，要注重采取下列策略。

① 要采取分批输入数据的方法。如果测试结果达不到系统设计的要求，则可能需要返回物理设计阶段，调整各项参数；有时甚至要返回逻辑设计阶段来调整逻辑结构。如果试运行后要修改数据库设计，这可能导致要重新组织数据入库，因此在组织数据入库时，要采取分批输入数据的方法，即先输入小批量数据供调试使用，待调试合格后再大批量输入数据来逐步完成试运行评价。

② 在数据库试运行过程中首先调试好系统的转储和恢复功能并对数据库中的数据做好备份工作。这是因为，在试运行阶段：一方面系统还不很稳定，软件、硬件故障时有发生，会对数据造成破坏；另一方面，操作人员对系统还处于生疏阶段，误操作不可避免，因此要做好数据库的备份和恢复工作，把损失降到最低点。

3）数据库的运行和维护

数据库试运行结果符合设计目标后，数据库就可以正式投入运行。数据库投入运行标志着开发任务的基本完成和维护工作的开始。静止不变的数据库系统是没有的，只要系统存在一天，就需要不断进行维护。维护就是要整理数据的存储，因为在数据库的运行中，数据的增删修改使数据库的指针变得越来越长，造成数据库中有很多空白或无用的数据，这就要加以整理，把无用数据占用的空间收回，把数据排列整齐。另外，由于应用环境的变化，也需要对数据库进行重组织和重构造。

对数据库的维护工作主要由数据库管理员（DBA）完成，具体有以下内容：

（1）日常维护。日常维护指对数据库中的数据随时按需要进行增加、删除、插入、修改或更新操作。如对数据库的安全性、完整性进行控制。在应用中随着环境的变化，有的数据原来是机密的现在变得可以公开了，用户岗位的变化使得用户的密级、权限也在变化。同样，数据的完整性要求也会变化。这些都需要 DBA 进行修改以满足用户的需求。

（2）定期维护。定期维护主要指重组数据库和重构数据库。重构数据库是重新定义数据库的结构，并把数据装到数据库文件中。重组数据库指除去删除标志，回收空间。

在数据库运行一段时间后，不断地增、删、改等操作使得数据库的物理存储情况变坏，数据存储效率降低，这时需要对数据库进行全部或部分重组织。数据库的重组织，并不修改原设计的逻辑和物理结构。

当数据库的应用环境发生变化时，如增加了新的应用或新的实体或者取消了某些应用或实体，这些都会导致实体及实体间的联系发生变化，使原有的数据库不能很好地满足系统的需要，这时就需要进行数据库的重构。数据库的重构部分修改了数据库的逻辑和物理结构，即修改了数据库的模式和内模式。

在数据库运行期间要对数据库的性能进行监督、分析来为重组织或重构造数据库提供依据。目前，有些 DBMS 产品提供了监测系统性能参数的工具，DBA 可以利用这些工具得到系统的性能参数值，分析这些数值为重组织或重构造数据库提供依据。

（3）故障维护。数据库在运行期间可能产生各种故障，使数据库处于一个不一致的状态。如事务故障、系统故障、介质故障等。事务故障和系统故障可以由系统自动恢复，而介质故障必须借助 DBA 的帮助。发生故障造成数据库破坏，后果可能是灾难性的，特别是对磁盘系统的破坏将导致数据库数据全部殆尽，千万不能掉以轻心。

具体预防措施如下：

① 建立日志文件。每当发生增、删、改时就自动将要处理的原始记录加载到日志文件中。这项高级功能一般都可以通过数据库管理系统自动完成，否则需要程序员在编写应用程序代码时加入此项功能。

② 建立复制副本用以恢复。DBA 要针对不同的应用要求制定不同的备份计划，以保证一旦发生故障能尽快将数据库恢复到某个时间的一致状态。

习　题

1. 数据模型的三要素及各自含义是什么？
2. 试述数据模型的 3 种主要类型及相互关系。
3. 分析 3 种逻辑模型的各自特点与优缺点。

4. 是否必须先要有概念模型，才能有物理模型？

5. 下表为第几范式？是否存在删除操作异常？若存在，则说明是在什么情况下发生？如何将它分解为高一级范式？

课程名	教师名	教师地址
C1	马千里	D1
C2	于得水	D1
C3	余快	D2
C4	于得水	D1

6. 下表给出一数据集，请判断它是否可直接作为关系数据库中的关系，若不行，则改造成为尽可能好的并能作为关系数据库中关系的形式，同时说明进行这种改造的理由。

系名	课程名	教师名
计算机系	DB	李军，刘强
机械系	CAD	金山，宋海
造船系	CAM	王华
自控系	CTY	张红，曾键

7. 某信息一览表如下，其是否满足第三范式，若不满足请将其转化为符合第三范式的关系。

考生编号	姓名	性别	考生学校	考场号	考场地点	成绩	
						考试成绩	学分

第4章 作战数据查询

数据只有在使用中才能发挥其价值，数据最常用的一种使用方式就是基于数据库中存储的结构化数据展开各类查询操作，对于关系数据库而言，SQL 则是必不可少的工具。SQL（structure query language）是关系数据库的基本操作语言，它是应用程序与数据库进行交互操作的接口。它集数据查询（select）、数据操纵（insert、update、delete）、数据定义（create、drop、alter）、数据控制（grant、revoke、commit、rollback）功能于一体，从而使得应用开发人员、数据库管理员、最终用户都可以通过 SQL 语言对数据库进行操作。

目前，绝大多数流行的关系型数据库管理系统，如 Oracle、Sybase、Microsoft SQL Server、Access 等都采用了 SQL 语言标准。虽然很多数据库都对 SQL 语句进行了再开发和扩展，但是包括 select、insert、update、delete、create 和 drop 在内的标准的 SQL 命令仍然可以用来完成几乎所有的数据库操作。

而对于不同的数据库而言，重点是掌握 SQL 语句，因为现在数据库都是以 SQL 语句为操作标准，在实际应用中，各个数据库提供的函数各不同。不同的数据库的 SQL 语句格式有 90%相同，10%的差异。

（1）SQL 的主要特点。

按照 ANSI 的规定，SQL 用作关系型数据库管理系统的标准语言。SQL 语句可以用来执行各种操作，如更新数据库中的数据、从数据库中检索数据等。

SQL 语言功能极强，可以完成数据库整个生命周期的全部活动，包括建立数据库、插入数据、查询、更新、维护、数据库重构、数据库安全控制等一系列操作要求，这就为数据库应用系统的开发提供了良好的环境。用户在数据库系统投入运行后，还可以根据需要随时修改模式，且不影响数据库的运行，从而使系统具有良好的可扩展性。

SQL 是一种面向集合的操作语言，不仅操作对象、查询结果可以是元组的集合，而且一次插入、删除、更新操作的对象也可以是元组的集合。

① SQL 风格统一。SQL 可以独立完成数据库生命周期中的全部活动，包括定义关系模式、录入数据、建立数据库、查询、更新、维护、数据库重构、数据库安全性控制等一系列操作，这就为数据库应用系统开发提供了良好的环境，在数据库投入运行后，还可根据需要随时逐步修改模式，且不影响数据库的运行，从而使系统具有良好的可扩充性。

② 高度非过程化。非关系数据模型的数据操纵语言是面向过程的语言，用其完成用户请求时，必须指定存取路径。而用 SQL 进行数据操作，用户只需提出"做什么"，而不必指明"怎么做"，因此用户无须了解存取路径，存取路径的选择以及 SQL 语句的操作过程由系统自动完成。这不但大大减轻了用户负担，而且有利于提高数据独立性。

③ 统一的语法结构。SQL 既是自含式语言，又是嵌入式语言。作为自含式语言，它

能够独立地用于联机交互的使用方式，用户可以在终端键盘上直接输入 SQL 命令对数据库进行操作。作为嵌入式语言，SQL 语句能够嵌入到高级语言（如 Python、C、JAVA）程序中，供程序员设计程序时使用。而在两种不同的使用方式下，SQL 的语法结构基本上是一致的。这种以统一的语法结构提供两种不同的操作方式，为用户提供了极大的灵活性与方便性。

④ 语言简洁，易学易用。SQL 功能极强，但由于设计巧妙，语言十分简洁，完成数据定义、数据操纵、数据控制的核心功能只用了 9 个动词：CREATE、ALTER、DROP、SELECT、INSERT、UPDATE、DELETE、GRANT、REVOKE。且 SQL 语言语法简单，接近英语口语，因此容易学习，也容易使用。

（2）SQL 的主要功能。

SQL 功能强大，但是概括起来，它可以分成以下几组：

（1）数据定义语言（data definition language，DDL）。用于定义 SQL 模式、基本表、视图、索引等结构，如创建、修改或者删除数据库对象。

（2）数据操纵语言（data manipulation language，DML）：用于检索或者修改数据，也就是可细分为数据查询和数据更新两类，其中数据更新又分为插入、删除和修改 3 种操作。

（3）数据控制语言（data control language，DCL）：这一部分包括对基本表和视图的授权、完整性规则的描述、事务控制等内容。

SQL 的核心部分相当于关系代数，同时又具有关系代数所没有的许多特点，如聚集、数据库更新等。

4.1　作战数据定义及操作

4.1.1　MySQL 数据类型

ANSI SQL 规定了数据类型的标准，但是各种主流的数据库系统产品并没有完全遵守这个标准，其不同主要体现在同一数据类型的名称不同。例如，长度可变的字符串在 MS SQL Server 中称为 Varchar，在 Oracle 中称为 Varchar2；数值类型在 MS SQL Server 中称为 numeric，在 DB2 中称为 decimal。

MySQL 支持所有标准的 SQL 数据类型，主要分 3 类：数值类型、字符串类型、时间日期类型。其中，数值类型又主要包括整数类型、浮点类型。

（1）整型（表 4-1）

表 4-1　整型

MySQL 数据类型	含义（有符号）
tinyint(m)	1 个字节范围（−128～127）
smallint(m)	2 个字节范围（−32768～32767）
mediumint(m)	3 个字节范围（−8388608～8388607）
int(m)	4 个字节范围（−2147483648～2147483647）
bigint(m)	8 个字节范围（−9.22×10^{18}～9.22×10^{18}）

取值范围如果加了 unsigned，则最大值翻倍，如 tinyint unsigned 的取值范围为（0～256）。

int(*m*)里的 *m* 表示 SELECT 查询结果集中的显示宽度，并不影响实际的取值范围，没有影响显示宽度时使用。

（2）浮点型（表 4-2）。

表 4-2　浮点型

MySQL 数据类型	含义
float(*m*,*d*)	单精度浮点型 8 位精度（4 字节）　*m* 总个数，*d* 小数位
double(*m*,*d*)	双精度浮点型 16 位精度（8 字节）　*m* 总个数，*d* 小数位

设一个字段定义为 float(6,3)，如果插入一个数 123.45678，实际数据库里存的是 123.457，但总个数还以实际为准，即 6 位。整数部分最大是 3 位，如果插入数 12.123456，存储的是 12.1234，如果插入 12.12，存储的是 12.1200。

（3）字符串（表 4-3）。

表 4-3　字符串

MySQL 数据类型	含义
char(*n*)	固定长度，最多 255 个字符
varchar(*n*)	固定长度，最多 65535 个字符
tinytext	可变长度，最多 255 个字符
text	可变长度，最多 65535 个字符
mediumtext	可变长度，最多 $2^{24}-1$ 个字符
longtext	可变长度，最多 $2^{32}-1$ 个字符

char(*n*)固定长度，若存入字符数小于 *n*，则以空格补于其后，查询之时再将空格去掉。所以 char 类型存储的字符串末尾不能有空格，varchar 不限于此。例如，char(4)不管是存入几个字符，都将占用 4 个字节，varchar 是存入的实际字符数+1 个字节（*n*≤255）或 2 个字节（*n*>255），所以 varchar(4)存入 3 个字符将占用 4 个字节。

char 类型的字符串检索速度要比 varchar 类型的快。

varchar 可指定 *n*，text 不能指定，内部存储 text 是实际字符数+2 个字节。text 类型不能有默认值。

varchar 可直接创建索引，text 创建索引要指定前多少个字符。varchar 查询速度快于 text。

（4）日期时间类型（表 4-4）。

表 4-4　日期时间类型

MySQL 数据类型	含义
date	日期 '2008-12-2'
time	时间 '12：25：36'
datetime	日期时间 '2008-12-2 22：06：44'
timestamp	自动存储记录修改时间

若定义一个字段为 timestamp，这个字段里的时间数据会随其他字段修改的时候自动刷新，所以这个数据类型的字段可以存放这条记录最后被修改的时间。

在指定数据类型的时候一般是采用从小原则，如能用 TINY INT 的最好就不用 INT，能用 FLOAT 类型的就不用 DOUBLE 类型，这样会对 MYSQL 在运行效率上提高很大，尤其是大数据量测试条件下。

4.1.2 数据定义语言

SQL 的数据定义功能是针对数据库的各种数据对象进行定义，在标准 SQL 语言中，这些数据对象主要包括表、视图和索引。因此 SQL 的数据定义就包括建立、修改或删除表、视图、索引等对象。SQL 的数据定义语句如表 4-5 所列。

表 4-5　SQL 的数据定义语句

操作对象	操作方式		
	创建	删除	修改
表	CREATE TABLE	DROP TABLE	ALTER TABLE
索引	CREATE INDEX	DROP INDEX	
视图	CREATE VIEW	DROP VIEW	

注意：在标准的 SQL 语言中，由于视图是基于表的虚表，索引是依附在基表上的，因此视图和索引均不提供修改视图和索引定义的操作。用户若想修改则只能通过删除再创建的方法。

1. 创建对象

建立数据库最重要的一步就是用 CREATE 命令在数据库中创建对象。数据库中的各类对象都可以通过命令创建。一般在数据库系统中建立表都可以使用 CREATE TABLE 命令，它的基本语法如下：

　　CREATE TABLE table_name (field1 datatype [NOT NULL],
　　field2 datatype [NOT NULL],
　　field3 datatype [NOT NULL]…);

MySQL 支持的数据类型已经详细讨论过了。此外，数据类型还有表 4-6 所列的属性。

表 4-6　MySQL 数据类型的属性

MySQL 关键字	含义
NULL	数据列可包含 NULL 值
NOT NULL	数据列不允许包含 NULL 值
DEFAULT	默认值
PRIMARY KEY	主键
AUTO_INCREMENT	自动递增，适用于整数类型
UNSIGNED	无符号
CHARACTER SET name	指定一个字符集

例 1　创建一个名为 employee 的雇员表。

```
CREATE TABLE employee
    (empid INTEGER    NOT NULL,
Name VARCHAR (8)    NOT NULL,
Address VARCHAR(100),
PRIMARY KEY (empid)
    );
```

上例中 NULL 来指明是否允许字段属性为非空。NOT NULL 的意思就是在当前表的该字段中不能有任何记录存在空值，上例中 empid 和 name 字段是不允许有空值的。

在设计表时有一个原则是要保证在表中有一个列值是唯一的。这列或这个字段称为关键字（主键）。上例中就定义了 empid 字段为关键字。

2．修改对象

使用 ALTER 命令可以修改数据库中的对象。ALTER TABLE 语句的基本语法如下：

ALTER TABLE table_name ADD|MODIFY column_name data_type;

例 2　向 employee 表中加入一个新列 dept_id。

ALTER TABLE employee ADD dept_id INTEGER；

例 3　将 employee 表中的 ADDRESS 字段长度改为 120 个字符。

ALTER TABLE employee ALTER address VARCHAR(120);

3．删除对象

DROP 命令用于删除数据库中的对象。当然必须具有删除对象的权限。DROP TABLE 语句的基本语法格式如下：

DROP TABLE table_name；

例 4　删除 employee 表。

DROP TABLE employee；

4．注意事项

（1）所有的 SQL 语句在结尾处都要使用";"符号。

（2）使用 SQL 语句创建的数据库表格和表格中列的名称必须以字母开头，后面可以使用字母，数字或下划线，名称的长度不能超过 30 个字符。注意，用户在选择表格名称时不要使用 SQL 语言中的保留关键词，如 select、create、insert 等，作为表格或列的名称。

（3）SQL 语句对大小写不敏感。

4.1.3　数据操纵语言

数据操纵功能具体通过数据操纵语言实现，SQL 中的数据操纵包括插入、删除和修改 3 种操作，对应 INSERT、DELETE 和 UPDATE 三条语句。

1．插入记录

当需要向基表中插入记录，就要由 INSERT 命令来实现。INSERT 命令有两种用法：

一是将指定的记录插入到表中，通过关键字 VALUES 来实现。二是通过 SELECT 子句，将其他表中满足条件的记录插入到指定的表中。

INSERT 语句的语法一般有如下两种：

INSERT INTO 表名[字段 1,字段 2,……] VALUES（值 1，值 2，……）；
INSERT INTO 表名[字段 1,字段 2,……] SELECT [字段 1，字段 2，……] FROM 表名；

其中，INSERT INTO 指明要插入的表以及表中的字段，VALUES 指明要插入相应字段的值。第一条 INSERT 语句用于向数据表中插入单条记录，第二条 INSERT 语句用于把从其他表中查询出来的数据插入当前表中，用于多条记录的插入。

1）单行记录的插入

例 5 INSERT INTO emp VALUES(7703,'lohn','ANALYS',7902,'2015-1-1', 00.00, 2501.00,30);

在 emp 表中插入一条记录，要注意 VALUES 子句中的插入数据与数据表中的字段顺序相对应。因对表中所有字段都插入数据，故可在 emp 表名称后面省略字段列表。

如果只对 emp 表中的部分字段插入数据，则需在表名称后面添加相应的字段，VALUES 子句中的数据也要保持一致。例 6 是表中部分字段插入数据。

例 6 INSERT INTO emp (empno,ename,job) VALUES(7100,'Mary','ANALYS');

注意：

（1）列名可以省略。当省略列名时，默认是表中的所有列名，列名顺序为表定义中列的先后顺序。

① 当省略列名时，插入值的数量必须与所有列数量一致，否则报错。

② 对于非必填项，可用 NULL 代替。

（2）值的数量和顺序要与列名的数量和顺序一致，值的类型与列名的类型一致。

2）多行记录的插入

例如新建 newemp 表，使之与 emp 表具有相同的结构，现在需要将 emp 表中所有 deptno=1 的数据添加到 newemp 表中。

例 7 INSERT INTO newemp SELECT * FROM emp WHERE deptno=1;

在这种语法下，要求结果集中每一列的数据类型必须与表中的每一列的数据类型一致，结果集中的列的数量与表中的列的数量一致。例如，表 newemp 与 emp 表一样，那么可以把 emp 表中的所有记录一次性插入到 newemp 表中。

2. 更新记录

SQL 使用 UPDATE 语句对数据表中的符合更新条件的记录进行更新。UPDATE 语句的一般语法如下：

UPDATE 表名 SET 字段 1=值 1[|字段 2=值 2] WHERE 条件表达式；

其中，表名指定要更新的表，SET 指定要更新的字段及其相应的值，WHERE 指定更新条件，如果没有更新条件，则对表中所有记录进行更新。

1）更新单行记录

例 8 为员工 BLAKE 加薪 10%。

UPDATE emp SET sal=sal*1.1 WHERE ename='BLAKE';

2）更新多行记录

例 9 为 emp 表中的所有雇员加薪 10%。

UPDATE emp SET sal=sal*1.1;

注意：会提示输入参数 1.1。

3．删除记录

SQL 语言使用 DELETE 语句删除数据表中的记录，语法格式如下：

DELETE FROM 表名 [WHERE 条件];

其中，FROM 指定要删除数据的表，WHERE 指定要删除数据的条件。如果没有 WHERE 子句，则删除表中的所有记录。

1）删除单行记录

例 10 删除 emp 表中员工姓名为 Mary 的记录。

DELETE FROM emp WHERE ename='Mary';

2）删除多行记录

例 11 删除 EMP 的所有记录。

DELETE FROM emp。

4.2 作战数据基本查询

数据查询语句 SELECT 是 SQL 语句中使用频率最高、用途最广的语句。它由许多子句组成，通过这些子句可以完成选择、投影和连接等各种运算功能，得到用户所需的最终数据结果。其中，选择运算是使用 SELECT 语句的 WHERE 子句来完成的。投影运算是通过在 SELECT 子句中指定列名称来完成的。连接运算则表示把两个或两个以上的表中的数据连接起来，形成一个结果集合。由于设计数据库时的关系规范化和数据存储的需要，许多信息被分散存储在数据库不同的表中，但是当显示一个完整的信息时，就需将这些数据同时显示出来，这时就需要执行连接运算。

4.2.1 简单查询语句

数据查询是用 SELECT 命令从数据库的表中提取信息。常用的 SELECT 语法格式如下：

SELECT 字段 1, 字段 2, ……FROM 表 1[, 表 2]……WHERE 查询条件
GROUP BY 分组字段 1[, 分组字段 2]……HAVING 分组条件
ORDER BY 列 1[列 2]……

其中，SELECT 表示要选取的字段，FROM 表示从哪个表查询，可以是多个表（或视图），WHERE 指查询条件，GROUP BY 用于分组查询，ORDER BY 用于对查询结果进行排序。

SELECT 语句最简单的查询，就是单表查询（从一个表中查询数据）。

1）查看全部列

例 12　查询所有员工的详细信息。

　　　SELECT * FROM dept；

其中，"*"表示查询表中的所有字段。

2）查询指定列

例 13　查询 emp 表的雇员编号、雇员姓名和工资信息。

　　　SELECT empno,ename,sal FROM emp；

注意：

（1）在查找的多列数据之间要用逗号将各列列名分隔开。而显示查询结果时，各列的标题就是基表中的列名，如果希望显示的列标题不同于列名，可在 SELECT 子句中定义列的别名，方法是在列名后加一个空格，然后写上 as 别名。

　　　SELECT empno as 雇员编号,ename as 雇员姓名,sal as 工资信息 FROM emp；

（2）如果数据库系统支持中文列名，那么还可以用中文来为列设定别名，这样可读性就更好了。

3）查询带计算的列

例 14　查询每位雇员的年薪

　　　select ename, sal*12 as 年薪 from emp；

上例中第二项不是列名，而是一个计算表达式。当然这个计算列的表达式不仅可以是算术表达式，还可以是字符串、常量、函数等。

4）消除查询中重复的记录

例 15　查询 emp 表中的工作种类列，去掉重复的记录。

　　　SELECT DISTINCT job FROM emp；

上例中 DESTINCT 关键字用于去掉重复记录，与之相对应的 ALL 关键字将保留全部记录，如果没有指定 DESTINCT 关键字，则默认为 ALL 关键字。

4.2.2　WHERE 子句

在 SELECT 查询中，通过 WHERE 子句，可以实现有条件的查询。系统在执行这种条件查询时，逐行地对表中数据进行比较，检查它们是否满足条件，如果满足条件，则取出该行的有关信息，如不满足，则不取该行信息。使用 WHERE 子句时，应注意列值的表示方法，若该列为字符型，需使用单引号将字符串引起来，如 WHERE NAME='张三'，而且应注意单引号内字符串要区分大小写。若该列为数字型，则不必使用引号。

1．比较大小

用于进行比较的运算符一般包括：=（等于），!=或<>（不等于），>（大于），>=（大于等于），<（小于），<=（小于等于）。

例16 查询所有工资低于 1000 的人员信息。

  SELECT * FROM emp　WHERE sal<1000;

2. 确定范围（BETWEEN…AND…）

在 WHERE 子句中，可以使用 BETWEEN 操作符来查询列值包含在指定区间内的行。BWTWEEN 操作所指定的范围也包括边界，其中 BETWEEN 后是范围的下限，AND 后是范围的上限。

例17 查询工资在 1000～2000 之间的员工。

  SELECT ename,job,sal FROM EMP WHERE sal BETWEEN 1000 AND 2000;

当然也可以使用传统方法：

  WHERE SAL>=1000 AND SAL<=2000

相反用 NOT BETWEEN AND 可以查找不在范围内的数据。

3. 确定集合（IN）

谓词 IN 可以用来查找属性值属于指定集合的元组。

例18 查询员工名为 SMITH、ALLEN、WARD 的基本信息。

  SELECT * FROM EMP WHERE ename in('SMITH','ALLEN','WARD');

当然也可以使用传统方法：

  WHERE ename ='SMITH' OR ename ='ALLEN' OR ename ='WARD';

与 IN 相对的谓词是 NOT IN，用于查找属性值不属于指定集合的元组。

4. 字符匹配（LIKE 模糊查询）

在一些查询时，可能把握不准需要查询的确切值，如百度搜索时输入关键字即可查询出相关的结果，这种查询称为模糊查询。模糊查询使用 LIKE 关键字通过字符匹配检索出所需要的数据行。字符匹配操作可以使用通配符"*"和"?"：

（1）*：表示零个或者多个任意字符。例如 a*b 表示以 a 开头，以 b 结尾的任意长度的字符串。如 acb，addgb，ab 等都满足该匹配串。

（2）?：代表一个任意字符。

例19 显示员工名称以 J 开头、以 S 结尾的员工的姓名、工作和工资。

  SELECT ENAME,JOB,SAL FROM EMP WHERE ENAME LIKE 'J*S';

5. 关于空值的查询（NULL）

如果某条记录中有缺少的数据值，就是空值（NULL 值）。空值不等于 0 或者空格，空值是指未赋值、未知或不可用的值。任何数据类型的列都可以包括 NULL 值，除非该列被定义为非空或者主键。在查询条件中 NULL 值用 IS NULL 作条件，非 NULL 值用 IS NOT NULL 做条件。

例20 查询 EMP 表中没有发奖金的员工。

SELECT ENAME,JOB,SAL,COMM FROM EMP WHERE COMM IS NULL;

6. 有逻辑运算的查询（AND 和 OR）

逻辑运算符 AND 和 OR 可用来连接多个查询条件。AND 的优先级高于 OR，但用户可以用括号改变优先级。

例 21　查询部门号为 30、工作为 SALESMAN 的雇员信息。

SELECT * FROM emp WHERE JOB='SALESMAN' AND DEPTNO=30;

4.2.3　ORDER BY 子句/排序查询

在使用 SELECT 命令查找数据时，查询结果按各行在表中的顺序显示，当需要按某种特定的顺序显示时，可以通过 ORDER BY 子句来改变查询结果的显示顺序。ORDER BY 子句的格式为

SELECT…FROM[WHERE…] ORDER BY<列名>[ASC/DESC][,<列名> [ASC/DESC]];

在 ORDER BY 子句中，列名指出查询结果按该列排序，选项[ASC/DESC]表示按升序还是降序排列，选择 ASC 为升序显示，选择 DESC 为降序显示，默认为升序显示。

如果按多列进行排序，应分别指出它们相应的列名及有关的递增或递减方式，选择按多列排序，首先由第一个列名确定顺序，若第一排序相同，再按第二个列名排序，第二排序列值相同，再按第三列排序，依此类推。对于空值，若按升序排序，含空值的元组将最后显示。若按降序排，空值的元组将最先显示。

例 22　按照部门号升序、同一部门雇员的工资降序排列。

SELECT * FROM emp ORDER by deptno, sal DESC;

例 23　检索出部门号为 30 的雇员信息，并按工资降序，工资相同则按入职日期升序排列。

Select * from emp where deptno=30 order by sal desc,hiredate asc;

4.2.4　GROUP BY 和 HAVING 子句/分组查询

1. 分组函数使用方法

MAX（列名）——求一列的最大值；
MIN（列名）——求一列的最小值；
AVG（列名）——求一列的平均值；
SUM（列名）——求一列的总和；
COUNT（列名）——求一列的列数。

例 24　最高工资那个人是谁？

select ename, sal from emp where sal=(select max(sal) from emp);

注意：
（1）分组函数的值必须执行 select 语句才能得到，分组函数作为 select 语句的输出列，但是输出只有一行。
（2）如果 select 语句列参数里面有一个分组函数，其他列参数都必须是分组函数。

2. 分组查询法

SQL 支持对数据库的分组查询，可以将数据库表记录分成几个组，相当于建立几个分表，然后在每个分表中各自执行规定的查询。使用 GROUP BY 子句，数据库将查询到的结果按某一列或多列分组，值相等的视为一组，这样将查询到的基表或视图中的行划分成多个组，并为每个组返回一个结果。

例 25 如何显示每个部门的平均工资和最高工资？

SELECT AVG(sal), MAX(sal), deptno FROM emp GROUP by deptno;

例 26 计算每个部门的工资总和。

SELECT deptno,SUM(sal) FROM emp GROUP BY deptno;

如果分组后还要求按一定的条件对这些组进行筛选，查找满足条件的分组值，可以使用 HAVING 子句。HAVING 子句的作用与 WHERE 子句相似，所不同的是 WHERE 是检查每个记录是否满足条件，而 HAVING 子句是检查分组后，各组是否满足条件。WHERE 子句的条件是针对 SELECT 子句的，而 HAVING 子句的条件是针对 GROUP BY 子句的，没有 GROUP BY 就不能使用 HAVING 子句。

例 27 查找工资总和超过 15000 元的部门。

SELECT deptno,SUM(sal) FROM emp GROUP BY deptno HAVING SUM(sal)>15000;

使用分组函数并行分组查询时需注意：
（1）分组函数只能出现在选择列表、having、order by 子句中，不能出现在 where 中。
（2）如果在 select 语句中同时包含 group by，having，order by，那么它们的顺序是 group by，having，order by。
（3）group by 子句中的列，必须出现在 select 查询列表中，否则就会出错。

4.3　作战数据高级查询

4.3.1　多表查询

多表查询是指基于两个和两个以上的表或视图的查询。在实际应用中，查询单个表可能不能满足需求，例如显示雇员名、雇员工资及所在部门的名字，就会涉及 emp 表和 dept 表的查询。

多表匹配原则：第一个表第一条记录和第二个表第一条记录匹配，形成第一条总记录；第一个表第一条记录和第二个表第二条记录匹配，形成第二条总记录。

表 A：

A1	A2	A3
张三	12	三班
王五	13	五班

表 B：

B1	B2
三班	303
五班	402

SELECT * FROM A,B，多表查询后得到：

A1	A2	A3	B1	B2	
张三	12	三班	三班	303	
张三	12	三班	五班	402	无效
王五	13	五班	三班	303	无效
王五	13	五班	五班	402	

把不加条件的多表查询结果称为笛卡儿积。若不指定查询条件，会产生很多无效数据，因此在多表查询中一般都要指定查询条件。

下面以 EMP、DEPT、SALGRADE 三个表为例进行说明。

EMP 表

	EMPNO	ENAME	JOB	MGR	HIREDATE	SAL	COMM	DEPTNO
1	7369	SMITH	CLERK	7902	1980-12-17	800.00		20
2	7499	ALLEN	SALESMAN	7698	1981-02-20	1600.00	300.00	30
3	7521	WARD	SALESMAN	7698	1981-02-22	1250.00	500.00	30
4	7566	JONES	MANAGER	7839	1981-04-02	2975.00		20
5	7654	MARTIN	SALESMAN	7698	1981-09-28	1250.00	1400.00	30
6	7698	BLAKE	MANAGER	7839	1981-05-01	2850.00		30
7	7782	CLARK	MANAGER	7839	1981-06-09	2450.00		10
8	7788	SCOTT	ANALYST	7566	1987-04-19	3000.00		20
9	7839	KING	PRESIDENT		1981-11-17	5000.00		10
10	7844	TURNER	SALESMAN	7698	1981-09-08	1500.00	0.00	30
11	7876	ADAMS	CLERK	7788	1987-05-23	1100.00		20
12	7900	JAMES	CLERK	7698	1981-12-03	950.00		30
13	7902	FORD	ANALYST	7566	1981-12-03	3000.00		20

DEPT 表

	DEPTNO	DNAME	LOC
1	10	ACCOUNTING	NEW YORK
2	20	RESEARCH	DALLAS
3	30	SALES	CHICAGO
4	40	OPERATIONS	BOSTON

SALGRADE 表

GRADE	LOSAL	HISAL
1	700	1200
2	1201	1400
3	1401	2000
4	2001	3000
5	3001	9999

例 28 显示雇员名，雇员工资及所在部门的名字。

SELECT e.ename, e.sal, d.dname FROM emp e, dept d WHERE e.deptno = d.deptno;

4.3.2 子查询/嵌套查询

子查询是指嵌入在其他 sql 语句中的 select 语句，也称嵌套查询。有时利用一条 select 语句不能达到查找目的，可以利用一条 select 语句的查找结果，作为另一条 select 语句的输入，这种 select 嵌套使用，就是子查询。

例 29 显示与 SMITH 同部门的所有员工。

思路：可以先查出 SMITH 的部门号，再进一步查找同一部门的员工。

SELECT * FROM emp WHERE deptno = (select deptno from emp WHERE ename = 'SMITH');

1. 带有 IN 谓词的子查询

在 Where 子句中可以使用 IN 操作符来查询其列值在指定的列表中的行。

例 30 查询工作岗位是 SALESMAN、PRESIDENT 或者 ANALYST 的员工。

SELECT ENAME,JOB,SAL FROM EMP WHERE job IN ('SALESMAN', 'PRESIDENT', 'ANALYST');

当然，也可以用 WHERE job = 'SALESMAN ' OR job = 'PRESIDENT ' OR job = 'ANALYST'来表示查询条件。

例 31 查询与"刘震"在同一个系学习的学生。

SELECT sno,sname,sdept FROM student WHERE sdept IN(SELECT sdept FROM student WHERE sname-='刘震');

对应 IN 操作符的还有 NOT IN，用法一样，结果相反。

2. 带有比较运算符的子查询

带有比较运算符的子查询是指父查询与子查询之间用比较运算符进行连接。当用户能确切知道内层查询返回的是单值时，可以用>、<、=、>=、<=、!=或<>等比较运算符。

上例中，由于一个学生只可能在一个系学习，也就是说查询的结果是一个值，因此可以用=代替 IN，其 SQL 语句如下：

SELECT sno,sname, sdept FROM student WHERE sdept = (SELECT sdept FROM student WHERE sname='刘震');

3. 带有 ANY 或 ALL 谓词的子查询

子查询返回单值时可以用比较运算符，而使用 ANY 或 ALL 谓词时则必须同时使用比较运算符。其语义如表 4-7 所列。

表 4-7 ANY 或 ALL 谓词语义

谓 词	语 义
>ANY	大于子查询结果中的某个值
<ANY	小于子查询结果中的某个值
>=ANY	大于等于子查询结果中的某个值
<=ANY	小于等于子查询结果中的某个值
=ANY	等于子查询结果中的某个值
>ALL	大于子查询结果中的所有值
<ALL	小于子查询结果中的所有值
>=ALL	大于等于子查询结果中的所有值
<=ALL	小于等于子查询结果中的所有值
!=(或<>)ANY	不等于子查询结果中的某个值
!=(或<>)ALL	不等于子查询结果中的任何一个值

例 32 查询其他系中比信息系任何一个学生年龄都小的学生姓名和年龄。

SELECT sname,sage FROM student WHERE sage<ALL(SELECT sage FROM student WHERE sdept ='信息系') AND sdept<>'信息系';

4. 带有 EXISTS 谓词的子查询

EXISTS 代表存在量词。带有 EXISTS 谓词的子查询不返回任何数据,只产生逻辑真值"true"或逻辑假值"false"。由 EXISTS 引出的子查询,其目标列表达式一般通用"*",所以带 EXISTS 的子查询只返回真值或假值,给出列名无实际意义。

例 33 查询所有选修了 1 号课程的学生姓名。

SELECT sname FROM student WHERE EXISTS(SELECT * FROM se WHERE sno= student.sno AND cno='1');

与 EXISTS 谓词相对应的是 NOT EXISTS 谓词。使用存在量词 NOT EXISTS 后,若内层查询结果为空,则外层的 WHERE 子句返回真值,否则返回假值。

例 34 查询没有选修 1 号课程的学生姓名。

SELECT sname FROM student WHERE NOT EXISTS(SELECT * FROM se WHERE sno= student.sno AND cno='1');

一些带 EXISTS 或 NOT EXISTS 谓词的子查询不能被其他形式的子查询等价替换,但所有带 IN 谓词、比较运算符、ANY 和 ALL 谓词的子查询都能用带 EXISTS 谓词的子查询等价替换。

4.3.3 合并查询/集合运算

集合运算就是将两个或者多个结果集组合成为一个结果集。集合运算包括:
(1) INTERSECT(交集),返回两个查询共有的记录。
(2) UNION ALL(并集),返回各个查询的所有记录,包括重复记录。
(3) UNION(并集),返回各个查询的所有记录,不包括重复记录。

（4）MINUS（补集），返回第一个查询检索出的记录减去第二个查询检索出的记录之后剩余的记录（即只显示在第一个集合中、而不在第二个集合中的数据）。——Access 不支持补集集合运算。

注意： 当使用集合操作时，查询所返回的列数、列的类型必须匹配，列名可以不同。

  SELECT sal FROM emp WHERE sal>1000 INTERSECT SELECT sal FROM emp WHERE sal>500;

例 35 查询计算机科学系的学生及年龄不大于 19 岁的学生。

  SQL>SELECT FROM student　WHERE sdept='计算机科学系'
  UNION
  SELECT * FROM student WHERE sage<=19;

本查询实际上是求计算机科学系的所有学生与年龄小于等于 19 岁的学生的并集。使用 UNION 将多个查询结果合并起来时，系统会自动去掉重复元组。

例 36 查询出 dept 表中哪个部门下没有员工。

只需求出 dept 表中的部门号和 emp 表中的部门号的补集即可。

  SQL>SELECT DEPTNO FROM DEPT
  MINUS
  SELECT DEPTNO FROM EMP;

例 37 用 union 插入多条数据。

前面学习过可以通过 insert into …select 把一个结果集插入到另一张结构相同的表中，因此可以使用 union 把若干条记录一次性插入到一张表中。

  SQL>INSERT INTO DEPT SELECT 50,'公关部','上海' FROM DUAL
  UNION
    SELECT 60,'研发部','西安' FROM DUAL
  UNION
    SELECT 70,'培训部','西安' FROM DUAL;

习　题

雇员表 EMP 表结构说明：

字段	类型	描述
EMPNO	NUMBER(4)	雇员编号
ENAME	VARCHAR2(10)	雇员姓名
JOB	VARCHAR2(9)	工作职位
MGR	NUMBER(4)	一个雇员的领导编号
HIREDATE	DATE	雇用日期
SAL	NUMBER(7,2)	月薪，工资
COMM	NUMBER(7,2)	奖金或佣金
DEPTNO	NUMBER(2)	部门编号

部门表 DEPT 表结构说明：

字段	类型	描述
DEPTNO	NUMBER(2)	部门编号
DNAME	VARCHAR2(14)	部门名称
LOC	VARCHAR2	部门位置

工资等级表 SALGRADE 表结构说明：

字段	类型	描述
GRADE	NUMBER	等级名称
LOSAL	NUMBER	此等级的最低工资
HISAL	NUMBER	此等级的最高工资

1．根据 EMP 表完成单表查询综合练习。

（1）查询工资（SAL）大于 1000 的雇员的所有信息。

（2）查询 1981 年以后入职员工的姓名（ENAME）、职位（JOB）、入职日期（HIREDATE）、工资（SAL）。

（3）查询员工的姓名（ENAME）、职位（JOB）、加上 200 的工资（SAL）。

（4）查询所有工资（SAL）在 1000～2000 之间的员工信息。

（5）查询所有职位（JOB）为 manager 或是工资（SAL）大于 500 的雇员，同时还要满足他们的姓名首字母是大写的 J。

（6）查询部门号（DEPTNO）为 20 和 30 的员工。

（7）查询员工姓名（ENAME）第二个字母为 L 的员工。

（8）将所有的员工信息按照部门号（DEPTNO）升序而雇员的工资（SAL）降序进行排列。

（9）查找 1980 年入职的员工的信息。

（10）如何计算总共有多少员工？

（11）查询最高工资员工的名字，工作岗位。

（12）显示工资高于平均工资的员工信息。

（13）显示各部门的人数、最高工资、最低工资、平均工资、总工资。

（14）显示各部门人数、平均工资，部门人数低于 3 人的不显示。

（15）显示各部门的编号，部门最高工资、平均工资（平均工资保留两位小数四舍五入）。

（16）显示每个部门的每种岗位（job）的平均工资和最低工资（平均工资保留两位小数截取）。

（17）显示雇员名，雇员工资，雇员所在部门的名字，并按部门排序（升序）。

（18）显示每个部门每种岗位的平均工资和最低工资。

（19）显示平均工资低于 2000 的部门号和它的平均工资，并按照平均工资升序排列。

2．根据 EMP、DEPT、SALGRADE 三个表完成多表查询综合练习。

（1）显示部门号为 10 的部门名、员工名和工资。

（2）显示各个员工的姓名、工资及工资的级别。

（3）显示员工 FORD 上级领导的姓名。
（4）查询所有员工的姓名及其直接上级的姓名。
（5）查询每个员工的领导所在部门的信息。
（6）如何查询和部门 10 的工作相同的雇员的名字、岗位、工资、部门号？
（7）如何显示工资比部门 30 的所有员工的工资高的员工的姓名、工资和部门号？
（8）如何显示工资比部门 30 的任意一个员工的工资高的员工姓名、工资和部门号？
（9）如何查询与 SMITH 的部门和岗位完全相同的所有雇员？
（10）如何显示高于自己部门平均工资的员工的信息？
（11）查询奖金（COMM）高于工资（SAL）的 20%的员工信息。
（12）查询 10 号部门中工种为 MANAGER 和 20 号部门中工种为 CLERK 的员工的信息。
（13）查询所有工种不是 MANAGER 和 CLERK，且工资大于或等于 2000 的员工的详细信息。
（14）查询有奖金的员工的不同工种。
（15）查询每位员工工资和奖金的和。
（16）查询没有奖金或奖金低于 100 的员工信息。
（17）查询所有员工姓名的前 3 个字符。
（18）查询员工名正好为 6 个字符的员工信息。
（19）查询员工名字中不包含字母"S"的员工。
（20）查询员工姓名的第 2 个字母为"M"的员工信息。
（21）查询员工信息，要求以首字母小写的方式显示所有员工的姓名。
（22）查询员工的姓名和入职日期，并按入职日期从先到后进行排列。
（23）显示所有的姓名、工种、工资和奖金，按工种降序排列，若工种相同则按工资升序排列。
（24）查询在 2 月份入职的所有员工信息。
（25）查询工资比员工 SMITH 工资高的所有员工信息。
（26）查询最低工资低于 2000 的部门及其员工信息。
（27）查询工资高于公司平均工资的所有员工信息。
（28）查询与 SMITH 员工从事相同工作的所有员工信息。
（29）查询从事同一种工作但不属于同一部门的员工信息。
（30）查询各个部门中的不同工种的最高工资。
（31）查询各个部门的详细信息以及部门人数、部门平均工资。
（32）查询工资高于本部门平均工资的员工的信息及其部门的平均工资。
（33）统计每个部门中各个工种的人数与平均工资。
（34）查询工资、奖金与 10 号部门某个员工工资、奖金都相同的员工的信息。
（35）查询部门人数大于 5 的部门的员工的信息。
（36）查询所有工资都在 900～3000 之间的员工所在部门的员工信息。
（37）查询 30 号部门中工资排序前 3 名的员工信息。

第 5 章　作战数据可视化

探索和理解各类数据集的内部关联和意义，可视化是一种直观而有效的途径。借助于图形，把数字置于视觉空间中，会更容易发现其中潜藏的模式，也更容易理解其中的规律特性。比起枯燥乏味的数值，人类对于大小、位置、浓淡、颜色、形状等能够有更好更快的认识。经过可视化之后的数据能够加深人对于数据的理解和记忆，增加信息的可传播性。

数据可视化是关于数据视觉表现形式的科学技术研究。其中，数据视觉表现形式被定义为：一种以某种概要形式提取出来的信息，包括相应信息单位的各种属性和变量。根据 Edward R.Tufte 在 *The Visual Display of Quantitative Information* 和 *Visual Explanations* 中的阐述，数据可视化的主要作用有两个方面：①真实、准确、全面地展示数据；②揭示数据的本质、关系、规律。

科学可视化、信息可视化和可视分析学 3 个学科方向通常被看成可视化的 3 个主要分支。而将这 3 个分支整合在一起形成的新学科 "数据可视化"（data visualization），这是可视化研究领域的新起点。广义的数据可视化涉及信息技术、自然科学、统计分析、图形学、交互、地理信息等多种学科。

（1）科学可视化。科学可视化是科学之中的一个跨学科研究与应用领域，主要关注三维现象的可视化，如建筑学、气象学、医学或生物学方面的各种系统，重点在于对体、面以及光源等的逼真渲染，目的是以图形方式说明科学数据，使科学家能够从数据中了解、说明和收集规律。

（2）信息可视化。信息可视化是研究抽象数据的交互式视觉表示以加强人类认知。抽象数据包括数字和非数字数据，如地理信息与文本。柱状图、趋势图、流程图、树状图等，都属于信息可视化，这些图形的设计都将抽象的概念转化成为可视化信息。

数据可视化和信息可视化是两个相近的专业领域名词。狭义上的数据可视化指的是数据用统计图表方式呈现，用于传递信息；信息可视化是将非数字的信息进行可视化，主要用于表现抽象或复杂的概念、技术和信息。

（3）可视分析学。可视分析学是随着科学可视化和信息可视化发展而形成的新领域，重点是通过交互式视觉界面进行分析推理。

"一图胜千言"，数据可视化主要借助于图形化手段，清晰有效地传达与沟通信息。其基本思想是将数据集中的数据项作为单个图元元素表示，大量的数据项构成数据图像，结合各个数据项属性值的多维数据形式表示，便于不同的维度观察数据，从而对数据进行更深入的观察和分析。为了有效传达思想概念，数据可视化中的美观与功能需要齐头并进，通过直观地传达关键的方面与特征，从而实现对于不直观且复杂的数据集的深入洞察。

作战数据可视化主要是围绕军事上相关的数据，采用图形化的方式来表示，可以帮助人们迅速明白某些数据的重要性、理解数据的背后含义。本章将围绕几个作战数据案例，通过可视化实践操作，让大家加深对数据可视化的认识与理解。

5.1 数据可视化的历史

可以把数据可视化划分为 9 个阶段。

1. 17 世纪前：早期地图与图表

在 17 世纪以前人类研究的领域有限，总体数据量处于较少的阶段，因此几何学通常被视为可视化的起源，数据的表达形式也较为简单。但随着人类知识的增长，活动范围不断扩大，为了能有效探索其他地区，人们开始汇总信息绘制地图。16 世纪用于精确观测和测量物理量以及地理和天体位置的技术和仪器得到了充分发展，尤其在 W.snell 于 1617 年首创三角测量法后，绘图变得更加精确，形成更加精准的视觉呈现方式。由于宗教等因素，人类对天文学的研究开始较早。一位不知名的天文学家于 10 世纪创作了描绘 7 个主要天体时空变化的多重时间序列图，图中已经存在很多现代统计图形的元素坐标轴、网格图系统、平行坐标和时间序列。

2. 1600—1699 年：测量与理论

更为准确的测量方式在 17 世纪得到了更为广泛的使用，大航海时代，欧洲的船队出现在世界各处的海洋上，发展欧洲新生的资本主义，这对于地图制作、距离和空间的测量都产生了极大的促进作用。同时，伴随着科技的进步以及经济的发展，数据的获取方式主要集中于时间、空间、距离的测量上，对数据的应用集中于制作地图、天文分析（开普勒的行星运动定律，1609 年）上。

此时，笛卡儿发展出了解析几何和坐标系，在两个或者三个维度上进行数据分析，成为数据可视化历史中重要的一步。同时，早期概率论（Pierre de Fermat 与 Pierre Laplace）和人口统计学（John Graunt）研究开始出现。这些早期的探索，开启了数据可视化的大门，数据的收集、整理和绘制开始了系统性的发展（图 5-1）。在此时期，由于科学研究领域的增多，数据总量大大增加，出现了很多新的可视化形式。人们在完善地图精度的同时，不断在新的领域使用可视化方法处理数据。

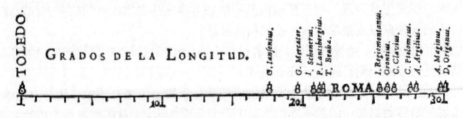

图 5-1 建立坐标，用刻度表示距离，计算托莱多到罗马的距离

3. 1700—1799 年：新的图形形式

18 世纪可以说是科学史上承上启下的年代，英国工业革命以及牛顿对天体的研究，

以及后来微积分方程等的建立，都推动着对数据向精准化以及量化的阶段发展，统计学研究的需求也愈发显著，用抽象图形的方式来表示数据的想法也不断成熟。此时，经济学中出现了类似当今柱状图的线图表述方式，英国神学家 Joseph Priestley 也尝试在历史教育上使用图的形式介绍不同国家在各个历史时期的关系。法国人 Marcellin DuCarla 绘制了等高线图，用一条曲线表示相同的高程，对于测绘、工程和军事有着重大的意义，成为地图的标准形式之一。

数据可视化发展中的重要人物，Wiliam Playfair 在 1765 年创造了第一个时间线图（图 5-2），其中单个线，用于表示人的生命周期，整体可以用于比较多人的生命跨度。这些时间线直接启发了他发明的条形图以及其他一些至今仍常用的图形，包括饼图、时序图等。他的这一思想是数据可视化发展史上一次新的尝试，用新的形式表达了尽可能多且直观的数据。

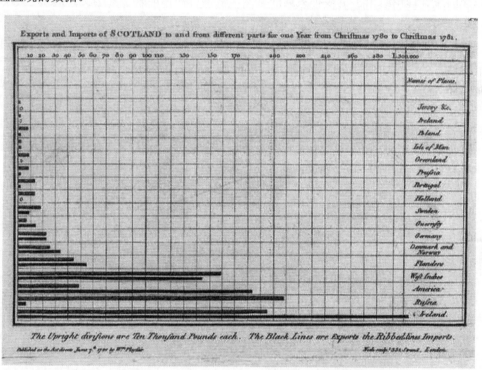

图 5-2　William Playfair 创造的第一张柱状图

随着对数据系统性的收集以及科学的分析处理，18 世纪数据可视化的形式已经接近当代科学使用的形式，条形图和时序图的等可视化形式的出现体现了人类数据运用能力的进步。随着数据在经济、地理、数学等领域不同应用场景的应用，数据可视化的形式变得更加丰富，也预示着现代化信息图形时代的到来。

4. 1800—1849 年：现代信息图形设计的开端

19 世纪上半叶，受到视觉表达方法创新的影响，统计图形和专题绘图领域出现爆炸式的发展，目前已知的几乎所有形式的统计图形都是在此时被发明的。在此期间，数据的收集整理范围明显扩大，由于政府加强对人口、教育、犯罪、疾病等领域的关注，大量社会管理方面的数据被收集用于分析。1801年英国地质学家 William Smith 绘制了第一幅地质图，引领了一场在地图上表现量化信息的潮流，也被称为"改变世界的地图"。

这一时期，数据的收集整理从科学技术和经济领域扩展到社会管理领域，对社会公共领域数据的收集标志着人们开始以科学手段进行社会研究。与此同时，科学研究对数据的需求也变得更加精确，研究数据的范围也有明显扩大，人们开始有意识地使用可视化的方式尝试研究、解决更广泛领域的问题。

5. 1850—1899年：数据制图的黄金时期

在19世纪上半叶末，数据可视化领域开始了快速的发展，随着数字信息对社会、工业、商业和交通规划的影响不断增大，欧洲开始着力发展数据分析技术。高斯和拉普拉斯发起的统计理论给出了更多种数据的意义，数据可视化迎来了它历史上的第一个黄金时代。

统计学理论的建立是推动可视化发展的重要一步，此时数据的来源也变得更加规范化，由政府机构进行采集。随着社会统计学的影响力越来越大，在1857年维也纳的统计学国际会议上，学者就已经开始对可视化图形的分类和标准化进行讨论。不同数据图形开始出现在书籍、报刊、研究报告和政府报告等正式场合之中。这一时期法国工程师 Charles Joseph Minard 绘制了多幅有意义的可视化作品，被称为"法国的 Playfair"，他最著名的作品是用二维的表达方式，展现6种类型的数据，用于描述拿破仑战争时期军队损失的统计图，如图5-3所示。

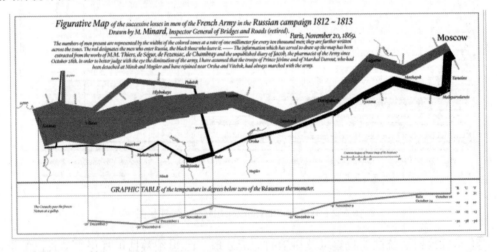

图5-3 拿破仑战争时期军队损失的统计图

1879年，Luigi Perozzo 绘制了一张1750—1875年瑞典人口普查数据图，以金字塔形式表现了人口变化的三维立体图，此图与之前所看到的可视化形式有一个明显的区别，即开始使用三维的形式，并使用彩色表示了数据值之间的区别，提高了视觉感知。

在对这一时期可视化历史的探究中发现，数据来源的官方化，以及对数据价值的认同，成为可视化快速发展的决定性因素，如今几乎所有的常见可视化元素都已经出现。

并且这一时期出现了三维的数据表达方式，这种创造性的成果对后来的研究有十分突出的作用。

6. 1900—1949 年：现代休眠期

20 世纪上半叶，随着数理统计这一新数学分支的诞生，追求数理统计严格的数学基础并扩展统计的疆域成为这个时期统计学家们的核心任务。数据可视化成果在这一时期得到了推广和普及，并开始用于尝试解决天文学、物理学、生物学的理论新成果，Hertzsprung-Russell 绘制的温度与恒星亮度图成为近代天体物理学的奠基之一；伦敦地铁线路图的绘制形式如今依旧在沿用；E.W.Maunder 的"蝴蝶图"用于研究太阳黑子随时间的变化。

然而，这一时期人类收集、展现数据的方式并没有得到根本上的创新，统计学在这一时期也没有大的发展，所以整个上半叶都是休眠期。但这一时期的蛰伏与统计学者潜心的研究才让数据可视化在 20 世纪后期迎来了复苏与更快速的发展，可视化黄金时代的结束，并非可视化的终点。

7. 1950—1974 年：复苏期

从 20 世纪上半叶末到 1974 年这一时期称为数据可视化领域的复苏期，在这一时期引起变革的最重要的因素就是计算机的发明，计算机的出现让人类处理数据的能力有了跨越式的提升。在现代统计学与计算机计算能力的共同推动下，数据可视化开始复苏，统计学家 John W.Tukey 和制图师 Jacques Bertin 成为可视化复苏期的领军人物。

John W.Tukey 在第二次世界大战期间对火力控制进行的长期研究中意识到了统计学在实际研究中的价值，从而发表了有划时代意义的论文 *The Future of Data Analysis*，成功地让科学界将探索性数据分析（EDA）视为不同于数学统计的另一独立学科，并在 20 世纪后期首次采用了茎叶图、盒形图等新的可视化图形形式，John W.Tukey 成为可视化新时代的开启性人物。Jacques Bertin 发表了他里程碑式的著作 *Semiologie Graphique*。这部书根据数据的联系和特征来组织图形的视觉元素，为信息的可视化提供了一个坚实的理论基础。

随着计算机的普及，20 世纪 60 年代末，各研究机构就逐渐开始使用计算机程序取代手绘的图形。由于计算机的数据处理精度和速度具有强大的优势，高精度分析图形就已不能用手绘制。在这一时期，数据缩减图、多维标度法 MDS、聚类图、树形图等更为新颖复杂的数据可视化形式开始出现。人们开始尝试着在一张图上表达多种类型数据，或用新的形式表现数据之间的复杂关联，这也成为现今数据处理应用的主流方向。数据和计算机的结合让数据可视化迎来了新的发展阶段。

8. 1975—2011 年：动态交互式数据可视化

在这一阶段计算机成为数据处理必要的成分，数据可视化进入了新的黄金时代，随着应用领域的增加和数据规模的扩大，更多新的数据可视化需求逐渐出现。20 世纪 70~80 年代，人们主要尝试使用多维定量数据的静态图来表现静态数据，80 年代中期动态统计图开始出现，最终在 20 世纪末两种方式开始合并，试图实现动态、可交互的数据可视化，于是动态交互式的数据可视化方式成为新的发展主题。

数据可视化的这一时期的最大潜力来自动态图形方法的发展，允许对图形对象和相关统计特性的即时和直接的操纵。早期就已经出现了为了实时地与概率图（Fowlkes, 1969）进行交互的系统，通过调整控制来选择参考分布的形状参数和功率变换。这可以看作动态交互式可视化发展的起源，推动了这一时期数据可视化的发展。

9. 2012 至今：大数据时代

在 2003 年全世界创造了 5EB 的数据量时，人们就逐渐开始对大数据的处理进行重点关注。发展到 2011 年，全球每天的新增数据量就已经开始以指数倍猛增，用户对于数据的使用效率也在不断提升，数据的服务商也就开始需要从多个维度向用户提供服务，大数据时代就此正式开启。

2012 年，进入数据驱动的时代，掌握数据就能掌握发展方向。因此，人们对数据可视化技术的依赖程度也不断加深。大数据时代的到来对数据可视化的发展有着冲击性的影响，试图继续以传统展现形式来表达庞大的数据量中的信息是不可能的，大规模的动态化数据要依靠更有效的处理算法和表达形式才能够传达出有价值的信息，因此大数据可视化的研究成为新的时代命题。

在应对大数据时，不但要考虑快速增加的数据量，还需要考虑到数据类型的变化，这种数据扩展性的问题需要更深入地研究才能解决。互联网的加入增加了数据更新的频率和获取的渠道，并且实时数据的巨大价值只有通过有效的可视化处理才得以体现，于是在上一历史时期就受到关注的动态交互的技术已经向交互式实时数据可视化发展，是如今大数据可视化的研究重点之一。综上所述，如何建立一种有效的、可交互式的大数据可视化方案来表达大规模、不同类型的实时数据，成为数据可视化这一学科的主要研究方向。

5.2 数据可视化的价值

信息时代一方面可以容易地获取各种各样的信息，另一方面，铺天盖地般的信息令人目不暇接、纷繁复杂，也让人觉得有信息爆炸之感。很多未经加工的原始信息，需要使用某种方法找出其中的规律，以一种直观的方式呈现出来才能充分发挥其价值。科学分析得出人类是对图形图像极为敏感的生物，一般很少有人能从一堆数字中发现趋势，却能很容易地看懂条形图，并且从这些图形中明白数字的含义。正因如此，数据可视化成了一股信息展示和处理的潮流，成为与人沟通的最便捷方式。

虽然数据可视化跟用语言描述一样，都可能"撒谎"、误导人，甚至扭曲事实。但是更多的时候，只要客观表达、综合呈现，把数据变成生动的图表就能帮我们从一个全新的角度来看懂这个世界，从中揭示出原先隐藏的一些模式和趋势。运用得当，数据可视化能够开口讲故事。

如果从字面上来理解，可视化就是把信息映射为可见图形的过程。我们必须总结出一些规则，解读数据，同时把数据变成有形的东西。例如图 5-4 中这个最基本的条形图，它就是根据一个最简单的规则生成的：较大的数值映射为较高的条形。当然，数据集越复杂，其中的规则越复杂，图形也就越复杂。

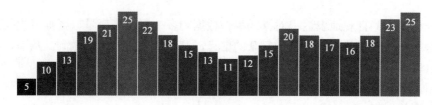

图 5-4　数据值映射为条形图

数据可视化通常是理解和交流分析的第一步，因为当数据以图形方式而非数字方式呈现时，人们更善于理解数据。通过交互式数据可视化，向下钻取以探索细节，识别模式和异常值，更容易让人看清新兴趋势，这是获得洞察力的第一步。

数据可视化也是传达发现的有效方式，利用人类视觉的快速感知直觉，支持更轻松的协作和更快的创新。随着数据的普及，数据可视化技术的使用越来越多，并且在多个学科中不断涌现。数据可视化带来如下这些价值：

（1）更快的数据信息获取。视觉是人类获取外界信息最高速、最重要渠道。超过50%的人脑功能用于视觉感知，大脑接收到的信息90%来自视觉，人类利用视觉获取和处理的信息量，远远超过其他途径。"可视化"的核心是利用人类视觉化的思考能力，对数据进行表达以增强认知。利用数据可视化技术，可以发现趋势并更快地识别异常值，使人们能快速、轻松地将数据转换为洞察力。

很多研究表明，在进行理解和学习的任务时，图文一起能够帮助更好地了解所要学习的内容，直观的图像更容易理解、更有趣。下面看图5-5的这个例子。

图 5-5　图中有多少个 A

上图有多少个 A？短时间内，应该很难找到答案。把上面的图形改造一下（图 5-6），再试一次。

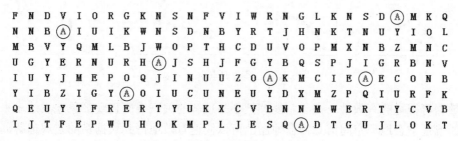

图 5-6　图中有多少个 A（加圈）

现在获得答案就轻而易举了。

（2）更直观的多维数据显示。通过可视化的分析，数据将每一维的值进行分类、排序、组合和显示,直观地表达出对象或事件数据的多个属性或变量。数据可视化结果能够用一些简短的图形就能体现较为复杂的信息,甚至单个图形也能做到。从而,决策者可以轻松地理解各种不同的数据源。

利用人眼的感知和模式识别能力,可视化可以帮助人们增强认知,实现常规统计方法难以得到的洞察。

大多数人并不精通统计计算,基本统计方法(均值、方差、中位数等)并不符合人类的认知天性。最著名的一个例子是图 5-7 Anscombe 的四重奏。

I		II		III		IV	
x	y	x	y	x	y	x	y
10	8.04	10	9.14	10	7.46	8	6.58
8	6.95	8	8.14	8	6.77	8	5.76
13	7.58	13	8.74	13	12.74	8	7.71
9	8.81	9	8.77	9	7.11	8	8.84
11	8.33	11	9.26	11	7.81	8	8.47
14	9.96	14	8.10	14	8.84	8	7.04
6	7.24	6	6.13	6	6.08	8	5.25
4	4.26	4	3.10	4	5.39	19	12.5
12	10.84	12	9.13	12	8.15	8	5.56
7	4.82	7	7.26	7	6.42	8	7.91
5	5.68	5	4.74	5	5.73	8	6.89

图 5-7 Anscombe 的四重奏数据

上面 4 个二维数据点集,单单从传统的统计方法去计算单维度均值、误差的平方和、方差的回归和、均方误差的误差和、相关系数等属性,完全是相同的,很难从中发现规律。

(x 的均值)= 9
(x 的方差)= 11
(y 的均值)= 7.5
(y 的方差)= 4.12
(xy 的相关系数)= 0.81

当通过可视化的方式呈现(图 5-8)时,观察者就可以有效发现这些数据的不同特征和规律。

图 5-8 二维数据点集的可视化

数据可视化的有效性还在于它能够把不易理解的关联维度直观形象地表达出来。最常见的就是结合地理空间信息,在地图上可以快速有效地得到数据集的宏观理解,例如可将图 5-9 所示的全国主要城市的空气质量情况进行可视化表示。通常认为:面向公众用户,传播与发布复杂信息最有效的途径就是数据可视化。

排名	城市	AQI	空气质量指数类别	首要污染物	PM 2.5 细颗粒物	PM 10 可吸入颗粒物	CO 一氧化碳	NO2 二氧化氮	O3 臭氧1小时平均	O3_8h 臭氧8小时平均	SO2 二氧化硫
1	茂名	30	优		20	27	1.189	22	59	59	15
2	三亚	31	优		11	30	0.615	12	58	62	2
3	牡丹江	31	优		21	25	0.56	19	66	61	3
4	齐齐哈尔	33	优		5	18	0.613	10	66	65	7
5	哈尔滨	34	优		24	27	0.625	53	31	39	14
6	大庆	36	优		17	24	0.308	13	78	71	11
7	珠海	37	优		26	33	0.778	50	53	49	5
8	惠州	37	优		20	36	0.732	43	53	61	6
9	北海	41	优		14	40	1.358	8	56	53	10
10	西宁	42	优		9	32	0.966	13	90	84	26
11	昆明	42	优		15	41	1.184	30	75	72	14
12	吉林	43	优		19	42	1.357	26	85	84	25
13	云浮	44	优		24	43	2.26	25	21	33	11
14	深圳	45	优		31	44	0.859	49	41	50	4
15	玉溪	45	优		17	27	1.222	9	100	90	9
16	韶关	46	优		31	45	1.91	24	54	65	19
17	河源	47	优		28	46	0.895	33	39	54	9
18	梅州	47	优		26	46	0.918	23	75	81	13
19	绍兴	47	优		23	38	0.502	33	100	94	12
20	曲靖	48	优		33	47	1.289	18	95	77	15
21	富阳	50	优	颗粒物(PM10)	17	49	0.427	22	79	75	9
22	湛江	50	优	颗粒物(PM10)	33	49	1.493	21	66	65	9
23	汕尾	51	良	颗粒物(PM10)	33	50	1.324	24	52	60	6
24	营口	51	良	颗粒物(PM10)	24	51	0.55	31	91	85	18
25	海口	52	良	颗粒物(PM10)	23	52	0.542	10	65	66	2
26	长春	53	良	颗粒物(PM10)	28	54	0.573	36	69	79	5
27	汕头	53	良	颗粒物(PM2.5)	37	40	0.846	30	86	63	5
28	克拉玛依	54	良	颗粒物(PM10)	27	56	0.561	12	116	99	7
29	宁波	55	良	臭氧8小时	20	42	0.741	20	120	105	13
30	广州	55	良	颗粒物(PM2.5)	38	43	1.053	48	24	31	11
31	长治	56	良	颗粒物(PM10)	14	61	0.77	26	102	102	21
32	东莞	56	良	颗粒物(PM2.5)	39	49	0.746	61	36	52	13
33	泉州	58	良	臭氧8小时	21	52	0.639	16	97	109	6
34	本溪	59	良	颗粒物(PM10)	32	66	2.192	20	93	91	21
35	清远	59	良	颗粒物(PM10)	40	67	1.474	39	28	44	24
36	舟山	59	良	臭氧8小时	17	42	0.76	16	117	110	6
37	三门峡	60	良	颗粒物(PM10)	21	68	0.815	13	113	104	9
38	兰州	60	良	颗粒物(PM10)	13	69	1.027	29	78	88	34
39	中山	60	良	颗粒物(PM2.5)	42	50	1.18	57	30	31	7

图 5-9　全国主要城市的空气质量情况

（3）更持久的记忆效果。在观察物体的时候，大脑和计算机一样有长期的记忆（硬盘）和短期的记忆（内存）。一般情况下，为了要记下文章、诗歌，我们会一遍一遍读和背，完成多次短期记忆后，它们才可能进入长期记忆。而且这个记忆并不十分牢靠，但最近认知科学家发现，大脑所能捕捉的视觉细节却要多得多，效果更好。精心设计的可视化可作为强化信息，补充人脑有限的记忆内存，有助于将认知行为从感知系统中剥离，提高信息认知的效果，让记忆更持久。

日常工作常说“用数据说话”，肯定不希望目标受众听完就忘，数据可视化的一个很重要能力就是能够“让受众记住”，留下深刻印象。

数据可视化应用有个经典的故事——南丁格尔玫瑰图（图 5-10）。19 世纪 50 年代，英国、法国、奥斯曼帝国和俄罗斯帝国进行了克里米亚战争，英国的战士死亡率高达 42%。弗罗伦斯·南丁格尔主动申请担任战地护士，她率领 38 名护士抵达前线，在战地医院工作。当时的野战医院卫生条件极差、医用资源匮乏，她竭尽全力排除各种困难，为伤员解决必需的生活用品和食物问题，对他们进行认真的护理。仅仅半年左右，伤病员的死亡率下降到了 2.2%。每个夜晚，她都手执风灯巡视，伤病员们亲切地称她为“提灯女神”。战争结束后，南丁格尔回到英国，被人们推崇为民族英雄。为了促进军队医疗改革，她拟制了一份提案，其中引用了军队医院的死亡数据。出于对资料统计的结果不受人重视的忧虑，她发展出一种色彩缤纷的图表形式（图 5-10），让不太能理解传统统计报表的公务人员能直观感受到数据震撼性、留下深刻印象。这种图表形式被称作“南丁格尔的玫瑰”，分类上属于一种圆形的直方图，南丁格尔自己常昵称为鸡冠花图。

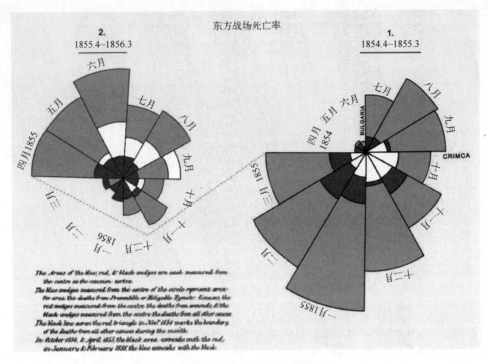

图 5-10 南丁格尔玫瑰图

图中各色块圆饼区均由圆心往外的面积来表现数字，灰色区域：死于原本可避免的感染的士兵数；白色区域：因受伤过重而死亡的士兵数；黑色区域：死于其他原因的士兵数。

由图可知，左右两个玫瑰图被时间点"1855 年 3 月"所隔开。其中，右侧较大的玫瑰图，展现的是 1854 年 4 月至 1855 年 3 月的数据；而左侧的玫瑰图，展现的则是 1855 年 4 月至 1856 年 3 月的数据。通过对两图大小的对比，可以轻易地得出结论：

（1）灰色区域的面积明显大于其他颜色的面积。这意味着大多数的伤亡并非直接来自战争，而是来自糟糕医疗环境下的感染。

（2）卫生委员到达后（1855 年 3 月），死亡人数明显下降。

这幅图让政府相关官员了解到："缺乏有效护理是导致非战斗死亡的主要原因"，改善医院的医疗状况可以显著降低英军的死亡率。最终，南丁格尔的方法打动了当时的高层，包括军方人士和维多利亚女王本人，增加了医事改良工作的投入，促进了战地医疗条件的改善。

5.3 数据可视化的主要过程

可视化的终极目标是洞悉蕴含在数据中的现象和规律，从而帮助用户高效而准确地进行决策。本节将从设计者的视角，去呈现一个数据可视化的需求，从需求提炼、分析，到最终可视化呈现的一个过程。

一个完整的数据可视化过程，主要包括以下 4 个步骤：确定数据主题；提炼数据；

确定图表；可视化设计。

5.3.1 确定数据主题

可视化过程的第一步：确定数据主题，即确定需要可视化的数据是围绕什么主题或者目的来组织的。

在可视化过程中的 4 个步骤之中，第一步是相对来说较容易的一步。具体的任务场景和遇到的实际问题，某个战略意图，都是确定数据可视化主题的来源和依据。简而言之，一个具体问题或某项业务、战略目标的提出，其实就可以对应一个数据可视化的主题。

例如，银行分析不同城市用户的储蓄率、储蓄金额，电商平台进行双十一的实时交易情况的大屏直播，物流公司分析包裹的流向、承运量和运输时效，向政府机构或投资人展示公司的经营现状等，都可以确定相应的数据主题。

5.3.2 提炼数据

确定数据围绕什么主题进行组织之后，接下来要了解我们拥有哪些数据，如何来组织数据，这里面又衍生出另外 3 个问题。

1. 确定数据指标

分析和评估业务通常有不同的角度，也就意味着会存在不同的衡量指标。同样一个业务问题或数据，因为思考视角和组织方式的不同，会得出截然不同的数据分析结果。

例如，要评估寄件业务，有人想了解寄件量，有人想知道不同快递公司的运输时效，有人想知道寄件用户的下单渠道，还有人想了解寄件收入。

拿起数据，就开始画图，会让整个数据可视化作品没有重点、杂乱无章，是一种用战术上的勤劳掩盖战略上的懒惰，最终的呈现效果一般不理想。

2. 明确数据间的相互关系

基于不同的分析目的，所关注的数据之间的相互关系也截然不同，这一步实质上是在进行数据指标的维度选择。

例如，都要统计寄件量，有人希望知道各个快递公司的寄件量是多少，有人想了解一天内的寄件量高峰位于哪个时段，还有人想知道寄件量 TOP10 的城市排名。这里的快递公司、时段、城市，都是观察寄件量这个指标的不同维度。

通常，数据之间的相互关系包含如下几类：

（1）趋势型。通常研究的是某一变量随另一变量的变化趋势，常见的有时间序列数据的可视化。

（2）对比型。对比两组或者两组以上的数据，通常用于分类数据的对比。

（3）比例型。数据总体和各个构成部分之间的比例关系。

（4）分布型。展现一组数据的分布情况，如描述性统计中的集中趋势、离散程度、偏态与峰度等。

（5）区间型。显示同一维度上值的不同分区差异，常用来表示进度情况。

（6）关联型。用于直观表示不同数据之间的相互关系，如包含关系、层级关系、分流关系、联结关系等。

（7）地理型。通过数据在地图上的地理位置，展示数据在不同地理区域上的分布情况，根据空间维度不同，通常分为二维地图和三维地图。

3. 确定用户关注的重点指标

确定了要展示的数据指标和维度之后，就要对这些指标的重要性进行一个重要性排序。对于一个可视化展示的终端设备而言，其屏幕大小有限，且用户的时间有限、注意力也极其容易分散。如何让用户在短时间内，更有效率地获取到重要的信息，这是评估一个可视化产品好坏的重要因素。

在可视化设计之前，不妨问用户两个问题：

（1）如果整个版面只能展示一个最重要的信息，希望展示的是什么？

（2）希望展现这些信息的理由是什么？通过用户对这些问题的回答，能了解到，在已确定的指标和维度中，用户最关注的是哪个或哪些。

通过确定用户关注的重点指标，才能为数据的可视化设计提供依据，从而通过合理的布局和设计，将用户的注意力集中到可视化结果中最重要的区域，提高用户获取重要信息的效率。

5.3.3 确定图表

数据之间的相互关系，决定了可采用的图表类型。通常情况下，同一种数据关系，对应的图表类型是有多种方式可供选择，还是随机选择一种方式就可以了。当然不是，图表的目的是更好地去呈现数据中的现象和规律，那么必然，可视化图表的效果也极大地受到实际数据的影响。

5.3.4 可视化设计

在做好了以上的需求收集和整理之后，接下来就要开始进入可视化的设计和呈现的阶段。这一步主要包括两个方面：一是进行可视化布局的设计，二是数据图形化的呈现。

1. 页面布局

可视化设计的页面布局，要遵循以下 3 个原则：

（1）聚焦。设计者应该通过适当的排版布局，将用户的注意力集中到可视化结果中最重要的区域，从而将重要的数据信息凸显出来，抓住用户的注意力，提升用户信息解读的效率。

（2）平衡。要合理利用可视化的设计空间，在确保重要信息位于可视化空间视觉中心的情况下，保证整个页面的不同元素在空间位置上处于平衡，提升设计美感。

（3）简洁。在可视化整体布局中，要突出重点，避免过于复杂或影响数据呈现效果的冗余元素。

2. 图表制作

影响图表呈现效果的，主要有两个影响因素：一个是数据层面的，一个是非数据层面的。

（1）数据层面。若数据中存在极端值或过多分类项等，会极大影响可视化的效果呈现，如柱形图中柱形条的高度、气泡图中气泡的大小、饼图中的分类项太多等。

（2）非数据层面。非数据层面，主要是影响图表呈现效果的因素，通常在设计过程中就可以解决。例如，图表的背景颜色、网格线的深浅有无、外边框等，这类元素是辅助用户理解图表的次要元素，但如果不加以处理，视觉上就不够聚焦，干扰真正想展示的数据信息。

数据可视化的设计者，应该在可视化设计之前，全面了解此次数据的分布情况、量级，便于设计出更合适的表达模式。

5.4 数据可视化主要图表样式

数据可视化是一个热门的概念，是分析师手中的优秀工具。好的可视化可以讲出生动的故事，并可以揭示出数据背后的规律。

图表是表示各种情况和注明各种数字的图和表的总称，如示意图、统计表等。图表可直观展示统计信息属性（时间性、数量性等），对知识挖掘和信息直观生动感受起关键作用的图形结构，是一种很好的将对象属性数据直观、形象地"可视化"的手段。

数据可视化有很多既定的图表类型，不同的图表类型适用不同的场景，也有各自的使用优势和劣势。本节将详细介绍主要的可视化图表样式。

5.4.1 折线图

折线图，顾名思义是使用线条的形式反映数据随时间的变化趋势，数据越多，反映的趋势过程越准确，这也是数据的特点，折线图通常处理的数据以时间变化为主要依据点。

折线图多用于显示一个或多个对象在两个指标维度上的连续变化关系，如通联活跃度随时间的变化关系、各频段内各类电磁设备的数量等，如图 5-11 所示。折线图一般使用时间维度作为 X 轴，数值维度作为 Y 轴。

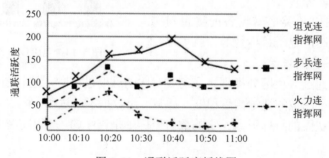

图 5-11　通联活跃度折线图

5.4.2 面积图

面积图，是折线图的一种延伸，其实就是折线图和折线图投影到 X 轴的直线所围成的面积，一般也是用于趋势分析中，而非表示具体数值。

按照对比方式的不同，面积图可以分为重叠对比型面积图、堆砌对比型面积图。其中：重叠对比型中所有系列的面积基线都是 X 轴，系列之间有重叠和覆盖的关系；堆砌对比型中，只有底层系列的面积基线和 X 轴重合，其他系列都是堆砌在它们下面一组的数据上面。

当需要分析各个系列随时间的变化趋势时，如图 5-12 所示，使用重叠对比型面积图比较合适；当既需要分析整体随时间的变化趋势，又要了解整体的各构成项随时间的变化趋势时，使用堆砌对比型面积图比较合适。

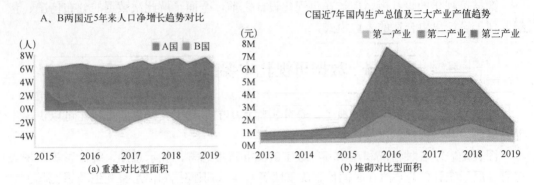

图 5-12 重叠对比型面积图和堆砌对比型面积

5.4.3 柱状图

柱状图是最基本的可视化图表，也是使用频率最高的图表，主要用于比较各组数据之间的差别或数据变化情况。根据柱形的高低来判断数据的多少，以直观的视觉角度描绘数据的基本变量。

柱状图适合显示在连续间隔或特定时间段内的数据分布，有助于估计数值集中位置、上下限值以及确定是否存在差距或异常值，也可粗略显示概率分布。

如战场范围内各类电磁设备的数量对比、成功干扰压制的电子目标数等，就可以用图 5-13 所示柱状图表示。

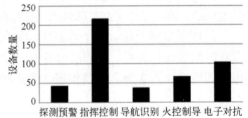

图 5-13 电磁设备数量柱状图

柱状图可以通过颜色区分类别。当需要对比的维度过多时，柱状图有些力不从心。通常情况下，为了图像的视觉接受程度，通常一组数据不超过 10 个。

直方图是柱状图的特殊形式。它的数值坐标轴是连续的，专用于统计，表达的是数据分布情况。

柱状图和折线图在时间维度的分析中是可以互换的。但推荐使用折线图，因为它对趋势的变化表达更清晰。柱状图还有其他形式，如堆积柱状图、瀑布图、横向条形图、横轴正负图等。

5.4.4 条形图

条形图，可以视为柱状图的一种变体，在大部分情况下，是可以互换的。在下列情况下，条形图能比柱状图更好地展示数据。

（1）条形图，相比柱状图而言，可以展示更多的数据条数，一般不要超过 30 条。

（2）若分类项的文本过长，柱状图的文本需要进行旋转才能不重叠，不利于阅读，而条形图（图 5-14）就没有这个缺点。

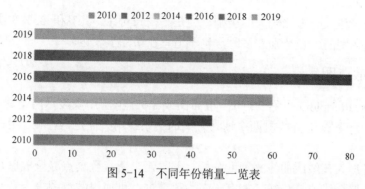

图 5-14 不同年份销量一览表

军事上，条形图多用于显示一个或多个对象在一个指标维度上所占据的区间范围。如电磁行动的起止时间、电磁设备的用频划分等，如图 5-15 所示。

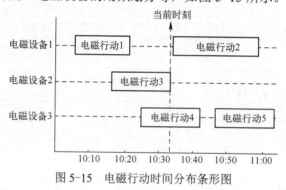

图 5-15 电磁行动时间分布条形图

5.4.5 饼图

饼图的展现形式与圆饼相似，主要用来反映构成，即部分占总体的比例，可以用扇面、圆环或者多圆环嵌套。同样，由于从视觉角度，人的肉眼对于百分比的精确度掌握不足，在选择数据时，以不超过 8 个为佳。为了表示占比，饼图（图 5-16）需要数值维度。

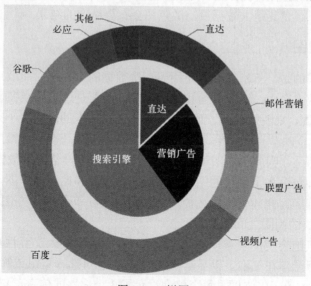

图 5-16 饼图

135

饼图擅长表达某一占比较大的类别，但是不擅长对比。30%和35%在饼图上凭肉眼是难以分辨出区别的。当类别过多时，也不适宜在饼图上表达。

5.4.6 散点图

散点图（scatter plot）也称为点图、散布图或 X-Y 点图，用来显示两个变量的数值（每个轴上显示一个变量），并检测两个变量之间的关系或相关性是否存在。用来反映相关性或分布关系。

图表中可加入直线或曲线来辅助分析，并显示当所有数据点凝聚成单行时的模样，通常称为最佳拟合线或趋势线。如有一对数值数据，可使用散点图来查看其中一个变量是否在影响着另一个变量。但相关性并非因果关系，也有可能存在另一个变量在影响着结果，见图 5-17。

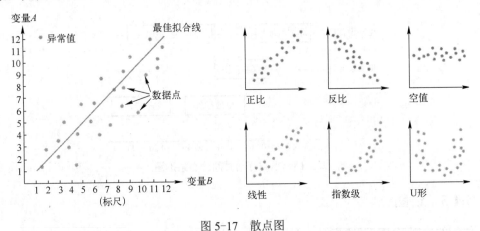

图 5-17 散点图

散点图在报表中不常用到，但是在数据分析中使用较多，如在统计中的回归分析、数据挖掘中的聚类等方面。如果想知道两个指标之间有没有关系，散点图是最好的工具之一，因为它直观。尤其是大数据量，散点图会有更精准的结果。

5.4.7 气泡图

和散点图不同的是，气泡图一般是用于三维数据的可视化，而散点图是用于二维数据的可视化。在散点图中，圆点的面积是相同的，主要是通过圆点在坐标轴中的坐标点 (X, Y) 确定的位置，来映射数据。而气泡图，是通过气泡的面积大小来对比数据的图形方式，它除了可以反映散点图中坐标点 X、Y 的相关关系，还有一个维度的数据可以映射到气泡的面积大小上，因此气泡图可以在二维平面展示三维信息的数据。

气泡图是一种包含多个变量的图表，结合了散点图和比例面积图，圆圈大小需要按照圆的面积来绘制，而非其半径或直径。通过利用定位和比例，气泡图通常用来比较和显示已标记/已分类的圆圈之间的关系。

可是，过多气泡会使图表难以阅读，但可以在图表中加入交互性功能来解决这个问题（点击或把鼠标悬停在气泡上以显示隐藏信息），也可选择重组或筛选分组类别。

如图 5-18（a）所示气泡图，每个气泡展示了 3 个属性的信息，X 代表人均 GDP，Y

代表对应国家的平均寿命，Z 代表气泡的大小，代表对应国家的人口数量。所以，相较于散点图而言，气泡图除了可以展示 X、Y 两个变量间的相关关系，还可以对比主体另一个维度的数据，并且这个数据是映射到气泡的大小上的。

当只有一个系列时，气泡图只需要一种颜色即可。当有多个系列时，不同系列之间可以用颜色来区别。

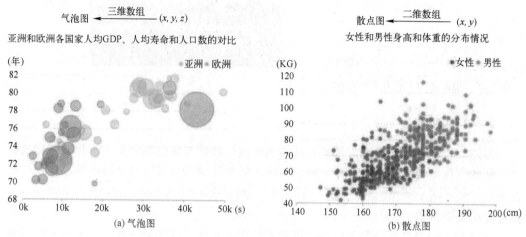

图 5-18 气泡图和散点图

5.4.8 雷达图

雷达图，也称为蛛网图、星状图、极坐标图或 Kiviat 图，是一种类似蜘蛛网的网状图，用线段离中心的长度来表示变量值的大小，常用于静态的多维对比，它直观地呈现几个观察对象在多个指标上的对比情况。雷达图能表达的静态数据信息有限，线条不宜超过 5 条，指标不宜超过 8 个。图 5-19 所示为某电磁兵力部署在雷达防空、精导防护、反辐射打击、伴随掩护、远距离支援 5 个指标上的能力分布。

使用雷达图时需要注意：①指标必须是正向且有相同表征含义，如都是越大代表越好，或越小代表越好；②雷达图的数据必须进行标准化，消除单位不同带来的影响；③雷达图是静态数据度量，因此不可能有时间维度。

雷达图和星状图的区别是：雷达图是一体多维的数据，即可视化的对象是一个主体，只是这个主体具有多个维度上的数据特征。对比的是，同一个主体，在不同维度上的数值，可以看出主体在不同维度上的偏向。星状图是多体多维的数据，即可视化的对象是多个主体，且多个主体维度相同，且单个主体具有多个维度上的数据特征。对比的是，多个主体，在同一维度上的数值，可以看出不同主体之间的差异和侧重点。

简单理解就是，雷达图可以视为星状图中的一行记录。而且，一般情况下，会给予不同维度上的数值一定的权重，从而算出各个主体的综合得分。

当需要对比一个主体或多个主体本身在不同维度上的特征时，雷达图和星状图是不错的选择。

但是，它有一个局限，就是数据点最多 6 个，否则无法辨别，因此适用场合有限。若用户不熟悉雷达图，解读会有困难，此时加上说明，可以减轻解读负担。比如，图 5-20 就通过星状图的方式比较显示了 3 位选手在记忆力、推理力、计算力 3 个方面的能力。

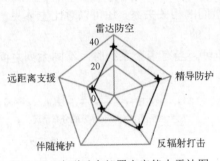
图 5-19 电磁兵力部署方案能力雷达图

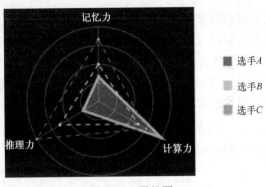
图 5-20 星状图

5.4.9 地图

地图，也称地理图，通常用来显示不同区域与数据变量之间的关系，并把所显示位置的数值变化或模式进行可视化处理。地图上每个区域可以用不同深浅度的颜色表示数据变量，例如从一种颜色渐变成另一种颜色、单色调渐进、从透明到不透明、从光到暗，甚至动用整个色谱。

一切和空间属性有关的分析都可以用到地图。如各地区销量，或者某商业区域店铺密集度等。地理图一定需要用到坐标维度。可以是经纬度，也可以是地域名称。坐标粒度既能细到具体某条街道，也能宽到世界各国范围。

5.4.10 热力图

热力图，也称热图（heatmap），主要通过色彩变化来显示数据，当应用在表格时，热图适合用来交叉检查多变量的数据。热图适用于显示多个变量之间的差异、显示当中任何模式、显示是否有彼此相似的变量，以及检测彼此之间是否存在任何相关性。热力图需要位置信息，如经纬度坐标，或者屏幕位置坐标。

最常见的例子就是图 5-21 所示的用热力图表现道路交通状况。

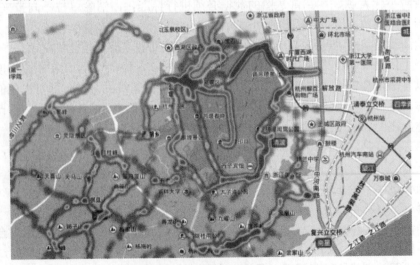
图 5-21 道路交通状况热力图

互联网产品中，热力图可以用于网站以及 App 的用户行为分析，如可以将浏览、点击、访问页面的操作以高亮的可视化形式表现。

5.4.11 词云图

词云图，主要用于网络文本中词频数据的可视化，如关键词搜索、文章高频词、热点事件关键词等。如图 5-22 所示，词云图主要通过单词的字号大小来反映词频的大小，字号越大，词频越高。通常为了达到贴合主体的特征，以及视觉美观的目的，用户可以自定义单词云的配色方案、背景形状等设计层面的个性化。

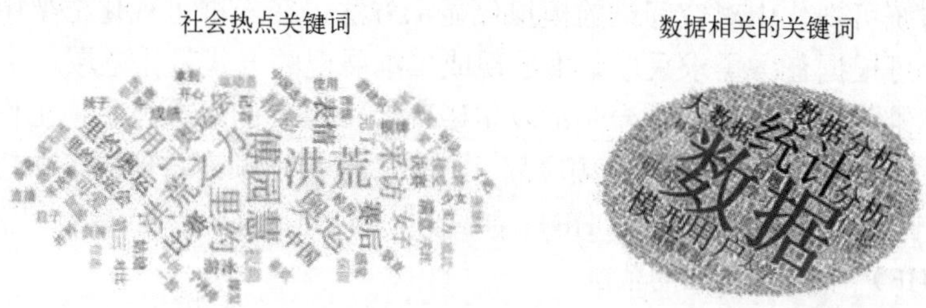

图 5-22　词云图

通过词云图，用户可以快速找出网站搜索的高频词汇、了解文章的主旨和热点事件的关键信息。词云图只适合表示一组文本数据的对比，不适合多个类别的文本数据之间的比较。

5.4.12 树

树主要用于直观显示部队的编成隶属关系，也可用于显示作战行动的包含关系、通信网构成等内容，如图 5-23 所示。

5.4.13 平行坐标

长期的视觉观感使人们习惯于将事物置于三维指标框架中进行描述和分析，对于不可见的、无实体的、抽象的、属性维度多的事物很难直观描述。为此，研究者们提出了多维信息可视化方法，力图将事物的多维信息映射到二维或三维空间中。

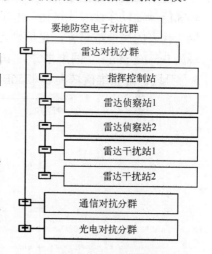

图 5-23　编成树

平行坐标是可视化高维几何和分析多元数据的常用方法，通过使用特殊的坐标系无损的同时展示所有维度，比较适合描述多维信息的表达方式，是一种经典的将多维信息映射到二维空间中的技术，解决了直角坐标系中三维以上数据难以展示的问题，能很好地展现大量数据的分布特征，具备良好的可交互性和可扩展性。该技术将多维数据映射到二维平面空间进行可视化

平行坐标系的基本思想是用同平面的、平行的、等距的 n 条线段建立坐标系以表示需要描述的 n 个维度，每条坐标轴的取值范围包含了数据集在该维度上所有可能的取值，将数据集中的每一条数据的 n 个属性值标绘在对应的维度坐标轴上，然后用线段连接 n 个属性点，则形成了数据的多维表示。

例如，为了按照时间变化，显示一定空间范围内海战场上的电磁辐射情况，需要从时间、空间、频率、能量4个方面来描述电磁辐射情况。

（1）时间维。时间维的拟定相对简单，根据作战任务或频谱协调需求确定时间间隔。但由于现代海战场中大量不同体制的电子设备的运用，侦察与反侦察、干扰与反干扰同时存在，导致电磁辐射时而密集时而静默，电磁环境随时间变化的随机性和动态性很强，因此应采取细粒度或动态适应的时间间隔。

（2）空间维。针对海战场这样的特定环境，若认为所有用频设备都处在海平面上，则只需考虑一个二维射频环境——海平面。若考虑空中平台用频环境，还需要扩展高度维。不同于传统可视化中对空间维的模拟化显示方法，在多维可视化框架中需要对空间维进行量化，可根据任务需求采取单维展现或二维展现的方式量化空域。

（3）频率维。雷达和通信电台是战场电磁环境中重要的用频设备，工作频段主要集中在3MHz～300GHz，根据通用的频段划分方法，这些用频设备覆盖了从短波到毫米波的5个波段。因此，可以选取高频（HF）、甚高频（UHF）、超高频（VHF）、特高频（EHF）和极高频（SHF）作为频率维的范围。

（4）能量维。从理论上来说，战场空间内任何辐射源都会对空域上每一点产生影响，这些影响主要体现在频率和场强上，对于场强的描述依赖于能量维的量化。

针对电磁态势可视化，建立了一个四维体系分别对应时域、空域、频域、能量域特征，每个维度轴的值域可以根据需要定义，其中时间轴和空间轴以离散方式量化，频率轴和能量轴以连续方式量化。建好的四维平行坐标系如图5-24所示，坐标轴上方表示该轴所代表的属性维名称，坐标轴上下两端表示该维度数据集的取值范围，此处时间维值域为0～100min，空间维划分为16个区域，频率维值域为从高频（HF）到极高频（EHF）5个频段，能量维值域为0～25dBm。

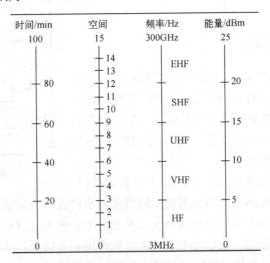

图5-24 电磁态势的四维平行坐标系

图5-25（a）所示为两个时间间隔内的战场空间的频谱占用情况，可以看到，在这两个时间段内的空间分布特征、频率分布特征、能量分布特征得到了较直观的展现。在空间上，战场区域中的6～11区用频情况相对复杂，这是由于这些区域大多处于战场中心位置，

在大多数辐射源的作用范围内；在频率上，UHF 和 VHF 频段用频相对拥挤，其中以 100～300MHz 频段尤为突出。虽然总体态势比较直观，但大量数据造成了一定程度上的数据遮蔽和关联性缺失，因此可以通过人机交互的手段屏蔽部分数据。如图 5-25（b）所示，选取了指定时间、指定空间态势信息进行展现，其频谱占用和能量分布得到了清晰的呈现，由线段连接的各维度也恰好体现了特征域之间的关联性。

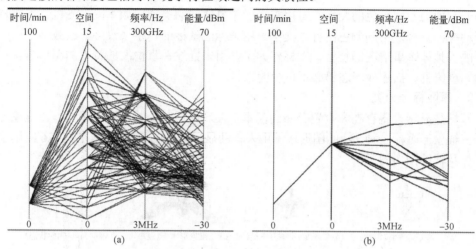

图 5-25 电磁环境的平行坐标系可视化

以往的地理空间和军事标注的态势展现手段重点在描述战场当前状况，随着多维数字战场覆盖范围越来越广、作战实体越来越多、战场环境越来越复杂，使得指挥作战人员很难直接从可视化表达方式中快速觉察、估计和预测战场态势。态势多维信息可视化与可视分析技术不仅仅是简单的图形映射，还要尽可能地展现多维数字战场态势信息之间的关系，将多维度信息数据变化规律及特征表示在二维空间中。

在多维数字战场态势可视化与可视分析中要显示的战场态势要素有自然环境信息、作战实体信息、各种传感器设备以及军队标号信息。

空天多维数字战场态势可视化应当是动态变化并且能够实时反映战场中作战实体的相关信息，对其所处的地理位置、装备类型、攻击能力、防御能力以及作战能力能够实时展现并进行有效分析，这也是陆、海、空各个作战部队军事指挥员最关心的信息。

5.4.14 军队标号与辅助图形

虽然联合作战电磁态势需要可视化的要素内容繁多，各型仿真系统所呈现出来的态势效果也是五彩缤纷，令人眼花缭乱。但实际上，态势可视化所用到的各种工具可总体上分为图形工具和图表工具两类。其中：图形工具主要包括军标与辅助图形、线条和区域、三维效能区、热力图等；图表工具主要包括树、柱状图、折线图、条形图、雷达图等。

实现多维数字战场态势表达与可视分析的首要关键技术就是实现战场态势的模型化、符号化，以抽象的军事标号来反映战场内部信息；其次是对多维数字战场态势信息进行过滤，提取有用信息；最后进一步发掘多维数字战场态势信息，提供分析、查询功能。多维数字战场态势显示应当是实时、动态变化的过程，它为各级军事指挥人员提供了解战场信息的一种手段，在态势可视化中除了战场环境信息不变或变化缓慢之外，其他信息应随时间的变化而不断更新。

军标表达与多维数字战场态势可视化是息息相关的。军队标号作为军队特有的语言,是传输军事信息的有力工具,是展现空天多维数字战场态势的有效手段。

1. 军队标号概念

军队标号简称军标,其本身是一套完整的符号体系,包括队标和队号两个方面。队标是一系列的不同颜色的图形符号用来表示军事情况的类别,如军队、飞机、坦克和军队行动等;队号是不同颜色的标注文字,用来标注队标的代字(汉字)和数字,这些标注反映了具体军事情况的特性。军标作为军队用来描述军事情况的特有的图形语言,是传输军事信息、描述战场态势必不可少的工具。

2. 军队标号分类

军标是显示设备存在和位置分布的基本工具,通常分为二维标准军标、二维象形军标和三维象形军标 3 种。辅助图形通常用来辅助显示设备的工作状态。图 5-26 给出了若干军标及辅助图形的示例。

(a) 二维标准军标(雷达)　(b) 二维象形军标(飞机)　(c) 三维象形军标(卫星)　(d) 辅助工具(辐射状态)

图 5-26　军标与辅助工具示例

关于军标的分类,以往我军都是按照其所代表的现实意义和军事用途进行分类。对于二维军队标号的标准,目前在最新版本的《军队标号规定》中有了明确的说明,但对于三维军标并没有明确的规范。按照军标的大小可分为点状军标、线状军标、面状军标和代字。随着计算机图形学设计技术的发展,为了适应现代计算机标图技术,军队标号可以分为规则军标、非规则军标、象形军标、队号和常用符号。在多维数字战场态势可视化中,军标的表现方式有 3 种,分别是二维军标符号表示、三维实体模型表示、二三维相结合表示(图 5-27)。

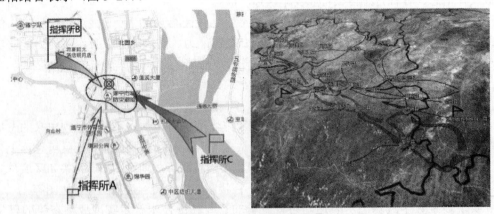

图 5-27　二三维动态标绘应用

3. 军队标号特点

每个国家都具有一套完备的军队标号系统,军标作为描述战场信息的媒介,本身具有独特的特点:首先,不同颜色的军队标号有其固定的意义;其次,不论是军队标号的大小、方向还是划线都在军事行动中表示不同的事件，其使用原则是固定不变的；最后，军标符号所附加的属性信息带有精确的几何位置数据。

4. 军队标号构建规则

军队标号在构建过程中必须遵守一定的规则，尤其是在军标的色彩、方向、大小、定位点和虚实线的绘制方面，只有遵守一定的原则才能形成统一的军标体系，应用于更广泛的军事态势可视化中。以视觉审美效果为最终目标，军标的构建还具有其他一些特性。

（1）对称性。人们对美的追求是永远不变的，在我国讲究以对称为美，军标的绘制同样如此。就像箭标类军标，无论其伸长还是缩短，箭头的箭耳和箭颈永远是对称的。

（2）垂直、平行、居中。军队是非常庄严而神圣的，军标作为军队的图形语言同样如此。同汉字一样讲究横平、竖直、点要正，以显示军队的纪律性。

（3）协调。军标的组成部分应衔接合适恰当。如箭头类军标的箭头和箭身大小长短都应该相互协调才有美感。

（4）自然。军标的绘制应和地形相匹配，增强可视化效果。

5.4.15 箱线图

箱线图（box plot）也称箱须图（box-whisker plot），是利用数据中的 5 个统计量，即最小值、第一四分位数、中位数、第三四分位数与最大值来描述数据的一种方法，它可以粗略地看出数据是否具有对称性、分布的分散程度等信息，特别适用于对几个样本的比较，如图 5-28 所示。

图 5-29 所示为箱线图的典型应用。线的上下两端表示某组数据的最大值和最小值。箱的上下两端表示这组数据中排在前 25%位置和 75%位置的数值。箱中间的横线表示中位数。

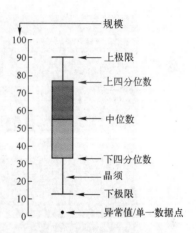

图 5-28 箱线图基本要素

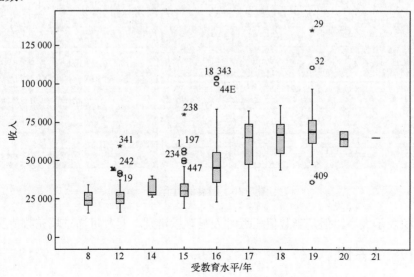

图 5-29 收入与受教育水平关系箱线图

5.4.16 矩形树图

柱状图不适合表达过多类目（如上百）的数据，而矩形树图可以直观地以面积表示数值，以颜色表示类目。

矩形树图（tree map）是一种基于面积的可视化方法，用于可视化整体与部分的关系，以区块表示部分层级（不同区块用颜色区分），用矩形面积表示大小关系。外部矩形代表父级类别，内部矩形代表子类别。相比于其他表示比例型的数据，矩形树图更适合展示具有树状结构的数据。树状结构，就是首先按一级分类来观测各构成部分的比例，然后再看某个一级分类下，是由哪些二级分类构成的，依此类推，逐步细化，可以直到叶子节点。

图 5-30 中各颜色系代表各个类目维度，类目维度下又有多个二级类目。如果用柱状图表达，简直是灾难；用矩形树图则轻轻松松。

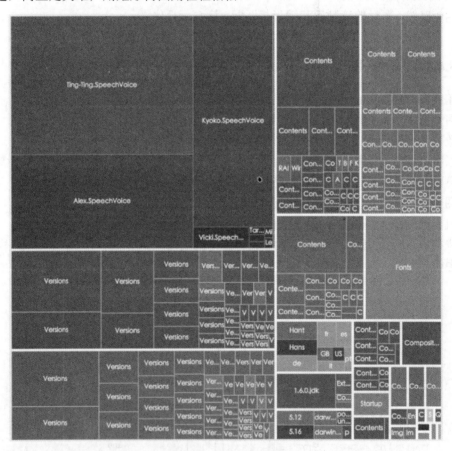

图 5-30　磁盘使用情况

以面积表示大小，但是当数值相近时人眼难以辨别，此时可通过填充数值弥补。

5.4.17 关系图

关系图用于展现事物间的相关性和关联性，如社交关系链、品牌传播或者某种信息的流动。

关系图主要有几个要素：①节点。表示一个对象，常用圆形、方形等形状来表示，有时还会在节点内显示对象图片等信息。②联系。如果两个节点之间有联系，则使用线段连接，线段上通常会有关系说明。③方向。节点之间联系的方向性，使用线段的箭头来表示联系的单向或双向。

例如，有一条微博，现在想研究它的传播链：它是经由哪几个大 V 分享扩散开来，大 V 前又有谁分享过……以此为基础可以绘制出一幅发散的网状图，以进一步分析微博的传播过程，如图 5-31 所示。

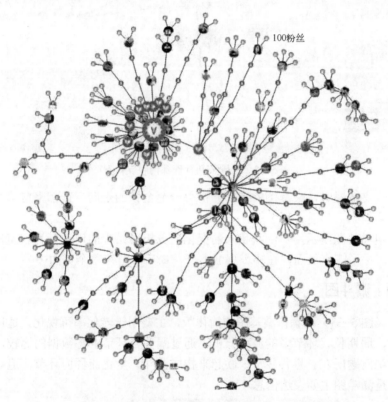

图 5-31 微博粉丝关系

关系图依赖大量的数据，它本身没有维度的概念。

5.4.18 桑基图

桑基图（Sankey diagram），即桑基能量分流图、桑基能量平衡图。它是一种特定类型的流程图，是展现数据流动的利器。右图中延伸的分支的宽度对应数据流量的大小，通常应用于能源、材料成分、金融等数据的可视化分析。因 1898 年 Matthew Henry Phineas Riall Sankey 绘制的"蒸汽机的能源效率图"而闻名，此后便以其名字命名为"桑基图"。

图 5-32 厘清了法国公共管理部门的资金来源，以及他们是如何分配这些资金的。最左边的支点代表了不同的资金来源，包括社会、个人税收等。这些资金在汇总到法国的四大公共管理部门后，被再分配到交通、环境保护、住房、教育、文化等各个领域。

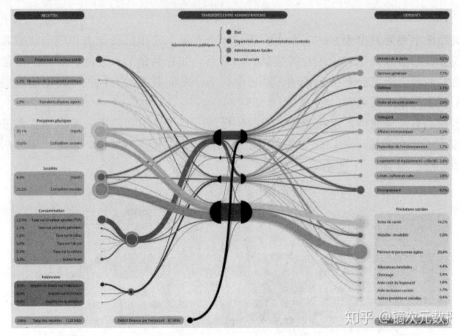

图 5-32　法国公共管理部门收支情况

在描述收支情况时，桑基图能帮助分析每一笔金钱的走向。钱都来自哪里，花在哪里，在一张桑基图上都能一目了然。

还可以用桑基图展示用户活跃状态的变化，分析网站中的用户行为和流量分析：用户从哪里来，去了哪个页面，在哪个页面离开，最后停留在哪个页面……。

5.4.19　漏斗图

漏斗图（图 5-33）可看作桑基图的简化版，主要用于转化率可视化，适用于业务流程比较规范、周期长、环节多的流程分析，通过漏斗各环节业务数据的比较，能够直观地发现和说明问题所在。将各环节串联起来构成漏斗，量化流程内环节，追踪各环节转化率。转化是漏斗图主要表达信息。

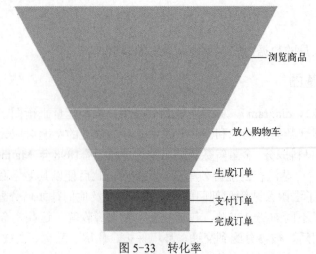

图 5-33　转化率

例如，在网站分析中，通常用于转化率比较，它不仅能展示用户从进入网站到实现购买的最终转化率，还可以展示每个步骤的转化率。但单一漏斗图无法评价网站某个关键流程中各步骤转化率的好坏。转化率也可以用几组数字表示，不一定做成漏斗图。

除了上述列出的可视化图表，还有其他很多的可视化样式，例如流向地图、甘特图、子弹图、蜡烛图、卡吉图等。没有最好的可视化图表，只有更好的分析方法。使用图表不只是为了好看，更多的是围绕业务进行分析，得到想要的结果。

5.5 数据类型与图表选择

图表是数据可视化项目中最常见、最基础的元素，它的选择和使用往往是数据可视化项目进程的第一步。合适地选择图表，不仅能够更加清晰明了地呈现数据之间的态势和逻辑，同时也更加符合人体视觉感官的体验。

在可视化项目启动的前期，面对大量的数据文件，选择合适图表的关键在于对数据本身的认知以及数据之间的逻辑关系，应该让数据决定图表的呈现方式，而非简单的模板导入和套用。在这里需要引入几个数据概念：趋势型数据、比例型数据、对比型数据、区间型数据、地理型数据等，这是在业务当中遇到比较常见的数据类型，下面将讲述按照数据类型进行图表选择。

5.5.1 趋势型数据可视化

趋势型数据，即时序型数据，表达的是某一项数值在特定时间内的动态变化。因此，位于 X 轴上时间数值的特征，往往会决定用什么图表去表达趋势型数据。

要进行时序数据的可视化，首先需要了解"时间"所具有的特征：

（1）有序性。时间都是有序的，事件之间有先后顺序。

（2）周期性。许多自然或商业现象都具有循环规律，如季节等周期性的循环。

（3）结构性。时间的尺度可以按照年、季度、月、日、小时、分钟、秒等去切割。

时间数据按是否连续可分为：离散型时间和连续型时间两类，时间类型的差异决定了图表的表现形式也不同。

1. 离散时间的可视化

离散时间：数据来源于具体的时间点或者时间段，且时间数据的可能取值是有限的。

对于分布在离散时间的数据的可视化，可以采用柱状图、堆叠柱状图、散点图来表示，下面分别介绍这 3 种图形进行离散时间可视化的适用场景和不适用场景。

1) 单一柱状图

适用场景：适合表示离散时间数据的趋势，且数据条个数一般不超过 12 条。适用于单类别数据的时间趋势表示，即系列值单一的数据，如图 5-34 所示。

不适用场景：不适合展示连续时间的变化趋势；不适合数据条过多的离散时间的趋势展示。

2) 并列柱状图

单一柱状图是表示某一系列数值在离散时间上的可视化方式。当需要对比某一离散时间上的多个系列，以及展示随时间的变化趋势时，并列柱状图是一种选择，如图 5-35 所示。

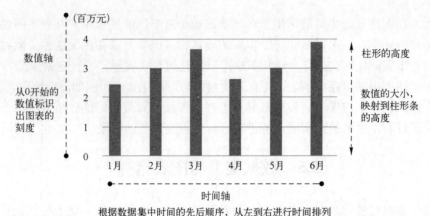

图 5-34 某电商平台 2019 年上半年 GMV 趋势

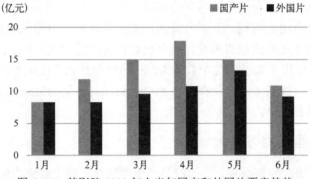

图 5-35 某影院 2019 年上半年国产和外国片票房趋势

但是要注意一点,并列柱状图的属性系列,通常不能超过 3 条,否则图表横向空间会比较拥挤,展示的效果也不好。

3）堆叠柱状图

当想知道各个离散时间点总体的构成部分是如何随着时间而变化的,这时需要引入堆叠柱状图。堆叠柱状图,按照堆叠的部分,展示的是实际体量还是相对体量,可以分为两类,即普通堆叠柱状图（展示实际体量）和百分比堆叠柱状图（相对体量）。

假设某电影院想分析 2019 年上半年 6 个月的票房情况,同时也想知道各月的国产片和外国片共贡献的票房分别为多少,这种情况下,我们可以用普通的堆叠柱状图来表示,如图 5-36 所示。

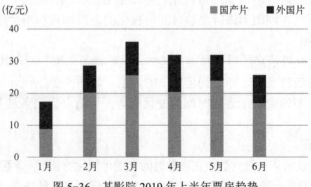

图 5-36 某影院 2019 年上半年票房趋势

普通堆叠柱状图，整体的构成部分，最好不要超过 5 项。若实际构成项大于 5 个时，需要做适当的归类，以保证图表重点突出。

若影院想知道上半年各月，国产片和外国片的贡献占比随时间的变化情况，这个时候就可以使用百分比堆叠柱状图，如图 5-37 所示。

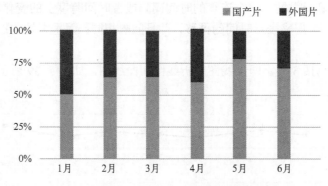

图 5-37　某影院 2019 年上半年票房构成趋势

4）散点图

散点图，通常用来表示两个变量间的相关关系。在表示离散时间数据时，其表达的是某一变量随时间的变化关系。柱状图是用高度作为数值的映射，而散点图则是用位置来作为数值的视觉通道，如图 5-38 所示。

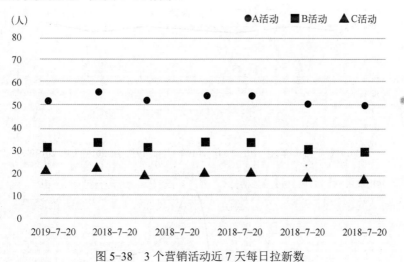

图 5-38　3 个营销活动近 7 天每日拉新数

注意：当有多个系列列时，不适合用散点图来表示时间趋势，因为多个系列列的圆点同时出现时，很难将其中某个系列列视为一个整体，比较起来很吃力。此时除了把颜色作为映射的视觉通道之外，也可以给各个系列列选择不不同的数据标记，如正方形、圆、三角形、菱形等。

2. 连续时间

连续时间：连续时间数据的可视化和离散时间数据的可视化相似。应注意，虽然可能数据是连续的，但采集的数据大部分还是离散且有限的。

连续型数据和离散型数据，在数据结构上并没有差别，区别在于它们所反映的真实世界的数据是否是不断变化的。如一天当中的气温变化，就是连续型数据，因为在一天中的任何时候都可以进行测量，且气温在不同时刻是变化的。

1）折线图

折线图用于显示数据在一个连续的时间间隔或者时间跨度上的变化。在折线图中，一般水平轴（X 轴）用来表示时间的推移，并且间隔相同；而垂直轴（Y 轴）代表不同时刻的数据的大小。

折线图主要包括 3 类，即点线图、折线图和曲线图，如图 5-39 所示。

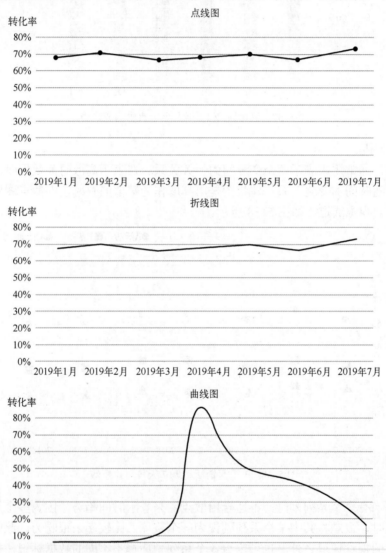

图 5-39 折线图样式

点线图：当数据集中的数据项有限，不超过 12 个时，采用此种点线图比较合适。有时候，对应日期的数据点上方，会直接显示数值。

折线图：当数据集中的数据项比较多，大于 12 条时，采用点线图，会让整条线上的点很密集,影响分析数据的趋势,此时采用折线图是不错的选择。

曲线图:相比于折线图,曲线图相邻节点的连线更加平滑,可视化效果也更加美观。

从点线图中,可以观察出 4 种趋势,即长期性趋势、季节性趋势、周期性趋势、不规则波动。

2)阶梯图

阶梯图常用来表示某两个相邻的时间节点,后一个节点的数据相对于前一个节点数据的升降变化,常用于商品价格变动、股票价格波动、税率变化等场景中,如图 5-40 所示。

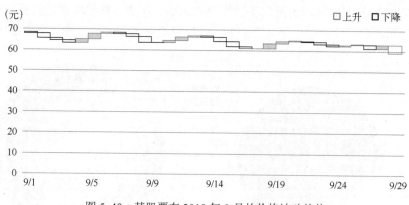

图 5-40 某股票在 2018 年 9 月的价格波动趋势

在阶梯图中,有 3 个关键的值:前一时间节点数值;当前时间节点数值;当前节点较前一节点的差值。

3)拟合曲线图

若研究数据随时间的变化所表现出来的整体趋势,则可以根据多个离散点 (T_1, D_1),(T_2, D_2),…,(T_n, D_n),拟合一个最接近的一个连续函数关系。

拟合曲线图(图 5-41)在数据预测中应用较多。例如,某一电商网站要预测今年双十一的 GMV,那么它可以根据往年每月的交易额趋势,今年每月与去年同期的数据等多个变量,去拟合出交易额与时间等其他因素所满足的关系。具体要考虑哪些因素,这个和数据模型的搭建息息相关,此处不做延伸。

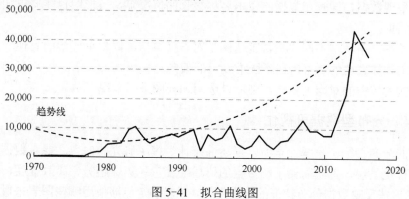

图 5-41 拟合曲线图

综合来看,柱状图显然更适合表达离散型时间类数据,如季度财报数据;而折线图和曲线图更适合表达连续型时间类数据，如月度财报数据。一般来说，一张柱状图能够承载的数据体量不超过 12 条数据，超过这个体量的数据建议以折线图和曲线图表达。

5.5.2 比例型数据可视化

比例型数据，通常是按照类别、子类别、群体进行划分。通过可视化，可以快速地了解整体的构成分布，以及整体中的最大值、最小值及各部分之间的相对关系。如用户画像年龄段分布、同一市场领域中不同品牌占比情况等。

考虑到对整体性的表达，往往用环形图和饼状图（图 5-42）来对比例型数据进行可视化呈现。饼状图中，扇形面积代表了数值的大小，而在环形图中则通过弧形的长度衡量数值。当然，由于环形图中间是空心的，可以呈现更多的数值主题、文本描述等信息。

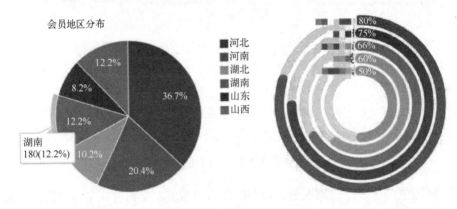

图 5-42　环形图和饼状图

5.5.3 对比型数据可视化

对比型数据的可视化，讲究视觉差异的呈现。往往会用长短、大小的特征，来突出数值态势的特点。

一般来说，柱状图和条形图都常用于对比型数据的可视化，并且两种图表在很多场合都可以互换。但同样因为图表数据体量的限制，在超过 12 条数据量的情况下，建议用条形图来呈现数据，同时在数据的文本名称很长的情况下，条形图也能够更加整洁、美观地呈现数据。

与柱状图、条状图不同的是，雷达图是对一件事情不同权重要素的呈现，是一体多维数据，它往往表达的是事情在不同维度上的偏向。

对于文本数据的对比可视化，则可以选用词云图进行呈现。

5.5.4 分布型数据可视化

数据的分布特征，是统计学中"描述性统计"模块研究的内容。要对数据的分布情况进行可视化呈现，首先需要了解数据的描述性度量（集中趋势、离散程度、偏态和峰度），通过这些反映数据分布特征的关键指标，才能确定能够使用哪些图表来进行可视化展示。

1. 直方图

常用的直方图主要有频数直方图（图 5-43）和频率直方图，它们都用于展示离散型分组数据的分布情况。

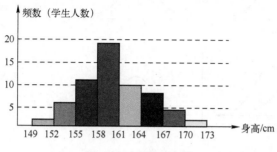

图 5-43　频数直方图

绘制直方图步骤：①对数据进行分组；②统计每个分组内数据元的频数和频率；③在平面直角坐标系中，横轴标出每个组数据的下限和上限，纵轴表示频数或频率，每个矩形的高代表对应的频数或频率。

若纵轴表示的是频数，则是频数直方图；若纵轴展示的是频率，则为频率直方图。

频数分布直方图中，频数乘以组距得出每个分组的数量，可以看出频数分布直方图是用面积来表示频数的，和柱状图（条形图）是用长方形的高度（宽度）表示数量有本质区别。

2. 箱线图

在描述性统计中，有涉及分位数相关的知识，其中比较常用的是四分位数，即一组数据中的下四分位数 Q_1、中位数、上四分位数 Q_3。一组数据中的四分位数，加上这组数据的最大值、最小值，这 5 个特征值，就可以绘制一个箱线图。

箱线图常用的场景：对比多组数据的分布情况；检测数据中的异常值或离群点。

3. 概率密度图

若要描述连续型随机变量及其分布规律，概率密度图是一种很直观的表现形式。

在数学中，连续型随机变量的概率密度函数是一个描述这个随机变量的输出值在某个确定的取值点附近的可能性的函数，简单理解就是，连续型随机变量取某个确定数值的概率即为纵切直线与概率密度函数交点的纵坐标的值。随机变量的取值落在某个区域之内的概率为概率密度函数在这个区域上的积分，也就是区间的上下限与概率密度曲线围成的面积。

通过图形化的方式，可以清楚看到随机变量分布的对称性情况，以及随机变量取值是集中还是分散，这些可以通过偏态系数和峰度系数（图 5-44）来度量，此处不深入阐释。

4. 散点图/气泡图

可参照前述气泡图描述部分，不重复赘述。但是需记住散点图和气泡图的区别：散点图一般用于研究两个变量之间的相关关系，可以是一个类别数据，也可以是多个类别数据，但是都是二维的数组 (x, y)。气泡图除了具体散点图的功能以外，还可以用气泡的面积来映射第三个维度的数据，对应的数据形式是 (x, y, z)，同样可以用于多组或多类别数据的比较。

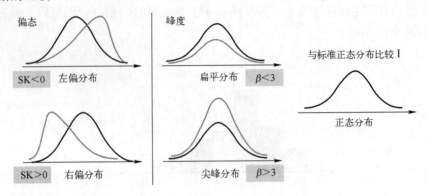

图 5-44 偏态和峰度分布的形状

5. 热力图

热力图通过密度函数进行可视化，用于表示地图中点的密度。热力图在地图、网页分析、业务数据分析等其他领域也有较为广泛的应用。

热力地图：日常使用的导航 APP，通过热力图表示各个路况的拥挤程度，颜色越深表示人员越多，对应路段也就越拥挤，有了热力图可以很直观地看到区域内的人群流量，方便驾车人士进行路线规划。

网页热力分析：常见的网页热力图，有按鼠标点击位置的热力图、按鼠标移动轨迹的热力图、按内容点击的热力图。还有一种是获取用户眼球在屏幕上的移动轨迹热力图，不过这种因为涉及用户隐私，获取数据的难度很大。通过网页热力分析，可以直观清楚地看到页面上每一个区域的访客兴趣焦点，从而为营销推广、用户体验优化提供依据。

业务数据分析：带有地理信息属性的数据、或者离散时间属性的数据，也可以使用热力图来进行数据展示。

6. 地图

当数据带有地理型信息属性时，首选的可视化图表为地图。按照展示的数据空间划分，地图可以分为二维平面地图和三维立体地图。

常用的导航软件、天气预报、降水量、台风移动路线等都和地理信息相挂钩，这些数据一般也是在地图上进行呈现，给人以直观的视觉体验。

5.5.5 区间型数据可视化

区间型数据一般分为数值数据和比例型数据，是对事件本身或者某项指标进行对比的情况，如事件完成进度、预警信息等。

区间型数据一般可分为两种情况：①数据本身就是比例型数据，一般以 XX 率的形式出现，用来指示某项指标的达成情况，如电商网站的销售额完成率、营收完成率；②数据本身是数值型数据，但是根据业务需要，会对数据进行区间段划分，并和一些定性指标进行对应，如气象部门对台风预警级别的划分，人体舒展和收缩压的范围，胖瘦指数评估 BMI 范围等。

1. 条形进度图

进度图，适合比例型区间数据的可视化，通常用来表示某项任务的进度情况。例如，显示某个 APP 的当前下载进度，当前设备的电量剩余情况，电商网站交易额的完成率等（图 5-45）。

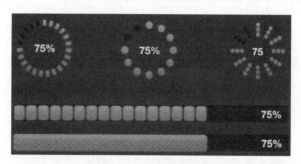

图 5-45　缓冲进度条

指标区间的划分和颜色的选取，可以根据具体业务的实际情况自行决定。但是要注意一个要点，在不同的文化中，不同颜色具有不同的寓意，实操过程中，要因地制宜地进行颜色映射。

2. 仪表盘

仪表盘，由表盘刻度、指针、指针所在角度三者构成，可以直观地展示某项指标的进度（比例型）或实际情况（数值型）。

仪表盘三要素如下：

（1）表盘刻度。用来度量数值的大小，且一般表盘的刻度范围就是某项指标可能取值的区间。

（2）指针。指针代表某一指标或者指标的某一维度，如时钟上的时分秒指针。

（3）指针所在角度。指针的角度确定指针当前所指向的具体数值。

通常，为了视觉展示的美观和降低映射的次数，建议指针的数量不超过 3 根（图 5-46）。

图 5-46　汽车仪表盘

3. 环形进度图

环形进度图，除了可以表示比例型的数据以外，还可以表示数值型的数据，并将其和定性指标相关联，可以看成是仪表盘和条形进度图的结合体。

和仪表盘相比，环形进度图没有指针；和条形进度图相比，环形进度图的内部可以展示和定性指标关联的结果。

环形进度图（图 5-47）展示的数据指标，其区间划分既可以和颜色映射，也可以和定性文字表达映射。

图 5-47　环形进度图

5.5.6　关系型数据可视化

数据之间的关系，主要包含如下几种关系类型，即包含关系、层级关系、分流关系、连接关系。

1．韦恩图

作为表示集合之间关系的可视化图形，韦恩图（图 5-48）是展示数据集之间包含关系的绝佳方式，它通过面积的大小来映射集合元素的个数，重叠部分的面积，则代表多个数据集重合元素的个数。

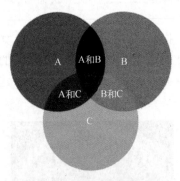

图 5-48　韦恩图

要研究多个数据集之间的包含关系，就可以使用韦恩图展示数据。比如，购买啤酒的用户和购买尿布的用户有多少是重合的，收过某快递公司包裹的用户和选择某快递公司寄件的用户，有多少是重合的。

当然，韦恩图的使用并不仅仅局限于人群的包含关系展示，只要需要研究多个数据集的包含关系，都可以使用韦恩图，但前提是多个数据集描述的对象维度需要相同，例如都是用户 ID 或商品名称等。

2．漏斗图

漏斗图，适合作为具有层级关系的数据的可视化方式，特别是流程类或具有先后关系步骤的数据，且一般是用来描述单变量在不同环节的变化情况。

在网站或APP分析中，通常使用漏斗图比较完整流程中各关键步骤的转化率，以此发现各个环节的问题并进行改进。在电商类购物网站中，常用漏斗图分析用户从浏览商品至最终交易成功的各个关键环节的转化率。

通过纵向对比各个环节的用户转化率和流失情况，可以发现业务流程中各环节存在的问题，从而采取相应的措施改进。除了纵向对比外，在实际业务中，也经常会横向对比不同时间周期的转化率情况，从而评估某项改进措施的效果或发现现阶段的问题。

3. 矩形树图

矩形树图适合具有树状结构的层级关系数据的可视化，它通过面积来映射数据大小或者数据占比，通过颜色来区分类别。当矩形树图有多级结构时，通常需要一些交互来辅助数据细节的展示，如鼠标悬停显示实际数或占比、单击某个类别区域进入该类别细分视图等。

4. 桑基图

桑基图是一种描述数据分流关系的可视化图表方案，它的优势是可以直观地展现数据流动。桑基图有一个重要特点就是保持能量守恒，即所有主分支的高度总和=所有分出去的分支高度之和，因此桑基图也称为桑基能量平衡图。起初，桑基图主要用于分析能源的用途流向和行业损耗、工业生产材料的成分构成、金融领域的资金流向等。后来，桑基图使用领域扩大，例如可以用于分析用户在网站或APP上行为路径和分流情况，以及分析家庭收入来源和支出流向、世界人口迁移等。

总之，如果需要展示数据的分流情况，桑基图是一种绝佳的可视化方案。

5. 关系图

节点关系图，常用来表示两个或多个对象之间的关系。比较常用的场景有剧集中人物关系的可视化、个人的社交网络拓扑等。

5.5.7 地理型数据可视化

地理型数据，是指数据的维度属性中包含地理信息，如国家、省份、城市、区、街道等。对于地理型数据的可视化，首先想到的可视化方案是使用地图。

从可视化的空间维度上划分，地图可分为二维地图和三维地图。二维地图，包括区域地图、道路地图、室内地图等，在出行类APP如高德地图、百度地图、腾讯地图中都有广泛应用；三维地图，即通常所说的全景地图，具有真实感强、易于沉浸的特点，可以真实展现现实的空间场景，如室外天气情况、人群多寡等。

除了单独使用外，地理型数据还可以将地图与其他图表组合形成可视化方案。

1. 地图+散点图/气泡图/热力图

地图+散点图：数据的地理属性确定散点位置，数据大小则通过散点的颜色来体现，通常会配以色带来映射颜色的取值范围和大小关系。

地图+气泡图：数据的地理属性确定气泡位置，数据大小则通过气泡的面积来体现。

地图+热力图：数据的地理属性确定热力色块位置和面积，但是不代表其他含义，数据大小则通过热力图颜色的深浅来体现，通常会配以色带来映射颜色的取值范围和大小关系。

三者的共同点：数据中的地理属性都会映射到地图上的具体位置；不同点：散点地

图是通过散点的颜色映射数值的大小,气泡地图是通过气泡面积映射数值大小,热力地图是通过区域颜色的深浅映射数值大小。

2. 地图+线图

地图和线图结合的场景,一般是用于数据中具有两个维度的地理信息,用于展示数据的流入和流出情况,其数据格式一般为:地理信息1+地理信息2+数值。经常使用的场景包括:世界范围或者全国范围内的人口迁移,不同地区飞机/船舶/高铁等交通航线的繁忙程度和流向情况,不同地区包裹的寄出量或收货量等。

3. 地图+饼图

当既要显示不同地理区域某一指标的数据总量,同时又要显示各地区某一指标总量的各构成部分占比时,可以使用地图+饼图结合的方式进行可视化。

和普通的堆叠柱状图相比,地图+饼图可以显示更多的数据项,同时更加直观地展示数据和地理位置的关联性。但应注意,地图上的饼图的扇区个数最好保持在2~4个,如果总体分类过多,饼图在地图上就会显得比较杂乱,可以考虑适度重新分组,以保证可视化呈现的最终效果。

数据关系是决定图表选择的关键因素。图5-49所示为常见的数据关系和可供选择的图表类型。无论是要对比数据,还是研究数据的分布情况,都需要根据数据的类型、数据的特征来确定可视化的最佳方式。

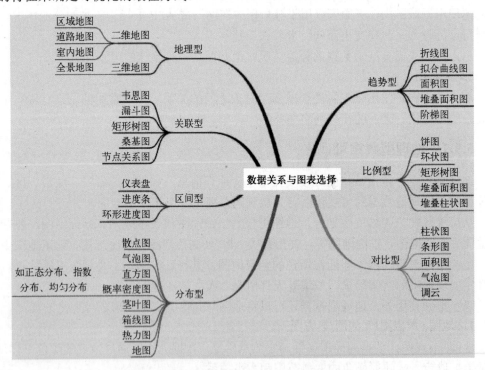

图5-49 常见数据关系和可供选择的图表类型

根据数据之间的关系、分析目的、数据特征,来选择和确定相应的图表类型,这个是可视化过程中需要牢牢把握的要点。图表的目的,是为了更直观、准确地呈现数据背后的信息和知识,不同数据关系应该选择什么图表都是有套路的可循的。

但是，如果只是为了使用某个觉得高大上的图表，而不管数据的特征是否适用，则是舍本逐末的做法，最终的可视化效果也必定是不理想的。

5.6 数据可视化工具

数据可视化的软件和工具比较多，有些数据可视化 Excel 软件就能完成，有些则必须借助第三方工具或者编程。

5.6.1 Microsoft Excel

很多数据可视化软件是开箱即用的，使用起来比较简单，适合新手学习。选定需要分析的数据后，直接选择想要的图形类型，然后稍微调整一下选项即可。典型的开箱即用的工具有 Microsoft Excel，可以用于基础的数据管理和图形创建，其操作基本类似。

在获取或录入数据后，在菜单栏单击"图表"的选项就可以生成想要的图表。Excel 提供了各种标准的图表类型以供选择，包括柱状图、折线图、饼图和散点图等，如图 5-50 所示。

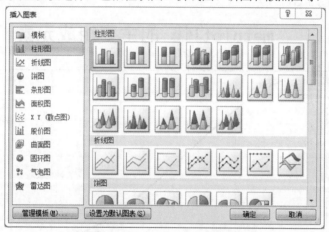

图 5-50　Microsoft Excel 的图表选择

对于日常使用 Excel 处理业务数据时，数据集规模一般不大，此时，希望快速以图表形式呈现出来，就可以通过点击几下鼠标用它生成一个图形。Excel 方便易用，迎合了大量人员的需求，但如果希望获取高质量的、定制化的数据图表，就需要使用其他工具。

通过编程的方式进行数据可视化，可以利用数据做更多的事情，远远超过开箱即用的软件。基于编程能赋予更加灵活的能力，而且能适应各种类型的数据。大多数设计新颖、令人惊艳的数据图表都是通过编程软件实现的。常用的有 R 软件，它是一款免费且开源的统计学计算软件，图形功能也很强大。R 软件是由统计学家开发并维护的，主要的面向对象也是统计学家，因此也是绝大多数统计学家最中意的分析软件之一。此外，还有一些功能近似的付费软件，例如 S-plus 和 SAS，不过它们很难比得上 R 软件的完全免费的特性以及活跃的开发社区氛围。

另外一个常用的工具软件是 Python，它善于处理大批量的数据，社区提供了大量的软件包，便于扩展和集成，能够胜任繁重的计算和分析工作。而且，Python 的语法干净易读，很受程序员们欢迎，本书将以 Python 为基础，通过实践来学习数据可视化。

数据可视化方面，Python 提供了很多可视化模块来创建数据图表。例如：matplotlib、Seaborn 和 plotnine 等图表绘制包，可以在很大程度上实现 R 软件 ggplot2 的功能及其拓展包的数据可视化效果。matplotlib 是 Python 数据可视化的基础包，Seaborn 和 plotnine 也都是基于 matplotlib 发展而来的。就默认的图表风格而言，plotnine 的美观程度优于 matplotlib 和 seaborn；而且，通过使用 theme_*（）函数，plotnine 可以轻松地转换不同图表风格，以适用于不同的应用场景。

5.6.2 Matplotlib 模块

Matplotlib 是一个 Python 的绘图库，已经成为 Python 中公认的数据可视化工具，也是很多第三方可视化模块的基础。通过 Matplotlib 可以很轻松地画一些或简单或复杂的图形，几行代码即可生成折线图、直方图、功率谱、条形图、错误图、散点图等，甚至是三维图形。

1. 图形对象与元素

Matplotlib 图表的组成元素包括：图形、坐标图形、图名、图例等要素部分。详细的情况说明可参照图 5-51。

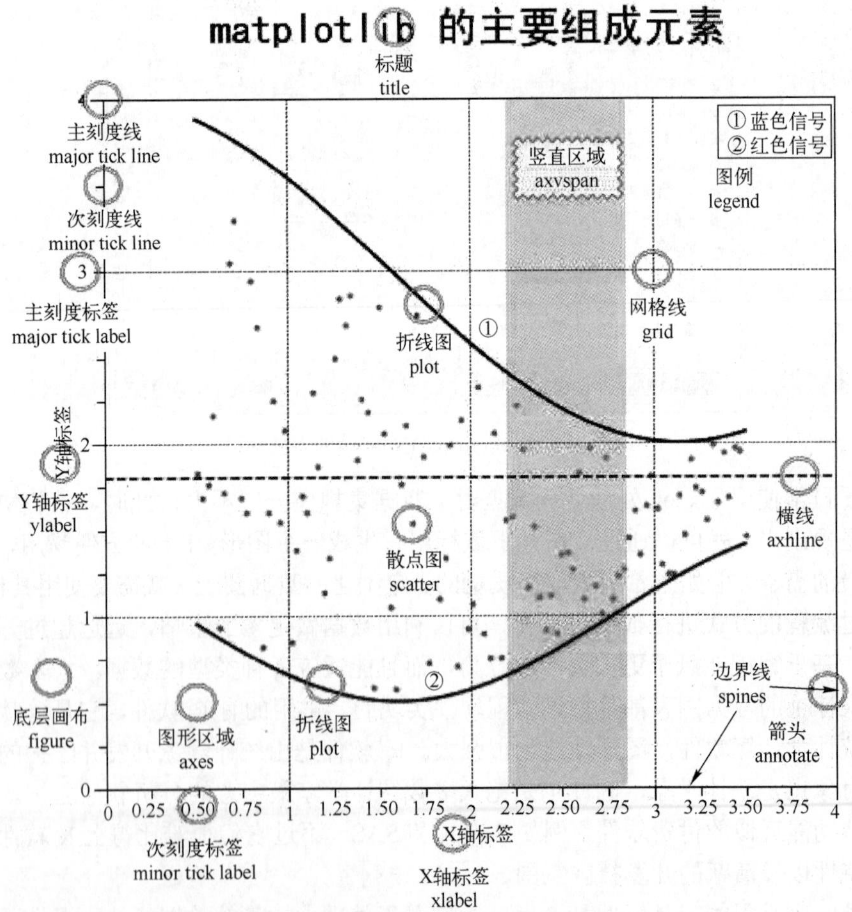

图 5-51 Matplotlib 图表的组成元素

根据要素特点，可以将 Matplotlib 图表组成元素分成两类：

（1）基础（primitives）类：线（line）、点（marker）、文字（text）、图例（legend）、网格（grid）、标题（title）、图片（image）等。

（2）容器（containers）类：图形（figure）、坐标图形（axes）、坐标轴（axis）和刻度（tick）。

基础类元素是需要绘制的标准对象，而容器类元素则可以包含许多基础类元素并将它们组织成一个整体，它们构成层级关系：图形（figure）→坐标图形（axes）→坐标轴（axis）→刻度（tick），其具体的含义和使用说明如下：

（1）figure 对象。整个图形即是一个 figure 对象。figure 对象至少包含一个子图，也就是 axes 对象。figure 对象包含一些特殊的 artist 对象，如图名（title）、图例（legend）。figure 对象包含画布（canvas）对象。canvas 对象一般不可见，通常无须直接操作该对象，Matplotlib 程序在实际绘图时需要调用该对象。

（2）axes 对象。字面上理解，axes 是 axis（坐标轴）的复数，但它并不是指坐标轴，而是子图对象。可以这样理解，每一个子图都有 X 轴和 Y 轴，axes 则用于代表这两个坐标轴所对应的一个子图对象。常用方法：set_xlim()及 set_ylim()——设置子图 X 轴和 Y 轴对应的数据范围；set_title()——设置子图的图名；set_xlabel()以及 set_ylable()——设置子图 X 轴和 Y 轴名。在绘制多个子图时，需要使用 axes 对象。

（3）axis 对象。axis 是数据轴对象，主要用于控制数据轴上的刻度位置和显示数值。axis 有 locator 和 formatter 两个子对象，分别用于控制刻度位置和显示数值。

（4）tick 对象。常见的二维直角坐标系（axes）都有两条坐标轴（axis），横轴（X axis）和纵轴（Y axis）。每个坐标轴都包含两个元素：刻度（容器类元素），该对象里还包含刻度本身和刻度标签；标签（基础类元素），该对象包含的是坐标轴标签。

2. 主要使用方法

当需要调整图表元素时，就需要使用图形的主要对象。Matplotlib 有许多不同的样式可用于渲染绘图，可以用 plt.style.available 查看系统中有哪些可用的样式。虽然使用 plt 进行绘图很方便，但是有时候需要进行细微调整，一般需要获得图形不同的主要对象，包括 axes 对象及其子对象、figure 对象等。

（1）plt.gca()返回当前状态下的 axes 对象。

（2）plt.gca().get_children()可以查看当前 axes 对象下的元素。

（3）plt.gcf()返回当前状态下的 figure 对象，一般用以遍历多个图形的 axes 对象（plt.gcf().get_axes()）。

要画出一幅有内容的图，还需要在容器里添加基础元素，如线（line）、点（marker）、文字（text）、图例（legend）、网格（grid）、标题（title）、图片（image）等。除图表数据系列的格式外，平时主要调整的图表元素，包括图表尺寸、坐标轴的轴名及其标签、刻度、图例、网格线等。具体情况如表 5-1 所列。

表 5-1 主要调整的图表元素

ID	函数	核心参数说明	功能
1	figure()	figsize（图表大小）、dpi（分辨率）	设置图表的大小和分辨率
2	title()	str（图名）、font dick（文本格式，包括字体大小、类型等）	设置标题

续表

ID	函数	核心参数说明	功能
3	xlable()、ylable()	xlable（x轴名）、ylable（y轴名）	设置X轴和Y轴的标题
4	axis()、xlim()、ylim()	xmin、xmax 或 ymin、ymam、	设置X轴和Y轴的范围
5	xticks()、yticks()	ticks（刻度数值）、labels（刻度名称）、fontdict	设置X轴和Y轴的刻度
6	grid()	b（有无网格线）、which（主/次网格线）、axis（X轴和Y轴网格线）、colour、linestyle、linewidth、alpha（透明度）	设置X轴和Y轴的主要和次要网格线
7	legend()	loc（位置）、edgecolor、facecolor、fontsize	控制图例显示

3. 子图的绘制

一幅图中可以有多个坐标系(axes)，是不是就可以说一幅图中有多幅子图(sub plot)，那坐标系和子图是不是同样的概念？其实，这两者在绝大多数情况下是相通的，只是有一点细微差别：坐标系在母图中的网格结构可以是不规则的；子图在母图中的网格结构必须是规则的，其可以看成是坐标系的一个特例。所以，用matplotlib绘制多幅子图和坐标系主要有两种方式，pyplot方式和axes面向对象的方式。

另外，plt.savefig()函数可以将matplotlib图表导出不同的格式，包括PDF、PNG、JPG、SVG等。需要注意的是：要在plt.show()之前调用plt.savefig()。

5.6.3 Plotnine 模块

Plotnine可以说是Python版的ggplot2，它的语法与R语言的ggplot2基本一致。Plotnine主张模块间的协调与分工，整个plotnine的语法框架主要包括数据绘图部分与美化细节部分。plotnine与R语言ggplot2的图形语法具有几乎相同的特点。

（1）采用图层的设计方式，有利于使用结构化思维实现数据可视化。有明确的起始（从ggplot()开始）与终止，图层之间的叠加是靠"+"实现的，越往后，其图层越在上方。通常，一个geom_xxx()函数或stat_xxx()函数可以绘制一个图层。

（2）将表征数据和图形细节分开，能快速将图形表现出来，使创造性的绘图更加容易实现。而且可以通过stat_xxx()函数将常见的统计变换融入绘图中。

Plotnine绘图的基本语法结构与R语言的ggplot2基本一致，其中必需的图表输入信息如下：

```
ggplot(data = <DATA>, mapping = aes(<MAPPINGS>))
#基础图层，不出现图形元素
+ geom_xxx()| star_xxx() #几何图层或统计变换，出现图形元素
+ scale_xxx()      #度量调整，调整具体的标度
+ coord_xxx()      #坐标变换，默认笛卡儿坐标系
+ facet_xxx()      #分面系统，将某个变量进行分面变换
+ guides()         #图例调整
+ theme()          #主题设定
```

（1）ggplot()：底层绘图函数。DATA为数据集，主要是数据框（data.frame）格式的数据集；aes表示数据中的变量到图形成分的映射，用于图形的美学设计，MAPPING表示变量的映射，用来表示变量X和Y，还可以用来控制颜色（color）、大小（size）或形

状（shape）。

（2）geom_xxx()|stat_xxx()：几何图层或统计变换，比如常见的散点图 geom_point()、柱状图 geom_bar()、统计直方图 geom_histogram()、箱形图 geom_boxplot()、折线图 geom_line()等。通常使用 geom_xxx()就可以绘制大部分图表，有时候通过设定 stat 参数可以先实现统计变换。

其中，geom_xxx()表示几何对象函数。Plotnine 包中包含几十种不同的几何对象函数 geom_xxx()和统计变换函数 stat_xxx()。平时，主要是使用几何对象函数 geom_xxx()，只有当绘制图表涉及统计变换时，才会使用统计变换函数 stat_xxx()，如绘制带误差线的均值散点图或柱状图等。

根据函数输入的变量总数与数据类型（连续型或离散型），可以将大部分函数分成 3 个大类，6 个小类，如表 5-2 所列。每个 Plotnine 函数的具体参数可以查看 Plotnine 的使用手册。

表 5-2 主要函数

变量数	类型	函数	常用图表类型
1	连续型	geom_histogram()、geom_density()、geom_dotplot()、geom_freqpoly()、geom_qq()、geom_area()	统计直方图、核密度估计曲线图
	离散型	geom_bar()	柱状图系列
2	X-连续型 Y-连续型	geom_point()、geom_area()、geom_line()、geom_jitter()、geom_smooth()、geom_lable()、geom_text()、geom_bin2d()、geom_density2d()、geom_step()、geom_quantile()、geom_rug()	散点图系列、面积图系列、折线图系列；散点抖动图、平滑曲线图；文本、标签、二维统计直方图、二维核密度估计曲线图
	X-离散型 Y-连续型	geom_boxplot()、geom_violin()、geom_dotplot()、geom_col()	箱型图、小提琴图、点阵图、统计直方图
	X-离散型 Y-离散型	geom_count()	二维统计直方图
3	X,Y,Z-连续型	geom_tile()	热力图

stat_xxx()表示统计变换函数（表 5-3）。统计变换函数可以在数据绘制出来之前，确定并完成对数据进行聚合和其他计算。不同方法的计算会产生不同的结果，所以一个 stat_xxx()函数必须与一个 geom_xxx()函数对应进行数据的计算。在制作某些特殊类型的统计图形时（如柱状图、直方图、平滑曲线图、概率密度曲线、箱形图等），数据对象在向几何对象的视觉信号映射过程中，会做特殊转换，也称统计变换过程。为了让作图者更好地聚焦于统计变换过程，将该图层以同效果的 stat_xxx()命名可以很好地达到聚焦注意力的作用。

表 5-3 统计变换函数

基本语法	值
stat_abline	添加线条，用斜率和截距表示
stat_bin	分割数据，然后绘制直方图
stat_identity	绘制原始数据，不进行统计变化

当绘制的图表不涉及统计变换时，可以直接使用 geom_xxx()函数，也无须设定 stat 参数，因为会默认 stat="identity"（无数据变换）。只有涉及统计变换处理时，才需要

使用更改 stat 的参数，或者直接使用 stat_xxx()以强调数据的统计变换。

Plotnine 中可选的图表输入信息包括如下 5 个部分，主要用于实现对图表的美化与变换等。

（1）scale_xxx()：度量调整。调整具体的度量，包括颜色（color）、大小（size）或形状（shape）等，跟 MAPPING 的映射变量相对应。

（2）coord_xxx()：笛卡儿坐标系。plotnine 暂时还不能实现极坐标系和地理空间坐标系，这是它最大的一块短板。

（3）facet_xxx()：分面系统。将某个变量进行分面变换，包括按行、按列和按网格等形式分面绘图。

（4）guides()：图例调整。主要包括连续型和离散型两种类型的图例。

（5）theme()：主题设定。主要是调整图表的细节，包括图表背景颜色、网格线的间隔与颜色等。

5.7 战场态势可视化

现代战争强调 C^4ISR 技术，指挥中心在千里万里之外，要通过信息化技术对整个海、陆、空、天、电磁战场进行全面的了解、掌握和指挥控制，那么传统指挥部里的行军地图、模型沙盘就已经不敷使用。扁平化的战场上，不但战情瞬息万变，而且成千上万个作战单元和平台，其中不少都需要指挥部越级进行直接指挥。怎样才能在"中军帐"中完成这样复杂而事无巨细的指挥任务呢？现代信息化技术带来的"空间战场态势感知指挥可视化技术"，就是解决这一难题的钥匙。

可视化技术是一个军民通用技术，最早是因为传感器、信息传输和计算机图形学等技术的综合发展而出现的，广泛应用于建筑、设计、工业、游戏娱乐等民用领域。可视化，就是把虚拟仿真的事物、抽象的事物、或者远距离以外真实的事物，通过计算机图形学技术，形成一种可以直观看到的形象。可视化的前端是传感器，需要把可视化的对象的各种物理尺寸、特征等测量出来，然后将这些表述事物的数据信息通过通信传输技术传到后端，在后端通过图形学技术，将事物真实还原并准确呈现。

战场可视化是将指挥控制主体从海量数据里解放出来的主要手段，也是决策的立足点。数据的"4V"（Volume、Variety、Velocity、Value）特征，决定了必须运用计算机图形学、图形处理等技术进行数据分析，从视觉感知和人脑认知等方面调动多方位的认知手段，应对"数据浪潮"。指挥控制主体能够迅速地从海量数据里找到特定数据，辅助指挥决策，同时能够将各方面因素客观地反映在指挥控制主体面前。

在信息不完整情况下，还可以结合虚拟现实（virtual reality，VR）/增强现实（augmented reality，AR）实现对现场场景的还原、推演和重构。

5.7.1 可视化与态势感知

许多态势感知应用系统，如航空控制、军事训练、安全态势感知、网络态势感知等，都广泛地使用了可视化技术。可视化模块已成为各类态势感知系统的关键模块，因此可视化与态势感知具有很强的关联性，主要体现在以下方面：

（1）可视化是决策者态势感知的方式。决策者在获取环境信息时，通过视觉获取信息是重要的方式，与听觉、触觉和嗅觉相比，视觉处理的信息量最大，可视化为决策者态势感知过程提供视觉感知手段。

（2）可视化增强决策者的态势感知。决策者采用可视化视图进行态势感知，易于识别和理解环境中的要素、要素之间的关联、要素的发展趋势，使态势感知能力得到增强。

（3）可视化支持态势感知的各个层次。通过对环境信息的隐喻和映射，可视化可以支持感知层；通过对环境要素的统计、关联、趋势等信息的可视化，可以支持态势感知的理解层；对预测所需的方法、概念、步骤等知识进行可视化，可以支持预测层。

5.7.2 军事信息可视化分类

可视化将人无法直接观察的数据转变为人可以接受的视觉信息。科学计算可视化（visualization in scientific computing）是指运用计算机图形学和图像处理技术，将计算的结果数据转换为图形及图像显示出来，并进行交互处理的技术。科学计算可视化概念在1987年美国计算机成像专业委员会研讨会上首次提出，继而成为研究热点。从1990年起，美国IEEE计算机学会开始举办一年一度的可视化国际学术会议，这成为"科学计算可视化"作为一个学科的成熟标志。

信息可视化是在科学计算可视化的基础上随着信息技术与计算机技术的进一步结合而产生的。由于现代社会信息的多样性，以及信息的复杂性，因此对信息可视化的定义也没有统一的定论。

相对于科学计算可视化而言，可视化方法在军事上的应用可谓"历史悠久"。从广义上说，指挥员使用地图、态势图、沙盘都是可视化方法。这些方法在过去、现在一直在军事斗争中得到广泛应用，是指挥员准确、及时把握战场态势，适时实施作战指挥，获取战斗胜利的基本保证；但是在现代信息化战争中，面对空前海量的战场信息，彩笔加地图的态势图标绘、堆沙盘等传统方法已无法满足现代战争中指挥员掌握、分析战场信息的要求。战场可视化包括两个方面：一是战场环境可视化，提供可感知的作战场景；二是战场态势可视化，为指挥人员提供最有效的信息。战场可视化是帮助指挥作战人员实现具有"透视"战场能力的有效工具，通过利用科学计算可视化、计算机图形学以及虚拟现实技术，根据多维数字化战场信息实现战场的可视分析。

在多维数字战场态势可视化方面美国研究得比较早，在高新技术条件下的影响受到了高度重视，在研究中投入了大量人力、物力等各种资源，取得的成就遥遥领先于其他国家。20世纪90年代中期出现了虚拟战场可视化，并对其所需要的关键技术以及组织架构进行了详细描述和规定，逐步其他一些国家军事机构也普遍将其纳入未来作战指挥系统的研究核心内容。

1. 战场环境可视化

随着我军信息化建设的蓬勃发展，战场环境可视化的主要表现形式，已从常规的地图向电子地图、电子沙盘、多媒体地图等形式转变，并在众多的信息系统中作为支撑平台被广泛应用。战场环境可视化主要对战场环境中的客观存在，通过统一的符号系统进行描述和展现，并能够利用数字高程模型（DEM）数据，航空、航天遥感数据，地理信息数据进行三维地理环境的仿真显示，具有灵活丰富的表现形式。

战场环境（battlefield environment）是战场及其相关地域对作战活动有影响的各种客观情况和条件的统称，包括地貌、水文、气象等自然条件，交通、建筑物、工农业生产等经济情况，行政区划、人口、民族宗教等社会人文条件，以及国防工程构筑、作战物资储备等战场建设情况。随着信息化战争的发展，电磁环境已经成为战场环境的重要组成部分。根据作战活动展开的主体空间分为陆战场环境、海战场环境、空战场环境和太空战场环境。

战场环境对作战活动有重要影响，主要表现为战场环境影响武器装备的使用和效能发挥，影响作战人员生存和作战能力的保持，影响战场态势、战斗结局的发展。所以，进行战役筹划、确定作战样式、制定作战计划和研究战术都必须充分认知战场环境，分析战场环境的利弊条件，对战场环境进行改造和利用。

战场环境可视化是指利用战场环境信息，基于一致的空间基准，以空间地理信息可视化为载体，叠加显示其他的战场环境各要素，用于描述战场环境。可视化技术是战场环境表达的最主要形式，也是指挥人员认识战场环境的最主要手段。

2. 作战态势可视化

作战态势在此具有广义含义，包括交战双方或多方的国家政治因素、社会经济状况、作战部队编成、武器装备效能、作战人员士气、作战物资供应、军事行动意图、作战行动效果等几乎所有可以对军事行动产生直接或间接影响的非自然因素。

1）全三维战场态势

利用三维视图（图 5-52）结合虚拟现实技术进行更加逼真的态势显示。全球高程显示，超精细细节，超大范围地形展示，视角范围可从全球视角无级放大至微观细节观察视角，实现了全空间范围的环境态势显示，以最佳方式实现了战场环境可视化和战场态势可视化。

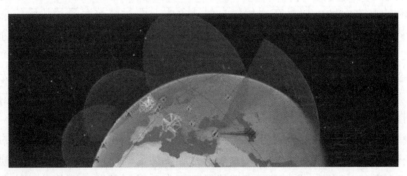

图 5-52 全三维战场态势

2）多样化的二维电子地图

系统支持多样化的二维电子地图，包含军用地图、海图，支持地图导出。能够加载矢量数据和栅格数据，进行地图的放大、缩小、漫游、距离量算、区域覆盖计算、标绘以及图层控制，支持移动目标的显示控制。

3）大规模联合作战

系统囊括了全部的军事对象（图 5-53），支持海、陆、空、天、电，五维空间态势一体化呈现，在战略、战术、战役各个层面进行可视化呈现。

图 5-53 大规模联合作战

4）复杂电磁态势、作战辅助信息

系统支持各类传感器、雷达信号、通信链路等可视化呈现和分析，支持航线、轨道、坐标系及网格显示。基于二维地图可加载卫星轨道数据，模拟卫星空间飞行状态、运行轨迹、载荷工作状态及工作模式。

3. 作战装备可视化

武器装备可视化分析决策系统，支持整合海量数据资源，兼容多种主流装备模型格式，支持武器装备情报数据的可视化显示、监测、分析研判，支持高精度外观结构可视化、数据驱动动作姿态显示、海陆空天电一体化作业环境视景仿真、实时装备运行状态数据接入。系统具备优秀的大数据显示性能，可广泛应用于装备模拟训练、运行监控、维护保障、情报分析、论证评估、科研制造等领域。

1）外观结构可视化

支持武器装备精密细节显示，高度还原装备的外形、材质、纹理细节，可提供金属/皮革/镜面/凹凸/玻璃等材质效果渲染；支持装备内部零部件、管线、传感器等复杂结构定义，高度还原装备复杂机械结构，实现高精度的装备外观结构可视化（图 5-54）。

图 5-54 装备外观结构可视化

2）动作姿态可视化

支持装备可动结构、结构动作定义，逼真刻画装备运动细节；支持接入实时/历史数据、真实/模拟数据，动态驱动装备模型姿态及复杂动作，真实再现装备的运转过程及工作原理，如图 5-55 所示。

图 5-55　动作姿态可视化

3）作业环境可视化

内核级兼容地理信息系统数据，支持山峰/峡谷、海面、植被、道路、建筑等战场地形地貌显示；支持高度逼真的天空/云层/大气/光照/海浪等环境效果渲染；支持叠加显示姿态向量/晨昏线/经纬网格/黄道面/赤道面/天球坐标系/比例尺/指北针等多种空间辅助信息，实现大范围、超精细的装备作业环境视景仿真，如图 5-56 所示。

图 5-56　作业环境可视化

4）传感器可视化

支持瓜瓣体/锥体/矩形等多种传感器包络范围的可视化；支持接入用户自定义覆盖模型，实现高度复杂的包络范围显示；支持传感器间通信、指控关系可视化；支持体渲染技术，实现电磁场信号强度的高精度显示；支持全数据驱动，动态呈现各类传感器扫描范围/威力范围/侦测区域、通信链路、指挥关系等，实现大规模复杂电磁场的可视研判及分析，为作战指挥人员提供精确的战场电磁态势决策支持，如图 5-57 所示。

图 5-57 传感器可视化

5）装备模型库

系统提供涵盖各国当前主要作战装备的三维模型库，装备类型涵盖各国主型作战装备，装备体系覆盖海军、空军、火箭军、军事航天部队等军种，包含舰艇、飞机、卫星、雷达、导弹、车辆等多种装备类别。模型支持复杂结构/动作定义、数据驱动、多级细节显示优化 LOD 等强大的技术特性；支持模型修改扩充；支持模型结构、动作深度定制，满足用户的应用需求，帮助用户高质量快速构建三维战场态势及装备可视化应用。

4. 任务流程可视化

流程可视化是能够真实地看见业务流程实施的简单而有效的方式。

1）任务流程建模与可视

二三维地理信息系统与军事作战想定内容相结合，根据想定内容集成、驱动各领域模型，真实再现作战过程中信息的流动和作战行动的动态演化，利用三维可视化技术将任务流程可视化，为指挥自动化系统的综合效能评估提供逼真的战场环境模拟和数据支持。

作战环境中心游戏和可视化（G&V）（图 5-58）是美国陆军训练与条令司令部 G2 组织，可将实际战斗事件在 96h 内转换为非保密的三维可视化和游戏产品。其基于 VBS3 设计了虚拟作战对手研究学院（Virtual OPFOR Academy），形成了系列视频，直观显示了作战过程。

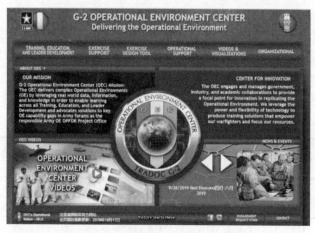

图 5-58 作战环境中心游戏和可视化

通过战术可视化，能够从参与者的视角，解析战斗过程，研究作战对手，值得关注。

战术可视化可形象直观地将作战过程表现出来，能够将分队行动细化和具体化，克服战术的程式化和僵化表现形式。更重要的是能够基于 VBS3 等软件，通过二维与三维结合的方式将装备数据、技术性能和参数展现出来，表现出一定的对抗性，较传统的研究方式更具科学性，非常适合在教学和训练时采用，是值得推广和研究的一种方式。

2）时间线及时空一体态势感知

系统将空间态势感知信息进行集成、同化和融合处理，基于二三维 GIS 系统，保证时空一体化展现，基于全时统时间线的流程回放及推演，支持时刻跳转、事件跳转、倍速变更等交互操作。

5.7.3 军事数据可视化综合案例

下面我们结合三个军事应用，详细分析类别比较、时间变化、地理信息三类作战数据可视化的特点，并给出完整的实现过程。

1. 类别比较型图表可视化

类别比较类图表极为常用，可以直观地展现出数据之间的差异，通常是通过不同的标记和视觉通道展现出来的。常用的图形差异与对应的图表类型如下所示：

（1）高度差异/宽度差异：柱状图、条形图；

（2）面积差异：面积图、气泡图；

（3）字号差异：单词云图；

（4）形状差异：星状图、雷达图。

其中，柱状图一般用于比较不同分类数据的可视化，且柱状图的数据条数，最好不要超过 12 条。柱状图又可以分为以下几种子类型：

（1）单一柱状图：适合单一类别的数据比对，也适合表示离散型时序数据的趋势。

（2）重叠型柱状图：适合两个类别的数据对比，半透明柱形条，代表某项指标的"目标值"，内部偏窄且不透明的柱形条表示某项指标的"实际完成情况"。通常会搭配折线图使用，折线图则表示目标完成率。

（3）并列柱状图：适合 2 个或 3 个数据类别的对比，若数据类别超出 3 个，不建议使用并列柱状图。

（4）堆叠柱状图：适合既要对比总体的数据，又要对比总体各构成项的数据，但是总体各构成项一般不要大于 5 个；若大于 5 个，可按占总体的比例进行归类，展示 TOP5 的分类，剩下则归为"其他"。

为了演示，以某集团军的基本情况作为研究对象，详细数据如表 5-4 所列。

表 5-4 某集团军下属单位人员装备实力情况

序号	单位	干部	文职	士官	义务兵	人员合计	直升机	坦克	装甲车辆	火炮
1	合成1旅	127	73	1369	2972	4541	21	124	432	83
2	合成2旅	132	64	1417	3683	5296	25	135	471	76
3	合成3旅	129	71	1272	3368	4840	22	127	382	73
4	合成4旅	136	78	1512	3812	5538	27	132	512	92

续表

序号	单位	干部	文职	士官	义务兵	人员合计	直升机	坦克	装甲车辆	火炮
5	炮兵10旅	118	129	1146	2271	3664	0	0	68	174
6	防空11旅	149	43	1641	2874	4707	0	0	83	49
7	特战12旅	89	25	1824	2621	4559	39	68	285	52
8	工化13旅	118	56	823	1832	2829	9	0	172	0
9	勤务14旅	163	163	952	3892	5170	6	0	139	0

针对表 5-4 各个单位人员情况，试给出比较类型的图表，要求是直观地获得人员总数的对比情况，同时能够掌握每个单位人员大概的构成形态。

下面通过可视化方式，对比分析该集团军各单位人员数量情况。

首先，通过人员合计，直接分析各单位基本人员情况。具体方式是从 Excel 文件中提取需要分析的数据，构建图表，设置图表属性，得到可视化结果。

采用 matplotlib 模块，进行可视化处理，代码如下：

```
%matplotlib auto
fig = plt.figure()
plt.bar(df['单位'], df['人员合计'],width=0.5, align='center')      # plt.bar(x,y)
plt.title(u'各单位人员情况',size=20)
plt.xlabel('单位', size=14)
plt.ylabel(u'人员总数')
plt.show()
```

运行程序得到图 5-59 的图表结果。

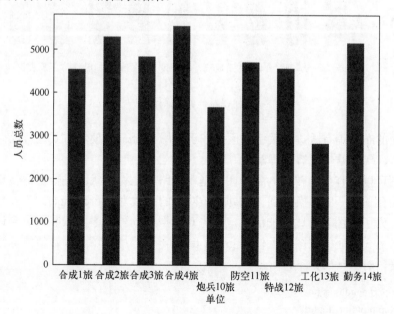

图 5-59　各单位人员情况

采用 plotnine 模块，进行可视化处理，代码如下：

```
import pandas as pd
from plotnine import *

df=pd.read_excel('C:\WorkSpace\MilData.xlsx',sheet_name='JTJ', usecols='B,G',header=1) #读取集团军（JTJ）表单[1, 6]的数据
(
    ggplot(df,aes('单位','人员合计'))
    + geom_bar(stat = 'identity',width=0.5, colour='blue', fill='#EC4E07', alpha=1)
    + theme(text=element_text(family = 'simhei')) #支持中文
)
```

下面便可得到图 5-60 的图表结果。

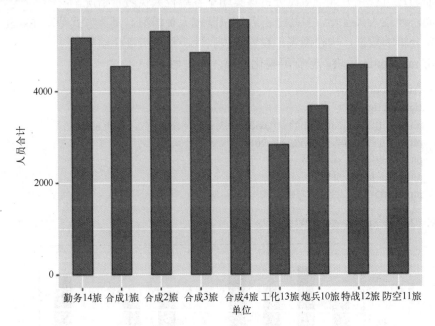

图 5-60　人员情况

较上面的布局稍有改进，关键的区别在于采用 plotnine 模块方式进行绘图，图层信息十分清晰，代码结构更容易理解。

柱状图可以很容易地转换为条形图，基本思路就是将柱状图进行坐标转换，将原来的 X 轴换位到 Y 轴、Y 轴换位到 X 轴即可，对应的函数为 coord_flip()。

同时，为了让图表对比更加清晰，首先对数据进行了排序，按照人员合计数量从大到小排列；另一方面，在图标上使用 geom_text()函数，增加了实际数值的标注，并调整了画板风格，对应代码如下：

```
import pandas as pd
from plotnine import *

df=pd.read_excel('C:\WorkSpace\MilData.xlsx',sheet_name='JTJ', usecols='B,G',header=1) #读取集团军（JTJ）表单[1, 6]的数据
```

```
df=df.sort_values(['人员合计'], ascending=[True]) #按照人员合计进行排序
df['单位']=pd.Categorical(df['单位'],categories=df['单位'],ordered=True) #调整数据

(
    ggplot(df,aes(x='单位',y='人员合计', fill='人员合计'))
    + geom_bar(stat = 'identity',width=0.5, colour='blue', alpha=1)
    + geom_text(aes(x='单位', y='人员合计', label='人员合计'),nudge_x=0.4, nudge_y = 1)
    + coord_flip()
    + theme_bw()
    + theme(text=element_text(family = 'simhei'))
)
```

执行后可得到的如图 5-61 的图表结果,从效果上来看,更为直观。

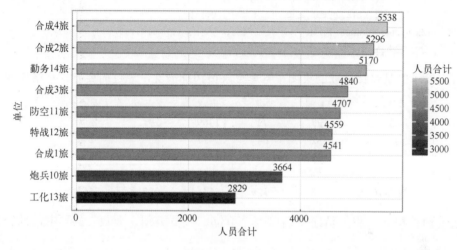

图 5-61 人员合计

利用堆积柱状图可以显示单个项目与整体之间的关系,它比较各个类别的每个数值所占总数值的大小。堆积柱状图以二维垂直堆积矩形显示数值。在绘制过程中要注意以下 3 点:

(1) 柱状图的 X 轴变量一般为类别型,Y 轴变量为数值型。所以要先求和得到每个类别的总和数值,然后对数据进行降序处理。

(2) 如果图例的变量属于序数型,则需要按顺序显示图例。

(3) 如果图例的变量属于无序型,则最好根据其均值排序,使数值最大的类别放置在最下面,最靠近 X 轴,这样很容易观察每个堆积柱形内部的变量比例。绘制堆积柱状图时将 Plotnine 中的柱状图系列图表绘制函数 geom_bar() 的参数 position 设置为"stack",就可以绘制堆积柱状图。

同样,以集团军人员数据为例,前面的可视化分析,只是分析了各单位人员合计情况,但并不清楚人员的构成。通过堆积柱状图就可以在一张图中,直观地看到详细的人员组成情况。

为了处理这部分数据,需要对数据进行预先处理,首先获取各单位不同人员类型的情况,然后再转换到统一数据口径下。具体代码如下:

```python
import pandas as pd
from plotnine import *

df=pd.read_excel('C:\WorkSpace\MilData.xlsx',sheet_name='JTJ',   usecols='B,C,D,E,F,G',header=1)
#从 Excel 文件中，获取集团军（JTJ）表单人员详细数据
print(df.head())

lb=('干部','文职','士官','义务兵')
df2 = pd.DataFrame()

for i in range(4):
    for k in range(9):
        a=[[df.iloc[k,0],lb[i],df.iloc[k,i+1]]]
        df2 = df2.append(a, ignore_index=True)
df2.rename(columns={0:'单位',1:'人员类别',2:'人数'},inplace=True)
print(df2.head())
```

首先显示的是直接获取的集团军各单位人员详细情况，通过简要方式，结果如下：

	单位	干部	文职	士官	义务兵	人员合计
0	合成1旅	127	73	1369	2972	4541
1	合成2旅	132	64	1417	3683	5296
2	合成3旅	129	71	1272	3368	4840
3	合成4旅	136	78	1512	3812	5538
4	炮兵10旅	118	129	1146	2271	3664

通过预处理后，将人员统一归口到"单位、人员类别、人数"3 列中，部分结果如下：

	单位	人员类别	人数
0	合成1旅	干部	127
1	合成2旅	干部	132
2	合成3旅	干部	129
3	合成4旅	干部	136
4	炮兵10旅	干部	118

最后，通过 Plotnine 模块，采用图 5-62 方式进行呈现，并增加了数值标注，具体代码如下：

```
(
ggplot(df2, aes(x='单位',y='人数', fill='人员类别'))
+ geom_bar(stat="identity", position='stack', width=0.5, colour='blue', alpha=1)
+ geom_text(aes(x='单位',y='人数',label='人数'), nudge_x=0,nudge_y=0.5) #添加数据标签
+ theme(text=element_text(family = 'simhei')) #支持中文
)
```

2. 时变数据可视化

时间是一个非常重要的维度和属性。随时间变化、带有时间属性的数据称为时变型

数据。从宏观上看，数据类型包括数值型、有序型和类别型 3 类。其中，任意两个有序型数据之间都具有某种顺序关系，而数值型数据可看成某种有具体数值的有序型数据。有序型数据又可分为两类：

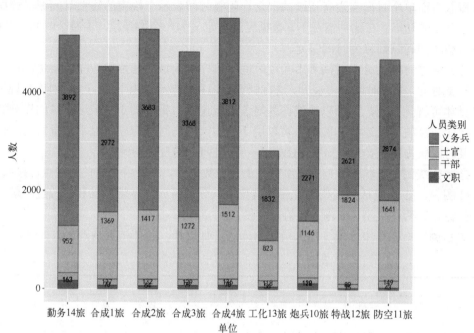

图 5-62　人员类别堆叠柱状图

（1）以时间轴排列的时间序列数据，如股市股票交易数据、股票价格变动、各种设备传感器获取的监测数据、世界各国 GDP 数据等。在时间序列数据中，每个数据实例都可以看作某个事件，事件的时间可当成一个变量。

（2）不以时间为变量，但具有内在的排列顺序的顺序型数据集，如文本、生物 DNA 测序和化学质谱等。这类数据的变化顺序可以映射为时间轴进行处理。

两类数据统称为时变型数据。它们在实际应用中量大、维数多、变量多，而且类型丰富，分布范围广泛。特别是在各类传感器网络、移动互联网应用中，以流模式生成的流数据是一类特殊的具有无限长度时间轴的时变型数据。

分析和理解时变型数据通常可以通过统计、数值计算和数据分析的方法完成。例如，考察时变序列数据的极值，计算两个时变序列数据的相似性，检测时变序列数据与某个数据分布的匹配性，快速检索时变序列数据，某个数据元素的变化情况，序列中相似子片段的检测等。这些任务同时也是流数据分析、序列分析的核心目标。

将时间属性或顺序性当成时间轴变量，轴上各个变量值对应是某个数据实例的单个事件。对时间属性的刻画有以下 3 种方式。

（1）线性时间和周期时间。线性时间假设一个出发点并定义从过去到将来数据元素的线性时域。许多自然界的过程具有循环规律，如季节的循环。为了表示这样的现象，可以采用循环的时间域。在一个严格的循环时间域中，不同点之间的顺序相对于一个周期来说基本没有什么参考价值，例如某个地区具有迁徙特性的动物数据，在考虑种群数量变化时，季节性的变化就没有什么参考价值。

（2）时间点和时间间隔。离散时间点将时间描述为可与离散的空间欧拉点相对等的抽象概念，而单个时间点没有持续的概念。间隔时间表示小规模的线性时间域，例如几天、几个月或几年。在这种情况下，数据元素被定义为一个持续段，由两个时间点分隔。时间点和时间间隔都称为时间基元。

（3）顺序时间、分支时间和多角度时间。顺序时间域考虑那些按先后发生的事情。对于分支时间、多股时间分支展开，这有利于描述和比较有选择性的方案（如项目规划）。

具体可视化方面，下面以折线图为对象进行说明。折线图主要应用于时间序列数据的可视化，反映时变趋势和关系，可以用于连续或间隔时间跨度上显示定量数值，也能给出某时间段内的整体概览，呈现数据在一段时间内的变化情况。

绘制折线图，基本思路是先在坐标系上定出数据点，然后用直线把这些点连接起来。在折线图中，X 轴包括类别型或者序数型变量，分别对应文本坐标轴和序数坐标轴（如日期坐标轴）两种类型；Y 轴为数值型变量。

本示例以集团军中合成 3 旅人员数据为例进行设计，具体数据内容如表 5-5 所列。

表 5-5 合成 3 旅外出人员情况

合成 3 旅外出人员情况										
序号	日期	星期	借调	任务	病休	学习	休假	其他	外出	在位率
1	5月10日	一	12	152	4	21	80	3	272	94.4
2	5月11日	二	15	152	4	21	81	3	276	94.3
3	5月12日	三	15	249	5	25	81	0	375	92.3
4	5月13日	四	15	249	5	25	81	2	377	92.2
5	5月14日	五	10	249	6	25	84	4	378	92.2
6	5月15日	六	10	249	6	20	421	4	710	85.3
7	5月16日	日	9	187	6	20	432	4	658	86.4
8	5月17日	一	9	187	4	20	85	2	307	93.7
9	5月18日	二	7	187	4	19	85	2	304	93.7
10	5月19日	三	7	145	4	19	76	1	252	94.8
11	5月20日	四	11	145	3	19	76	1	255	94.7
12	5月21日	五	11	145	4	17	72	1	249	94.9

首先通过获取合成 3 旅数据。

```
import pandas as pd
from plotnine import *

df=pd.read_excel('C:\WorkSpace\MilData.xlsx',sheet_name='LV', usecols='B,J,F',header=1)    # 从 Excel 文件的 LV（合成 3 旅）表单，获取连续 12 天外出人员的数据
df['日期'].dt.strftime('%m%d')
print(df.head())
```

数据打印输出（前 5 项）结果如下：

	日期	病休	外出
0	2021-05-10	4	272
1	2021-05-11	4	276
2	2021-05-12	5	375
3	2021-05-13	5	377
4	2021-05-14	6	378

分析时间序列数据时，需要日期信息转换为日期格式，再以其为轴，画出对应时间点上的数值来。本示例主要是分析合成 3 旅的人员外出情况，通过折线图可以直观看到其中的变化规律，在 5 月 15 日和 16 日两天，由于周末放假，外出人员会有一个急剧上升和下降的变化。

具体代码如下：

```
(
    ggplot(df,aes('日期','外出'))
    + geom_line(color='red',size=0.8)
    + geom_point(aes(shape='factor(病休)'),size=2.5,color='blue') #通过形状表示病休人员数量
    + labs(x='日期')
    + theme(axis_text_x = element_text(rotation=30, size=9)) #X 轴 label 倾斜 30 度
    + theme(text=element_text(family = 'simhei')) #支持中文
)
```

最终，绘图结果如图 5-63 所示。

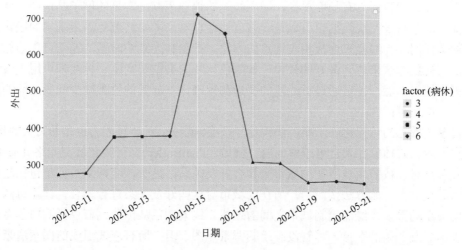

图 5-63　人员变动情况

3. 地理信息可视化

在进行可视化分析时，常常发现待处理的数据中包含位置信息。空间数据是指三维空间中、具有位置信息的数据。其中，地理空间数据与普通的空间数据都描述了一个对象在空间中的位置，但地理空间特指真实的人类生活的空间，信息的载体、对象映射到载体的方式都非常独特。地理空间数据历来是可视化研究和应用的重要对象。

人类很早就开始在地图制作中研究地理数据的绘制，已经掌握了非常精湛的技艺，

这方面的系统知识和理论形成了一门专门的学科：地图制图学。在计算机大规模应用后，如何用计算机存储、管理并展示地理数据，又形成了一门学科地理信息系统（GIS）。

本节关注的地理空间数据的可视化与地理信息系统和地图制图学既有相通之处，但又不尽相同。地图制图学的目的是设计付诸印刷的静态地图，其中包含大量的手动设计过程。地理信息可视化利用计算机自动生成视图，且支持用户交互修改和操纵。因此，如何将制图学理论与自动的可视化方法相结合是重要的研究课题。与 GIS 系统相比，地理信息可视化相当于它的前端数据表现的部分，而地理信息的存储和管理并不是可视化关注的重点。

1）地理信息可视化基础

（1）点数据的可视化。点数据描述的对象是地理空间中离散的点，具有经度和纬度的坐标，但不具备大小尺寸。这是地理数据中最基本也是最常见的一种，如地标性建筑、区域内的餐馆等。

常用的点数据可视化方法将对象根据它的坐标直接标识在地图上。数据对象的其他属性可以用其他视觉元素表示，如大小和颜色可用于表示数值型属性。除了圆点，其他符号也可以被用作地图上的标识。当数据对象属于不同类别时，通常用不同的符号区分。图标或符号的选取需要遵循一定的原则：①符号必须直观且符合常识；②符号的数量不宜太多，当不同的符号太多时，用户难以记住每种符号的意义。最重要的是，可视化必须配有图例来解释各种符号的意义。

（2）线数据的可视化。在地理空间数据中，线数据通常指连接两个或更多地点的线段或者路径。线数据具有长度属性，即所经过的地理距离。常见的例子是地图上两个地点之间的行车路线。线数据也可以是一些自然地理对象，如河流等。最基本的线数据可视化通常采用绘制线段来连接相应地点的方法。在绘制连线的时候，通常可以选择采用不同的可视化方法来达到最好的效果，如颜色、线的类型和宽度、标注都可用于表示各种数据属性。当然，也可通过对线段的变形和精确计算放置的位置减少线段之间的重叠和交叉，增加可读性。

海量线数据的可视化除了要解决视觉复杂度问题外，对计算能力也是非常大的挑战。对数据做适当的抽象和聚合可缓解问题。例如，PualButler 在可视化社交网络 Facebook 的好友关系时，按照用户所在的城市来聚合好友关系。这个社交网络数据集包括超过一千万组好友关系。此方法按照用户所在的城市对这些好友关系进行聚合，计算每两个城市之间关系的数量，继而绘制城市之间的连线。线条颜色从黑色到蓝色再到白色之间过渡，表示好友关系的数量。尽管没有绘制背景地图，但是所有连线组成的图案清晰地显示了各大洲甚至国家和地区的轮廓（图 5-64）。同时，长的连线大都是蓝色的，而那些国家或者地区内部的短距离连线却是代表存在大量好友关系的白色。由此可见，大多数的朋友都居住在同一个地方或者附近地区，也正是这些局部的连线勾勒出了大洲和国家的形状。

图 5-64 中，社交网络 Facebook 全球用户之间的好友关系两地之间存在的好友关系从少到多分别用从黑色到蓝色再到白色之间的不同颜色来表示。

在可视化地理空间的线数据时，使用合适的渲染方法和适当的抽象可以将数据内在的模式表现为简单直观的视觉信号。但在有的实际应用中，需要清楚地呈现每一条连线，并进行信息检索。此时，大量线条的重叠和交叉阻碍了信息检索的效率，甚至是可行性，因此需要通过改变连线的形状和布局以减少连线的重叠和交叉。

图 5-64　Facebook 的好友关系

连线绑定是最常见的改变连线布局从而降低视觉复杂度的技术。在现实生活中，当家电设备的电源线和信号线太多时，通常会将这些线按照走向分组，然后分别捆扎成束。类似地，在可视化中，可以通过连线聚类将同类的连线中互相接近的部分合并在一起，减少屏幕上总的连线数量和交叉的情况。

（3）区域数据的可视化。区域数据包含了比点数据和线数据更多的信息。地理空间中的一个区域有长度也有宽度，是由一系列点所标识的一个二维的封闭空间。地理区域大到国家、省，小到一个湖泊和街区。与点数据和线数据类似，可视化区域数据的目的也是为了表现区域的属性，如人口密度、人均收入等。最常用的方法是采用颜色表示这些属性的值（图 5-65）。

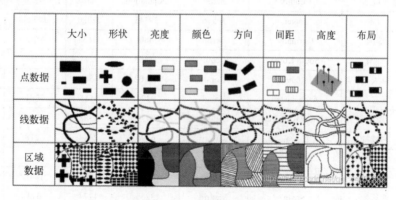

图 5-65　地图数据属性值

2）地理信息可视化方法

地理空间可视化方法和工具比较多，下面着重分析如何利用 Python 实现地理信息的可视化，重点引入了处理地理空间数据的第三方库 Geopandas 来进行地理信息可视化。

Geopandas 作为开源项目，其目的是使得在 Python 下更方便地处理地理空间数据，它整体建立在 pandas 的基础上，完美地融合了 pandas 的数据类型，并且提供了操作地理空间数据的高级接口，便于在 Python 中进行地理信息可视化分析。

GeoPandas 主要包含 GeoSeries 和 GeoDataFrame 两个数据结构，它们分别对应于 pandas 中的 Series 和 DataFrame。

（1）GeoSeries。用 GeoSeries 表示空间属性（geometry）。一个 GeoSeries 包含一个几何图形的序列，如多边形、点。用 plot 方法就可以直接绘图，多边形 GeoSeries 绘制出来的就是多边图形。

（2）GeoDataFrame。可以把 GeoDataFrame 理解为 shp 的属性表，但比 shp 的属性表多一列，这一列就是空间数据（GeoSeries）。

可以把这两个数据结构当作地理空间数据的存储器，理解为 shapefile 文件的 pandas 呈现。Shapefile 文件用于描述点、折线与多边形几何体对象。例如，Shapefile 文件可以存储国家、城市、河流、湖泊等空间对象的几何位置。除了几何位置，shp 文件也可以存储这些空间对象的属性，例如国家的 GDP、城市的温度等。

在使用 Geopandas 之前，需要进行安装。Geopandas 可以读取任意基于矢量的空间数据格式，包括 ESRI shapefile，GeoJSON 文件等命令：

gpd.read_file()　#通过 Geopandas 直接读取含地理信息数据的数据集

geopandas 具体是使用 fiona 库，并且利用大规模的开源程序 GDAL/OGR，以促进空间数据转换，通过 gpd.read_file()简单地读取文件后，会返回一个 GeoDataFrame 对象。

下面通过一个示例来展示如何处理 GIS 可视化问题。基本流程仍然是先处理需要展示的数据，再绘制图形。

本示例中使用的是美军海外驻军情况数据，详细情况如表 5-6 所列。

表 5-6　美国海外驻军情况

排名	国家或地区	Country	name	Population	陆军	空军	海军
1	日本	Japan	Tokyo	39345	22320	12723	4302
2	德国	Germany	Berlin	34805	11631	4532	18642
3	韩国	South Korea	Seoul	23468	7271	7934	8263
4	意大利	Italy	Rome	12102	1580	4291	6231
5	阿富汗	Afghanistan	Kabul	9294	5615	3281	398
6	英国	United Kingdom	London	8479	1388	4918	2173
7	科威特	Kuwait	Kuwait	6296	2384	3218	694
8	伊拉克	Iraq	Baghdad	5540	4055	1327	158
9	巴林岛	Saudi Arabia	Manama	5504	1276	1842	2386
10	西班牙	Spain	Madrid	3256	1274	693	1289
11	卡塔尔	Qatar	Doha	2976	1451	1063	462
12	土耳其	Turkey	Ankara	2234	1337	682	215
13	吉布提	Djibouti	Djibouti	1961	216	462	1283
14	约旦	Jordan	Amman	1759	1033	583	143
15	阿联酋	United Arab Emirates	Abu Dhabi	1079	669	252	158
16	比利时	Belgium	Brussels	842	640	121	81

续表

排名	国家或地区	Country	name	Population	陆军	空军	海军
17	古巴	Cuba	Havana	806	343	142	321
18	罗马尼亚	Romania	Bucharest	667	345	271	51
19	希腊	Greece	Athens	407	104	241	62
20	其他国家或地区			34834	15037	10473	9324
	总计			195654	79969	59049	56636

本示例基本思路是读取美军在海外部署的情况数据，并过滤无坐标位置的后面两条数据。同时，基于 Geopandas 基础的地图数据 naturalearth_lowres 和 naturalearth_cities，完成地图加载，并根据美军海外驻军所在部署国的首都位置信息，以圆点方式在地图上标绘出来。首先读取各种数据，代码如下：

```
import geopandas as gpd
import pandas as pd
import matplotlib.pyplot as plt
%matplotlib auto

df = pd.read_excel('C:\WorkSpace\MilData.xlsx',sheet_name='AM', usecols='C,E,F,G,H,I',header=1)
#直接读取 Excel 的美军海外人员（AM）表单的数据
df = df.drop(len(df)-1)
df = df.drop(len(df)-1)
print(df.head())       #显示部分美军海外驻军数据

world = gpd.read_file(gpd.datasets.get_path('naturalearth_lowres'))
print(world.crs)   #显示坐标体系，本地图采用的是 4236 标准。

gpd_cities = gpd.read_file(gpd.datasets.get_path('naturalearth_cities'))
print(gpd_cities.head())   #显示城市地理数据
```

首先打印输出的是美军海外驻军（部分）基本情况：

	国家或地区	首都	人数	陆军	空军	海军
0	日本	Tokyo	39345	22320.0	12723.0	4302.0
1	德国	Berlin	34805	11631.0	4532.0	18642.0
2	韩国	Seoul	23468	7271.0	7934.0	8263.0
3	意大利	Rome	12102	1580.0	4291.0	6231.0
4	阿富汗	Kabul	9294	5615.0	3281.0	398.0

然后查看输出的城市（部分）坐标数据：

	城市	位置
0	Vatican City	POINT (12.45339 41.90328)
1	San Marino	POINT (12.44177 43.93610)
2	Vaduz	POINT (9.51667 47.13372)
3	Luxembourg	POINT (6.13000 49.61166)
4	Palikir	POINT (158.14997 6.91664)

为了将数据在地图进行标绘，需要将海外驻军情况数据与世界各国首都 GIS 信息进行合并拼接。然后需要将合并后的数据，转换为 Geopandas 支持的 GeoDataFrame 格式，方便处理，具体数据处理代码如下：

```
df_mer = pd.merge(df,gpd_cities,how='left',on='name')
print(df_mer)
df_mer=gpd.GeoDataFrame(df_mer)
```

合并输出结果如下：

	国家或地区	首都	人数	陆军	空军	海军	位置
0	日本	Tokyo	39345	22320.0	12723.0	4302.0	POINT (139.74946 35.68696)
1	德国	Berlin	34805	11631.0	4532.0	18642.0	POINT (13.39960 52.52376)
2	韩国	Seoul	23468	7271.0	7934.0	8263.0	POINT (126.99779 37.56829)
3	意大利	Rome	12102	1580.0	4291.0	6231.0	POINT (12.48131 41.89790)
4	阿富汗	Kabul	9294	5615.0	3281.0	398.0	POINT (69.18131 34.51864)

然后直接利用 Geopandas 的标绘功能（实际上调用的是 matplotlib 模块），在地图上进行显示。为了达到显示效果，各个国家根据人口数据进行了颜色分块显示。

```
fig, ax = plt.subplots(figsize=(9, 9))
ax = world.plot(ax=ax, column='pop_est')   #根据国家或地区人口数量 pop_est 属性值进行分块显示
ax = df_mer.plot(ax=ax, color='red', edgecolor='#003366', lw=2, alpha=0.7) #以圆点的形式，显示美军海外驻军情况
ax.axis('off') #关闭坐标轴
plt.show()
```

最终显示效果中，国家板块颜色代表的是人口数量，其中的红色圈点表示美军有驻军的国家。

图 5-66 对于关注的美军海外驻军信息表达不够丰富，也不直观。下面从两个方面进行完善。首先因为南极洲基本无人居住，更无驻军，所以通过地图数据过滤的方法，直接移除这些数据，代码如下：

```
mask = (world['name'] != 'Antarctica') & (world['pop_est'] > 0)   #制作遮光板，隐去南极洲
world = world[mask]
```

然后整体采用 Plotnine 模块，进行 GIS 地图绘制，将带有美军海外驻军的数据直接在地图上显示出来，具体代码如下：

```
(
    ggplot(df_mer)
    + geom_map(world,fill='yellow',color='blue')  #标绘地图
    + geom_errorbar(aes(x=df_mer.geometry.x, ymin=df_mer.geometry.y, ymax=df_mer.geometry.y + df_mer.Population/5000),
                    colour="red",size=5, width=0, alpha=0.8) #标出驻军数量
    + geom_text(aes(df_mer.geometry.x, df_mer.geometry.y, label='国家或地区'),  colour='black',size=12, nudge_y=-1.5)   #标注国家或地区信息
```

```
+ theme
(
    text=element_text(family = 'simhei'),    #中文支持
    figure_size = (20 , 10),
    dpi = 60
)
)
```

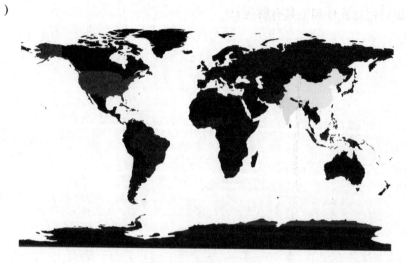

图 5-66　美军驻军情况

最终呈现的效果如图 5-67 所示。

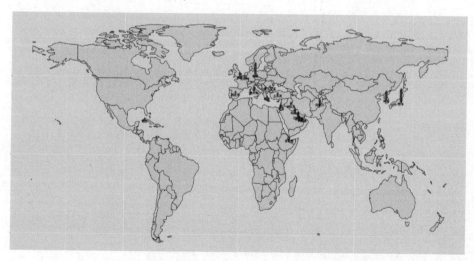

图 5-67　美军驻军情况

习　　题

1. 数据可视化的主要分支有哪些？
2. 数据可视化的作用是什么？

3. 数据可视化和信息可视化的区别与联系？
4. 可视化与态势感知的关系？
5. 简述数据可视化的主要过程。
6. 如何根据数据类型选择合适的可视化图表样式？
7. 简述数据可视化的发展过程。
8. 数据可视化软件和工具有哪些？

第 6 章 作战数据预处理

数据预处理是数据科学的主要研究内容之一。随着信息化建设，各部队都在加快作战数据建设，作战数据量迅速膨胀。存在的问题是：有的单位数据建设出现低层次重复，冗余繁杂；有的单位数据更新不及时；还大量存在包含有噪声的数据，数据不完整、甚至不一致等情况。如果没有科学高效的管理、应用机制，占有的数据总量再多，也无法转化成为实际的战场优势。因此，数据预处理是不可或缺的关键过程。

通常，数据预处理是数据处理活动的前提，可以提升数据计算的效果和效率。数据预处理工作不仅可以提高数据质量、降低数据计算的复杂度，而且还可以减少数据规模、提升数据处理的准确性。

数据预处理应保证数据质量，辅以数据审计，完成数据集成、数据清洗、数据变换、数据消减等基本活动。数据清洗是指消除数据中所存在的噪声以及纠正其不一致的错误；数据集成则是指将来自多个数据源的数据合并到一起构成一个完整的数据集；数据变换是指将一种格式的数据变换为另一种格式的数据；数据消减则是指通过删除冗余特征或聚类消除多余数据。各种数据预处理活动，并不是相互独立的，而是相互关联的。如：消除数据冗余既可以看成是一种形式的数据清洗，也可以认为是一种数据消减。

6.1 数据预处理概述

数据预处理是数据治理、数据分析、数据挖掘等过程中的一个重要步骤，尤其是在对包含有噪声、不完整，甚至是不一致数据进行数据挖掘时，更需要进行数据的预处理，以提高待处理数据本身的质量，并最终达到提高数据分析和数据挖掘效果的目的。

6.1.1 数据质量差原因分析

数据质量差有多种表现，主要包括有噪声、不完整、不一致这几种情况，对大规模现实世界的数据来讲，这些情况非常普遍。噪声数据是指数据中存在着错误或异常（偏离期望值）的数据；不完整数据是指感兴趣的属性没有值；而不一致数据则是指数据内涵出现不一致情况（如作为关键字的同一部门编码出现不同值）。

噪声数据的产生原因如下：

（1）数据采集设备有问题。

（2）在数据录入过程发生了人为或计算机错误。

（3）数据传输过程中发生错误。

（4）由于命名规则（name convention）或数据代码不同而引起的不一致。

不完整数据的产生有以下几个原因：
（1）有些属性的内容有时没有。
（2）有些数据当时被认为是不必要的。
（3）由于误解或检测设备失灵导致相关数据没有记录下来。
（4）与其他记录内容不一致而被删除。
（5）历史记录或对数据的修改被忽略了。
（6）由于保存或管理过程不规范导致的数据遗失。

6.1.2 数据质量

数据预处理能够帮助改善数据的质量，进而帮助提高数据分析和数据挖掘的有效性和准确性，必须明确：高质量的决策来自高质量的数据。

1. 数据质量的属性

数据质量控制与管理是数据科学的重要研究内容之一。通常，数据质量可以用 3 个基本属性（指标）进行描述，即正确性、完整性和一致性，如图 6-1 所示。

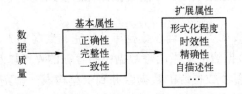

图 6-1 数据质量的属性

（1）数据正确性（correctness）：是指数据是否实事求是地记录了客观现象。

（2）数据完整性（integrity）：是指数据是否未被未授权篡改或者损坏，或授权用户的合法修改工作缺少必要的日志信息。

（3）数据一致性（consistency）：是指数据内容之间是否存在自相矛盾现象。当同一个客观事物或现象被多次（或多视角）记录时可能导致数据不一致性的问题——虽然每个数据都是正确且完整的，但是由于测量精度的不同或数据未能及时更新等原因，可能导致数据之间存在交叉或相互矛盾现象。例如，某地区的城市建设档案数据库中存在对同一个建筑的多个不同数据相互矛盾的现象。

除了正确性、完整性、一致性等基本要素之外，数据质量还涉及数据的形式化程度、时效性、精确性和自描述性。

（1）形式化程度（formalization）：是指数据的形式化表示程度。形式化表示是指基于数学、逻辑学理论和规则系统理论，将数据的元数据和语义信息尽量用规范化表达方法进行表示，以便计算机自动化理解。一般情况下，形式化程度越高，数据更易于被计算机自动理解和自动处理。

（2）时效性（timeliness）：是指数据是否被及时记录下来，且反映客观世界的最新状态，确保数据与客观世界之间的同步性。必须进行有效的管理维护，删除重复、失效的作战数据，录入新的作战数据。

（3）精确性（accuracy）：是指数据的精度是否满足后续处理的要求，例如客户提交订单时间的精确度可以为年、月、日、时、分、秒等多种。如果精确性不够高（如只记录提交订单的月份），则影响数据质量和数据分析的粒度。

（4）自描述性（self description）：是指数据是否带有一定的自描述信息，如数据的模式信息、有效性验证方法（如数据类型、值域或定义域）等。如果缺乏自描述信息，很难评价数据质量的高低，也难以确保后续分析结果的正确性。

2. 数据质量判断方法

数据质量的高低将直接影响数据分析结果的准确性。因此，为了保证数据分析的准确性，还需要掌握一些判断数据质量高低的基本理论，如统计学规律、语言学规律等方法。

在长期研究和实践经验中，人们发现了一些数据的统计学规律，可以用于数据质量的初步评价。

1）第一数字定律

第一数字定律（first-digit law）描述的是自然数 1~9 的使用频率，公式为（$d \in \{1,2,3,4,5,6,7,8,9\}$）：

$$P(d) = \lg(d+1) - \lg(d) = \lg\left(\frac{d+1}{d}\right) = \lg\left(1+\frac{1}{d}\right)$$

其中，数字 1 的使用最多，接近 1/3；2 为 17.6%，3 为 12.5%……其余数字依次递减，9 的频率是 4.6%，见表 6-1 和图 6-2。

表 6-1　十进制首位数字的出现概率（p 为在十进制首位数字出现的概率）

K	1	2	3	4	5	6	7	8	9
p/%	30.10	17.60	12.50	9.70	7.90	6.70	5.80	5.10	4.60

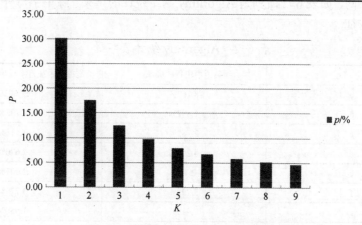

图 6-2　十进制首位数字的出现概率

第一数字定律的主要奠基人 Frank Benford 对人口出生率、死亡率、物理和化学常数、素数数字等各种现象进行统计分析后发现，由度量单位制获得的数据都符合第一数字定律。因此，可用此定律来检查各种数据是否有造假的可能。

第一数字定律不但适用于个位数字，而且再多位的数也可用。但是，第一数字定律成立有以下两个前提条件：

（1）数据不能经过人为修饰。

（2）数据不能是规律排序的，比如发票编号、身份证号码等。

需要提醒的是，通过第一数字定律只能发现数据质量中的"可疑现象"，但不能肯定数据质量确实有问题。因此，在第一数字定理分析的基础上，还需要采用领域知识、其他数据质量评价方法、机器学习和统计分析等方法核实是否存在数据质量问题。

2）小概率原理

小概率原理的基本思想是一个事件如果发生的概率很小，那么它在一次试验中是几乎不可能发生的，但在多次重复试验中几乎是必然发生的，数学上称之为小概率原理。在统计学中，把小概率事件在一次实验中看成是实际不可能发生的事件，一般认为等于或小于 0.05 或 0.01 的概率为小概率。

小概率原理可以用于判断他人提供的数据是否正确。概率很小的事件在一次试验中实际上不大可能出现，通常称为实际不可能事件，实际不可能事件在一次试验中是不会出现的。显然，与第一数字定律分析类似，基于小概率原理的数据质量分析只能帮助识别一些"可能有问题"的数据，但"是否真的存在问题"以及"存在何种问题"均需要用领域知识、其他数据质量评价方法、机器学习和统计分析等方法进行进一步深入研究。

3）语言学规律

每种自然语言都有其自身的语言学特征，这些语言特征为人们提供了数据甄别的重要依据。

（1）频率特征。在各种语言中，各个字母的使用次数是不一样的，有的偏高，有的偏低，这种现象称为偏用现象。以英文为例，虽然每个单词由 26 个字母中的几个字母组成，但每个字母在英文单词中出现的频率不同，且每个字母在英文单词中在不同位置上出现的频率不同，如表 6-2 所列是 Algoritmy 网站统计的结果。除单字母外，还可以分析多字母组合特征。

表 6-2 Algoritmy 统计表字母

字母	英语中出现的频率	英文单词中在首字母位置上出现的频率
a	8.167%	11.602%
b	1.492%	4.702%
c	2.782%	3.511%
d	4.253%	2.670%
e	12.702%	2.007%
f	2.228%	3.779%
g	2.015%	1.950%
h	6.094%	7.232%
i	6.966%	6.286%
j	0.153%	0.597%
k	0.772%	0.590%
l	4.025%	2.705%
m	2.406%	4.374%
n	6.749%	2.365%

续表

字母	英语中出现的频率	英文单词中在首字母位置上出现的频率
o	7.507%	6.264%
p	1.929%	2.545%
q	0.095%	0.173%
r	5.987%	1.653%
s	6.327%	7.755%
t	0.056%	16.671%
u	2.758%	1.487%
v	0.978%	0.649%
w	2.360%	6.753%
x	0.150%	0.037%
y	1.974%	1.620%
z	0.074%	0.034%

（2）连接特征。包括语言学中的后连接（如字母 q 后面总是 u）、前连接（如字母 x 前面总是 i、字母 e 很少与 o 和 a 连接）以及间断连接（如在 e 和 e 之间 r 的出现频率最高）。

（3）重复特征。两个字符以上的字符串重复出现的现象称为语言的重复特征。例如在英文中字符串"th"、"tion"和"tious"的重复率很高。

6.1.3 数据审计

数据审计是指按照数据质量的一般规律与评价方法，对数据内容及其元数据进行审计，发现其中存在的"问题"，主要包括以下几个方面：

（1）缺失值（缺少数据）。例如，学生信息表中缺少第 10 条记录的字段"出生年份"的值。

（2）噪声值（异常数据）。例如，学生信息表中第 10 条记录的字段"出生年份"的值为 120。

（3）不一致值（相互矛盾的数据）。这个问题一般在集成多个原始数据时出现，例如，两个不同表中记录的同一名学生的"出生年份"不一致。

（4）不完整值（被篡改或无法溯源的数据）。当数据本身带有校验信息（如 Hash 值、MAC 值等），则可判断校验其完整性。

当来源数据带有自描述性验证规则（如关系数据库中的自定义完整性、XML 数据中的 Schema 定义等）时，通常采用预定义审计方法，可以通过查看系统的设计文档、源代码或测试方法找到这些验证规则。在数据预处理过程中，可以依据这些自描述性验证规则进行问题数据识别。预定义审计中可以依据的数据或方法有以下几个：

（1）数据字典。

（2）用户自定义的完整性约束条件，如字段"年龄"的取值范围为 20～40。

（3）数据的自描述性信息，如数字指纹（数字摘要）、校验码、XML Schema 定义。

（4）属性的定义域与值域。

(5) 数据自包含的关联信息。

当来源数据中缺少自描述性验证规则或自描述性验证规则无法满足数据预处理需要时通常采用自定义审计方法。自定义审计时，数据预处理者需要自定义规则。数据验证是指根据数据预处理者自定义验证规则来判断是否为"问题数据"。与预定义审计方法不同，验证规则并非来源数据自带的，而是数据预处理者自定义。验证规则一般可以分为以下两种：

(1) 变量规则：在单个（多个）变量上直接定义的验证规则，如离群值的检查。最简单的实现方式有以下两种：

① 给出一个有效值（或无效值）的取值范围，例如，大学生表中的年龄属性的取值范围为[18,28]。

② 列举所有有效值（或无效值），以有效值（无效值列表）形式定义。例如，大学生表中的性别属性为"男"或"女"。

(2) 函数规则。相对于简单变量规则，函数规则更为复杂，需要对变量进行函数计算。例如，设计一个函数 $f(x)$，并定义规则 $f(age)$=TRUE。

有时，很难用统计学和机器学习等方法发现数据中存在的问题，但可以用数据可视化的方法很容易就能发现问题数据。图 6-3 用可视化方法显示了某数据表中的各字段（属性）中缺失值的个数。

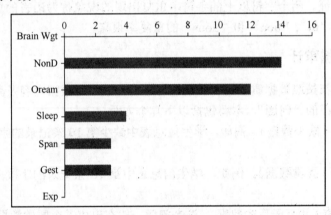

图 6-3 可视化审计

可见，数据可视化是数据审计的重要方法之一。

6.2 数据清洗

数据处理应用是否高效，直接关系到部队体系作战能力的提升。因此，不能将作战数据库当做"垃圾筐"，不能把什么数据都往里面装，需要对已有的作战数据进行清洗，使其符合要求。

数据清洗是在数据审计活动的基础上，将"脏数据"清洗成"干净数据"。"脏数据"是指数据审计活动中发现有问题的数据，例如含有缺失值、冗余内容（重复数据、无关数据等）、噪声数据（错误数据、虚假数据和异常数据等），如图 6-4 所示。

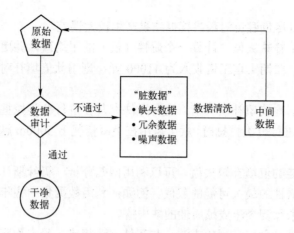

图 6-4　数据审计与数据清洗

需要指出,有时数据需要多轮清洗。一次数据清洗操作之后得到的一般是"中间数据",而不一定是"干净数据",因而,需要对这些"中间数据"进行再次"审计工作",在需要的情况下再次清洗。

数据清洗的具体实现手段包括:填补缺失数据、消除异常数据、平滑噪声数据,以及纠正不一致的数据,下面将逐一介绍。

6.2.1　缺失数据处理

根据缺失数据对分析结果的影响及导致数据缺失的影响因素,选择具体的缺失数据处理策略,如忽略、删除或插值处理,见表 6-3。

表 6-3　缺失值的类型

类型	特征	解决方法
完全随机缺失	某变量的缺失数据与其他任何观测或未观测变量都不相关	较简单,可忽略/删除/插值处理
随机缺失	某变量的缺失数据与其他观测相关,但与未观测变量不相关	
非随机缺失	缺失数据不属于上述"完全随机缺失"或"随机缺失"	较复杂,可采用模型选择法和模式混合法等

假设在分析一个训练记录数据时,发现有多个记录中的成绩数据属性值为空,则可以采用以下方法进行缺失数据处理:

(1)忽略该条记录。若一条记录中有属性值被缺失值了,则将此条记录排除在数据分析或挖掘过程之外,尤其当类别(class)属性的值没有而又要进行分类数据挖掘时。当然这种方法并不很有效,尤其是在每个属性缺失值的记录比例相差较大时。

(2)手工填补缺失值。一般讲这种方法比较耗时,而且对于存在许多缺失值情况的大规模数据集而言,显然可行较差。

(3)利用默认值填补缺失值。对一个属性的所有缺失值的值均利用一个事先确定好的值来填补。如:已知投弹训练成绩良好,但详细成绩记录缺失,则都用良好成绩对应的中值来填补。但当训练成绩缺失而且属性缺失值较多时,若采用这种方法,就可能误导分析和挖掘过程。因此,这种方法虽然简单,但并不推荐使用,或使用时需要仔细分析填补后的情况，以尽量避免对最终挖掘结果产生较大误差。

（4）利用均值填补缺失值。计算一个属性（值）的平均值，并用此值填补该属性所有缺失值的值。如：二期士官工资收入为 11000 元，则用此值填补对应人员类型属性中所有被缺失值的值。

（5）利用同类别均值填补缺失值。这种方法尤其在进行分类挖掘时适用。如：若要对 3000m 跑步成绩进行分类挖掘时，就可以用在类似情况下 5000m 越野属性的平均值来填补所有缺失值。

（6）利用最可能的值填补缺失值。可以利用回归分析、贝叶斯计算公式或决策树推断出该条记录特定属性的最大可能的取值。例如：利用数据集中往年个人训练成绩，可以构造一个决策树来预测今年成绩属性的缺失值。

最后一种方法是一种较常用的方法，与其他方法相比，最大程度地利用了当前数据所包含的信息来帮助预测所缺失值的数据。

6.2.2 冗余数据处理

冗余数据的表现形式可以有多种，如重复出现的数据以及与特定数据分析任务无关的数据（不符合数据分析者规定的某种条件的数据）。通常需要采用数据过滤的方法处理冗余数据。例如，分析某单位男军人的成绩分布情况，需要从该单位整体数据中筛选出男军人的数据（过滤掉女军人数据），生成一个目标数据集（男军人数据集）。

对于重复类冗余数据，通常采用重复过滤方法；对于"与特定数据处理不相关"的冗余数据，一般采用条件过滤方法。

（1）重复过滤。重复过滤是指在识别来源数据集中的重复数据的基础上，从每个重复数据项中选择一项记录作为代表留在目标数据集中。重复过滤需进行两个关键活动，即识别重复数据和过滤重复数据。重复过滤的第一步是找出重复记录。判断记录是否重复的方法有很多种，一般需要根据来源数据的具体结构本身来确定。例如，在关系表中，可以考虑属性值的相似性来确定；在图论中，可以根据计算记录之间的距离来确定。需要注意的是，重复记录是相对概念，并不要求记录中的所有属性值均完全相同。因此，一般由数据分析和处理的需求决定两条记录是否为"重复记录"。

在识别出重复数据的基础上，需要对重复数据进行过滤操作。根据操作复杂度，重复过滤可以分为以下两种：

① 直接过滤，即对重复数据进行直接过滤操作，选择其中的任何数据项作为代表保留在目标数据集中，过滤掉其他冗余数据。

② 间接过滤，即对重复数据进行一定校验、调整、合并操作之后，形成一条新记录。可见，间接过滤比直接过滤活动更为复杂，需要领域知识和领域专家的支持。

（2）条件过滤。条件过滤是指根据某种条件进行过滤，如过滤掉年龄小于 18 岁的士兵记录（或筛选年龄大于等于 18 岁的士兵记录）。从严格意义上讲，重复过滤也是条件过滤的一种特殊表现形式。一般情况下，条件过滤过程中需要对一个或多个属性设置过滤条件，将符合条件的数据放入目标数据集，不符合条件的数据将被过滤掉。

6.2.3 噪声数据处理

"噪声"是指测量变量中的随机错误或偏差。噪声数据的主要表现形式有3种，即错误数据、虚假数据和异常数据，其中异常数据是指对数据分析结果具有重要影响的离群数据或孤立数据。

噪声数据的处理方法如下：

1. 分箱

分箱处理是通过利用对应被平滑数据点的周围点（近邻）对一组排序数据进行平滑。排序后数据分配到若干箱（称为 bucket 或 bin）中。基本思路是将数据集放入若干个"箱子"之后，用每个箱子的均值（或边界值）替换该箱内部的每个数据成员，进而达到噪声处理的目的。下面以成绩数据集 score={60,65,67,72,76,77,84,87,90} 的噪声处理为例介绍分箱处理（采用均值平滑技术的等深分箱方法）的基本步骤。

第1步：将原始数据集 score={60,65,67,72,76,77,84,87,90} 放入以下3个箱中：

箱1：60,65,67

箱2：72,76,77

箱3：84,87,90

第2步：计算每个箱的均值。

箱1的均值：64

箱2的均值：75

箱3的均值：87

第3步：用每个箱的均值替换对应箱内的所有数据成员，进而达到数据平滑（去噪声)的目的。

箱1：64,64,64

箱2：75,75,75

箱3：87,87,87

第4步：合并各箱，得到数据集 score 的噪声处理后的新数据集 score*，即 score*={64,64,64,75,75,75,87,87,87}。

需要补充的是：根据具体实现方法的不同，数据分箱可分为多种具体类型。

（1）根据对原始数据集的分箱策略，分箱方法有两种：等深分箱（每个箱中的成员个数相等）和等宽分箱（每个箱的取值范围/间距，也就是左右边界之差相同），如图6-5所示。

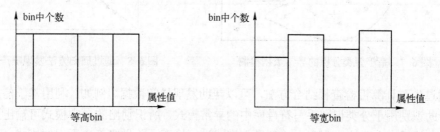

图 6-5　两种典型 bin 方法

一般而言，每个箱的宽度越宽，其平滑效果越明显。此外，分箱方法也可用于属性的离散化处理。

（2）根据每个箱内成员数据的替换方法，分箱方法可以分为均值平滑技术（用每个箱的均值代替箱内成员数据）、中值平滑技术（用每个箱的中值代替箱内成员数据）和边界值平滑技术（边界指箱中的最大值和最小值，边界值平滑是指每个值被最近的边界值替换），如图6-6所示。

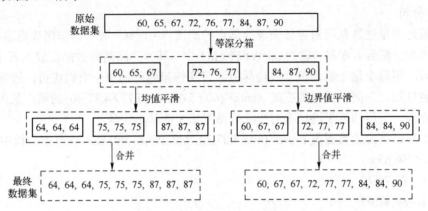

图6-6 均值平滑与边界值平滑

2．聚类方法

通过聚类分析可以帮助发现异常数据（图6-7）。相似或相邻近的数据聚合在一起形成了各个集合，而位于这些聚类集合之外的数据对象，自然而然就被认为是异常数据。

3．回归方法

采用回归分析法对数据进行平滑处理，也可以有效识别并去除噪声数据。例如：使用线性回归（图6-8）方法，包括多变量回归方法，可以获得多个变量之间的一个拟合关系，从而达到利用一个（或一组）变量值来帮助预测另一个变量取值的目的。利用回归分析方法所获得的拟合函数，能够帮助平滑数据及除去其中的噪声。

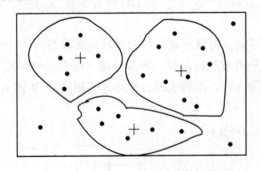

图6-7 基于聚类分析的异常数据检测

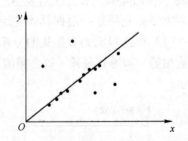

图6-8 通过回归方法发现噪声数据

通过人与计算机检查相结合方法，可以帮助发现异常数据。例如：利用基于信息论方法可帮助识别用于分类识别手写符号库中的异常模式，所识别出的异常模式可输出到一个列表中，然后由人对这一列表中的各异常模式进行检查，并最终确认无用的模式（真正异常的模式）。这种人机结合检查方法比单纯利用手工方法手写符号库进行检查要快得多。

除了离群点、孤立点等异常数据外，错误数据和虚假数据的识别与处理也是噪声处理的重要任务。错误数据或虚假数据的存在也会影响数据分析与洞见结果的信度。相对于异常类噪声的处理，错误数据和虚假数据的识别与处理更加复杂，需要与领域实务知识与经验相结合。因此，与缺失数据与冗余数据的处理不同，噪声数据的处理对领域知识和领域专家的依赖程度很高，不仅需要审计数据本身，还需要结合数据的生成与捕获活动等全生命期进行审计。可见，噪声数据的处理在一定程度上与数据科学家的丰富的实战经验和敏锐的问题意识相关。

6.2.4 不一致数据处理

现实世界的数据中常常会出现数据记录内容的不一致，另外，由于同一属性在不同数据库中的取名不规范，使得在进行数据集成时，也会导致不一致情况的发生。

不一致数据处理一般还是通过领域分析和业务比对检查得出，其中一些数据不一致可以利用它们与外部的关联手工加以解决。例如，输入发生的数据录入错误一般可以与原稿进行对比来加以纠正。

此外还有一些例程可以帮助纠正使用编码时所发生的不一致问题，知识工程工具也可以帮助发现违反数据约束条件的情况。

6.3 数据变换

数据变换（data transformation）主要是对数据进行标准化（normalization）操作。在正式进行数据挖掘之前，尤其是使用基于对象距离的挖掘算法时（如神经网络、最近邻分类等），必须进行数据标准化。显性化的表现是将属性值缩至特定的范围之内，如[16, 100]。对于一个现役军人信息数据库中的年龄属性或工资属性，由于工资属性的取值比年龄属性的取值要大许多，如果不进行标准化处理，基于工资属性的距离计算值显然将远超基于年龄属性的距离计算值，这就意味着工资属性的作用在整个数据对象的距离计算中被错误地放大了。

数据变换常见的策略如表 6-4 所列。

表 6-4 数据变换的类型

序号	方法	目的
1	平滑处理	去除噪声数据
2	特征构造	构造出新的特征
3	聚集	进行粗粒度计算
4	离散化	用区间或概念标签表示数据
5	标准化	将特征（属性）值按比例缩放，使之落入一个特定区间

（1）平滑处理（smoothing）：去掉数据中的噪声，常用方法有分箱、回归和聚类等，参见 6.2 节。

（2）特征构造（又称属性构造）：采用一致的特征（属性）构造出新的属性，用于描述客观现实。例如，根据已知质量和体积特征计算出新的特征（属性）——密度，而后续数据处理直接用新增的特征（属性）。

（3）聚集：对数据进行汇总或聚合处理，进而进行粗粒度计算，例如可以通过对日消耗量数据计算出月消耗量。这种操作常用于对数据进行多细度的分析。

（4）离散化：将数值类型的属性值（如年龄）用区间标签（如0～18、19～44、45～59和60～100等）或概念标签（如儿童、青年、中年和老年等）表示。可用于数据离散化处理的方法有很多种，如分箱、聚类、直方图分析等。

（5）标准化（又称规范化）：就是将有关属性数据按比例投射到特定小范围之中，以消除数值型属性因大小不一而造成结果的偏差。将特征（属性）值按比例缩放，使之落入一个特定的区间，如将工资收入属性值映射到0.0到1.0范围内。常用的数据规范化方法有 min-max 标准化和 z-score 标准化等。

标准化处理是数据大小变换最常用的方法。其处理的目的是将数据按比例缩放，使之落入一个特定区间。在某些比较和评价类的指标处理中经常需要消除数据的单位限制，将其转化为无量纲的纯数值，便于不同单位或量级的指标之间进行比较和加权。标准化处理常用于神经网络、基于距离计算的最近邻分类和聚类挖掘的数据预处理。对于神经网络，采用标准化后的数据不仅有助于确保学习结果的正确性，而且也会帮助提高学习的速度。对于基于距离计算的挖掘，标准化方法可以帮助消除因属性取值范围不同而影响挖掘结果的公正性。

6.3.1 大小变换

1. 0-1规范化

也称为 min-max 规范化方法，是对原始数据的线性变换，使结果落到[0,1]区间，转换函数如下：

$$x^* = \frac{x - \min}{\max - \min}$$

式中：min，max 分别为样本数据的最大值和最小值；x，x^*分别为标准化处理前的值和标准化处理后的值。

min-max 标准化比较简单，但也存在一些缺陷，即当有新数据加入时，可能导致最大值和最小值的变化，需要重新定义 min 和 max 的取值。此外，如果原始数据存在小部分很大/很小的数据时，会造成大部分数据规范化后接近于 0/1，区分度不大。

示例：假设士官收入属性的最大最小值分别是12000元和6000元，若要利用最大最小标准化方法将属性 income 的值映射到0至1的范围内，那么对 income 为7400元将被转化为

$$\frac{7400 - 6000}{12000 - 6000} + 0.0 = 0.233$$

2. z-Score 规范化

假设 A 与 B 的考试成绩都为80分，A 的考卷满分是100分（及格60分），B 的考卷满分是500分（及格300分）。虽然两个人都考了80分，但是 A 的 80 分与 B 的 80 分代表完全不同的含义。

z-Score 规范化就是用来解决这一类问题的，也称为零均值标准化方法，该方法是根据属性 A 的均值和偏差来对 A 进行标准化，经过处理的数据符合正态分布。可通过以下计算公式获得 v 的映射值 v'。

$$v' = \frac{v - \overline{A}}{\sigma_A}$$

式中：$\overline{A}$，σ_A 分别为属性 A 的均值和方差。

这种标准化方法常用于属性 A 最大值与最小值未知；或使用最大最小标准化方法时会出现异常数据的情况。

z-Score 规范化得到的是给定数据距离其均值多少个标准差。变换后数据的均值为 0，方差为 1，结果没有实际意义，仅用于比较。

示例：假设某单位开支属性的均值与方差分别为 612000 元和 47000 元，使用零均值标准化方法将 612000 元的开支属性值映射为

$$\frac{612000 - 546000}{47000} = 1.404$$

3. 小数定标规范化

小数定标规范化就是通过移动小数点的位置来进行规范化，将数据变换至[-1,1]。小数点移动多少位取决于属性的取值中的最大绝对值。定义为

$$x^* = \frac{x}{10^k}$$

式中：k 值取决于属性取值中的最大绝对值。

例如属性 A 的取值范围为-999~88，那么最大绝对值为 999，小数点就会移动 3 位，即新数值=原数值/1000。那么 A 的取值范围就被规范为-0.999 到 0.088。

6.3.2 类型变换

在数据预处理过程中，经常需要将来源数据中的类型转换为目标数据集的类型。例如，当来源数据集中存在以字符串形式存储的变量"出生日期"取值时，需要将其转换为"日期类型"的数据。根据变量类型转换中的映射关系，可分为以下两种：

1. 一对一转换

一对一转换是指将来源数据集中的变量数据类型直接转换为目标数据集中所需要的数据类型，类型转换之后目标数据与来源数据之间存在一对一的对应关系，例如将变量"出生日期"的类型从字符串转换为日期类型（表 6-5）。

表 6-5 一对一转换

来源变量的值（字符串型）	目标变量的值（日期型）
1969 年 12 月 30 日	1969/12/30
1980 年 1 月 1 日	1980/1/1

2. 多对一转换

多对一转换是指当来源数据集中的变量数据类型映射为另一个数据类型时，目标数据项与来源数据项之间进行多对一的映射，如表 6-6 所列。

表 6-6 多对一转换

来源变量的值（日期型）	目标变量的值（字符串型）
≤1969/12/31	70 前
1970/1/1~1979/12/31	70 后

续表

来源变量的值（日期型）	目标变量的值（字符串型）
1980/1/1～1989/12/31	80后
1990/1/1～1999/12/31	90后
≥2000/1/1	00后

6.4 数据集成

在数据处理过程中，有时需要对来自不同数据源的数据进行集成处理，并在集成后得到的数据集之上进行数据处理。数据集成就是将来自多个数据源（如数据库、文件等）数据合并到一起。

在拿到了原始数据之后，它可能是以逗号分隔的文本文件，或者 Excel 电子表格，需要对它们进行格式化，并迁移到待处理数据空间中。

6.4.1 基本类型

数据集成的形式主要两种，即内容集成与结构集成。数据集成的实现方式可以有多种，不仅可以在物理上（如生成另一个关系表）实现数据集成，而且还可以在逻辑上（如生成一个视图）实现数据集成。

（1）内容集成。当目标数据集的结构与来源数据集的结构相同时，集成过程对来源数据集中的内容（个案）进行合并处理。可见，内容集成的前提是来源数据集中存在相同的结构或可通过变量映射等方式视为相同结构。在实际工作中，内容集成还涉及模式集成、冗余处理、冲突检测与处理等数据清洗操作。

（2）结构集成。与内容集成不同的是，结构集成中目标数据集的结构与来源数据集不同。在结构集成中，目标数据集的结构为对各来源数据集的结构进行合并处理后的结果。以图 6-9 为例，目标表的结构是对来源表的结构进行了"自然连接"操作后得出的结果。因此，结构集成的过程可以分为结构层次的集成和内容层次的集成两个阶段。在结构集成过程中可以进行属性选择操作。因此，目标数据集的结构并不一定是各来源数据集结构的简单合并。以图 6-9 为例，如果增加属性选择条件，可以得到另一种目标数据结构。

6.4.2 主要问题

数据集成（包括内容集成和结构集成）中需要注意以下 3 个基本问题：

1. 模式集成问题

如何使来自多个数据源的现实世界的实体相互匹配，其中就涉及实体识别问题。例如，如何确定一个数据库中的"custom_id"与另一个数据库中的"cust_number"是否表示同一实体。数据库与数据仓库通常包含元数据，元数据就是关于数据的数据，这些元数据可以帮助避免在模式集成时发生错误。

2. 冗余问题

这是数据集成中经常发生的另一个问题。若一个属性可以从其他属性中推演出来，那这个属性就是冗余属性。如一个顾客数据表中的平均月收入属性,就是冗余属性,显然它可以根据月收入属性计算出来。此外,属性命名规则的不一致也会导致集成后的数据集中出现冗余现象。

序号	姓名	性别	出生年月	婚姻状态	...
1	张三	男	1990.01	已婚	...
2	李四	女	1992.12	未婚	...
3	王五	男	1988.12	已婚	...
4	赵六	女	1993.12	再婚	...

序号	姓名	性别	出生年月	家庭住址	月收入	...
1	张三	男	1990.01	北京市海淀区颐和园路	7655.00	...
2	李四	女	1992.12	浙江省杭州市西湖区余杭塘路	8958.00	...
3	王五	男	1988.12	哈尔滨市南岗区西大直街	9985.00	...
4	赵六	女	1993.12	湖北省武汉市武昌区八一路	6958.00	...
5	张三	女	1992.12	哈尔滨市南岗区西大直街	5000.00	...

序号	姓名	性别	出生年月	家庭住址	婚姻状态	月收入	...
1	张三	男	1990.01	北京市海淀区颐和园路	已婚	7655.00	...
2	李四	女	1992.12	浙江省杭州市西湖区余杭塘路	未婚	8958.00	...
3	王五	男	1988.12	哈尔滨市南岗区西大直街	已婚	9985.00	...
4	赵六	女	1993.12	湖北省武汉市武昌区八一路	再婚	6958.00	...
5	张三	女	1992.12	哈尔滨市南岗区西大直街	未婚	5000.00	...

图 6-9 结构集成

除了检查属性是否冗余之外,还需要检查记录行的冗余。

可以利用相关分析的方法来判断是否存在数据冗余问题。例如,已知两个属性,则根据这两个属性的数值分析它们之间的相关度。属性 A 和属性 B 之间的相关度可根据以下计算公式分析获得:

$$r_{A,B} = \frac{\sum(A-\overline{A})(B-\overline{B})}{(n-1)\sigma_A\sigma_B}$$

$\overline{A}$ 和 $\overline{B}$ 分别代表属性 A 和 B 的平均值,即

$$\overline{A} = \frac{\sum A}{n}$$

$$\overline{B} = \frac{\sum B}{n}$$

σ_A 和 σ_B 分别代表属性 A 和 B 的标准方差,即

$$\sigma_A = \sqrt{\frac{\sum(A-\overline{A})^2}{n-1}}$$

$$\sigma_B = \sqrt{\frac{\sum(B-\overline{B})^2}{n-1}}$$

(1) 若 $r_{A,B} > 0$，则属性 A，B 之间是正关联，也就是说若 A 增加，B 也增加；$r_{A,B}$ 值越大，说明属性 A，B 正关联关系越密。

(2) 若 $r_{A,B} = 0$，则属性 A，B 相互独立，两者之间没有关系。

(3) 若 $r_{A,B} < 0$，则属性 A，B 之间是负关联，也就是说若 A 增加，B 就减少；$r_{A,B}$ 绝对值越大，说明属性 A 负关联关系越密。

3. 冲突检测与消除

对于一个现实世界实体，其来自不同数据源的属性值或许不同。产生这样的问题原因可能是表示的差异、比例尺度不同或编码差异等。例如，重量属性在一个系统中采用公制，而在另一个系统中却采用英制。同样价格属性不同地点采用不同货币单位。这些语义的差异为数据集成提出许多问题。因此，被集成数据的语义差异的存在是数据集成的主要挑战之一。

6.5 数 据 消 减

数据消减（data reduction）的目的是在不影响（或基本不影响）最终的分析和挖掘结果情况下，缩小数据的规模。现有的数据消减包括：①数据聚合，如构造数据立方；②消减维数，如通过相关分析消除多余属性；③数据压缩，如利用编码方法（如最小编码长度或小波）；④数据块消减，如利用聚类或参数模型替代原有数据。此外利用基于概念树的泛化也可以实现对数据规模的消减。

数据规模越大，进行复杂的数据分析需要耗费时间和资源也就越多，甚至有些情况下使得分析变得不现实和不可行，尤其是在交互式数据挖掘时。数据消减技术关键就在于从原有庞大数据集中获得一个精简的数据集合，并尽量保持原有数据集的完整性，确保数据分析和挖掘可行而高效，从而保证消减后的数据集与使用原有数据集所获得结果基本相同。

数据消减的主要策略有以下几种：

(1) 数据立方合计（data cube aggregation）。这类合计操作主要用于构造数据立方（数据仓库操作），如图 6-10 所示。

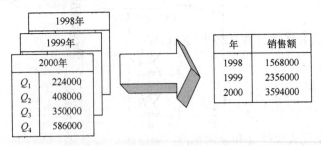

图 6-10 数据合计描述示意图

(2) 维数消减。主要用于检测和消除无关、弱相关，或冗余的属性或维（数据仓库中属性）。

(3) 数据压缩。利用编码技术压缩数据集的大小。

（4）数据块消减。利用更简单的数据表达形式，如参数模型、非参数模型（聚类、采样、直方图等）来取代原有的数据。

（5）离散化与概念层次生成。离散化就是利用取值范围或更高层次概念来替换初始数据。利用概念层次可以帮助挖掘不同抽象层次的模式知识。

6.5.1 数据立方合计

图 6-10 所示是一个对某公司 3 年销售额的合计处理（aggregration）的示意描述。而图 6-11 则描述在 3 个维度上对某公司原始销售数据进行合计所获得的数据立方。

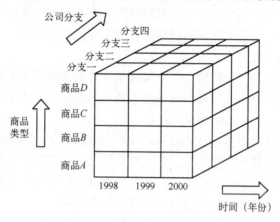

图 6-11 数据立方合计描述示意

图 6-11 就是一个三维数据立方。它从时间（年份）、公司分支、商品类型 3 个角度（维）描述相应（时空）的销售额（对应一个小立方块）。每个属性都可对应一个概念层次树，以帮助进行多抽象层次的数据分析。一个分支属性的（概念）层次树，可以提升到更高一层的区域概念，这样就可以将多个同一区域的分支合并到一起。

在最低层次所建立的数据立方称为基立方（base cuboid），而最高抽象层次的数据立方称为顶立方（apex cuboid）。顶立方代表整个公司 3 年、所有分支、所有类型商品的销售总额。显然每一层次的数据立方都是对其低一层数据的进一步抽象，因此它也是一种有效的数据消减。

6.5.2 维数消减

数据集属性数量不确定，有可能成百上千，其中许多属性与对应的分析、挖掘任务无关，或者属性之间存在冗余现象。例如：要分析或挖掘士兵是否会在个人第二专业选择时，他们的电话号码则明显与分析或挖掘任务无关。但如果利用人类专家靠简单判断来逐个挑选有用的属性，则是一件困难和费时费力的工作，特别是当数据的内涵并不十分清楚的时候。无论是漏掉相关属性，还是选择了无关属性参加数据分析和挖掘工作，都将严重影响最终结果的正确性和有效性。此外多余而无关的属性则会带来效率的降低。

维数消减是通过消除多余和无关的属性，从而有效消减数据的规模。通常采用属性子集的选择方法，其目标是寻找出最小的属性子集并确保新数据子集的概率分布尽可能接近原来数据集的概率分布。利用筛选后的属性集进行数据分析或挖掘所获结果，由于使用了较少的属性，从而使得用户更加容易得到结果。

包含 K 个属性的集合共有 2^K 个不同子集，从初始属性集中发现较好的属性子集的过程就是最优化穷尽搜索的过程，显然随着 K 不断增加，搜索的可能将会增加到难以实现的地步。因此一般需要利用启发知识，帮助有效缩小搜索空间，基本思路是基于可能获得全局最优的局部最优，指导并帮助获得相应的属性子集。

可以利用统计重要性，确定选择"最优"或"最差"属性（假设各属性之间都是相互独立的）。此外还有许多评估属性的方法，如用于构造决策树的信息增益方法。

构造属性子集的基本启发式方法有以下两种：

（1）逐步添加方法。该方法从一个空属性集（作为属性子集初始值）开始，每次从原来属性集合中选择一个当前最优的属性添加到当前属性子集中，直到无法选择出最优属性或满足一定阈值约束为止。

（2）逐步消减方法。该方法从一个全属性集（作为属性子集初始值）开始，每次从当前属性子集中选择一个当前最差的属性并将其从当前属性子集中消去，直到无法选择出最差属性为止或满足一定阈值约束为止。

（3）消减与添加结合方法。该方法将逐步添加方法与逐步消减方法结合在一起，每次从当前属性子集中选择一个当前最差的属性并将其从当前属性子集中消去，以及从原来属性集合中选择一个当前最优的属性添加到当前属性子集中，直到无法选择出最优属性且无法选择出最差属性为止，或满足一定阈值约束为止。

（4）决策树归纳方法。可用于分类的决策树算法也可以用于构造属性子集。具体方法就是：利用决策树的归纳方法对初始数据进行分类归纳学习，获得一个初始决策树，所有没有出现在这个决策树上的属性均认为是无关属性，因此将这些属性从初始属性集合删除掉，就可以获得一个较优的属性子集。

通常利用属组类别帮助进行属性的选择，以使它们能够更加适合概念描述和分类挖掘。由于在冗余属性与相关属性之间没有绝对界线，因此利用无监督学习方法进行属性选择是一个较新研究领域。

6.5.3 数据压缩

数据压缩就是利用数据编码或数据变换将原来的数据集合压缩为一个较小规模的数据集合。若压缩后的数据可以无额外条件地恢复成原来的数据集，那么称该压缩是无损的（loseless），否则就称为有损的（lossy）。在数据分析和挖掘时，常用的两种数据压缩方法（小波变换和主成分分析）均是有损的压缩算法。

1. 小波分析

离散小波变换是一种线性信号处理技术，可以将一个数据向量 D 转换为另一个数据向量 D'，且两个向量具有相同长度。但是对后者而言，舍弃了其中的一些小波相关系数。例如，保留所有大于用户指定阈值的小波系数，而将其他小波系数置为 0，以帮助提高数据处理的运算效率。该方法可以在保留数据主要特征情况下除去数据中的噪声，因此能有效地进行数据清洗。此外给定一组小波相关系数，利用离散小波变换的逆运算还可以近似恢复成原来的数据。

应用离散小波变换进行数据变换时，通常采用通用层次（hierarchical pyramid）算法，该算法在每次循环时，可将数据一分为二进行并行处理，以获得更快的运算性能。

离散傅里叶变换与离散小波变换相近，也是一个信号处理技术。但一般情况下，离散小波变换具有更好的有损压缩性能，也就是给定同一组数据向量（相关系数），利用离散小波变换所获得的（恢复）数据比利用离散傅里叶变换所获得的（恢复）数据更接近原来的数据。

2. 主成分分析

主成分分析（PCA）也称主分量分析、主要素分析，旨在利用降维的思想，把多指标转化为少数几个综合指标，即主成分，其中每个主成分都能够反映原始变量的大部分信息，且所含信息互不重复。该方法在引进多方面变量的同时将复杂因素归结为几个主成分，使问题简单化，同时得到的结果更加科学有效的数据信息。在实际问题研究中，为了全面、系统地分析问题，必须考虑众多影响因素。涉及的因素一般称为指标，在多元统计分析中也称为变量。因为每个变量都不同程度上反映了所研究问题的某些信息，并且指标之间有一定的相关性，因而所得的统计数据反映出的信息在一定程度上有重叠。主要方法有特征值分解、SVD、NMF 等。

PCA 方法的计算量不大且可以用于取值有序或无序的属性，同时也能处理稀疏或异常（skewed）数据。PCA 方法还可以将多于两维的数据通过处理降为两维数据。与离散小波变换相比，PCA 方法能较好地处理稀疏数据；而离散小波变换则更适合对高维数据进行处理变换。

6.5.4 数据块消减

数据块消减方法主要包含参数与非参数两种基本方法。其中，参数方法是利用数学模型，通过计算获得原来的数据，因此只需要存储模型的参数即可（当然异常数据也需要存储）。例如，线性回归模型就可以根据一组变量预测计算另一个变量。而非参数方法则是利用直方图、聚类或取样等方式获得消减后的数据集。下面分别介绍这几种主要的数据块消减方法。

1. 回归与线性对数模型

回归与线性对数模型可用于拟合所给定的数据集。线性回归方法是利用一条直线模型对数据进行拟合。例如，利用自变量 X 的一个线性函数可以拟合因变量 Y 的输出，其线性函数模型为

$$Y = \alpha + \beta X$$

式中：α 和 β 为回归系数，也是直线的截距和斜率，可以通过最小二乘法计算获得。

多变量回归利用多个自变量的一个线性函数拟合因变量 Y 的输出，其主要计算方法与单变量线性函数计算方法类似。

对数线性模型拟合多维离散概率分布。该方法能够根据构成数据立方的较小数据块（cuboids），对其一组属性的基本单元分布概率进行估计，并且利用低阶的数据立方构造高阶的数据立方。

回归与对数线性模型均可用于稀疏数据以及异常数据的处理，但是回归模型对异常数据的处理结果要好得多。应用回归方法处理高维数据时计算复杂度较大；而对数线性模型则具有较好可扩展性（在处理 10 个左右的属性维度时）。

2. 直方图

直方图是利用 bin 方法对数据分布情况进行近似，它是一种常用的数据消减方法。一个属性 A 的直方图就是根据属性 A 的数据分布将其划分为若干不相交的子集。这些子集沿水平轴显示，其高度（或面积）与该 bucket 所代表的数值平均（出现）频率成正比。若每个 bucket 仅代表一偶对属性值/频率，则这一 bucket 就称为单 bucket。通常 buckets 代表某个属性的一段连续值。

示例：以下是一个商场所销售商品的价格清单（按递增顺序排列，括号中的数表示前面数字出现次数）：

1（2）、5（5）、8（2）、10（4）、12、14（3）、15（5）、18（8）、20（7）、21（4）、25（5）、28、30（3）

上述数据所形成属性值/频率对的直方图如图 6-12 所示。

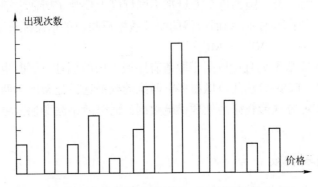

图 6-12　数据直方图描述示意（以 1 元为单位）

构造直方图所涉及的数据集划分方法有以下几种：

（1）等宽方法。在一个等宽的直方图中，每个 bucket 的宽度（范围）是相同的。

（2）等高方法。在一个等高的直方图中，每个 bucket 中数据个数是相同的。

（3）V-Optimal 方法。若对指定 bucket 个数的所有可能直方图进行考虑，V-Optimal 方法所获得的直方图在这些直方图中变化最小。直方图变化最小，就是指每个 bucket 所代表数值的加权之和；其权值为相应 bucket 的数据个数。

（4）MaxDiff 方法：MaxDiff 方法以相邻数值（对）之差为基础，一个 bucket 的边界则是由包含有 0~1 个最大差距的数值对所确定，其中的 0 为用户指定的阈值。

V-Optimal 方法和 MaxDiff 方法一般讲更准确和实用。直方图在拟合稀疏和异常数据具有较高的效能。此外，直方图方法也可以用于处理多维（多属性类型）的情况，多维直方图能够描述出属性间的相互关系。

3. 聚类

聚类技术将数据行视为对象。对于聚类分析所获得的组或类具有如下性质：同一组或类中的对象彼此相似，而不同组或类中的对象彼此不相似。相似通常利用多维空间中的距离来表示。一个组或类的"质量"可以用其所含对象间的最大距离（称为半径）来衡量；也可以用中心距离（centroid distance），即以组或类中各对象与中心点（centroid）距离的平均值来作为组或类的"质量"。

在数据消减中，数据的聚类表示用于替换原来的数据。当然，这一技术的有效性依赖于实际数据内在规律，在处理带有较强噪声数据采用数据聚类方法常常是非常有效的。

4. 采样

采样方法由于可以利用一小部分（子集）来代表一个大数据集，从而可以作为数据消减的一个技术方法。假设一个大数据集为 D，其中包括 N 个数据行。几种主要采样方法说明如下：

（1）无替换简单随机采样方法（简称 SRSWOR 方法）。该方法从 N 个数据行中随机（每一数据行被选中的概率为 $1/N$）抽取出 n 个数据行，以构成由 n 个数据行组成采样数据子集，如图 6-13 所示。

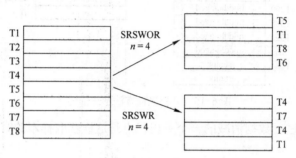

图 6-13　两种随机采样方法示意描述

（2）有替换简单随机采样方法（简称 SRSWR 方法）。该方法与无替换简单随机采样方法类似。该方法也是从 N 个数据行中每次随机抽取一数据行，但该数据行被选中后仍将留在大数据集 D 中，这样最后获得由 n 个数据行组成采样数据子集中可能会出现相同的数据行。

（3）聚类采样方法。首先将大数据集 D 划分为 M 个不相交的"类"，然后再从这 M 个类中的数据对象分别进行随机抽取，这样就可以最终获得聚类采样数据子集，如图 6-14 所示。

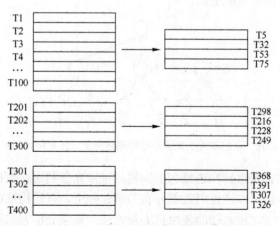

图 6-14　聚类采样方法示意描述

（4）分层采样方法。若首先将大数据集 D 划分为若干不相交的"层"（stratified），然后再分别从这些"层"中随机抽取数据对象，从而获得具有代表性的采样数据子集。例如：可以对一个军人数据集按照年龄进行分层，然后再在每个年龄组中进行随机选择，从而确保了最终获得分层采样数据子集中的年龄分布具有代表性，如图 6-15 所示。

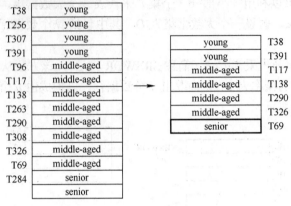

图 6-15　分层采样方法示意描述

利用采样方法进行数据消减的一个突出优点是这样获取样本的时间仅与样本规模成正比。

6.5.5　离散化和概念层次树生成

离散化技术方法是通过将属性（连续取值）域值范围分为若干区间，利用区间值代替个体属性值，从而消减一个连续属性的取值个数。在基于决策树的分类挖掘中，通过离散化处理，消减一个属性的取值个数，是一个极为有效的数据预处理步骤。

图 6-16 描述的是一个年龄属性的概念层次树。概念层次树可以通过利用较高层次概念替换低层次概念（如年龄的数值）而减少原来数据集。虽然某些细节在数据泛化过程中消失了，但这样所获得的泛化数据会更易于理解、更有意义，重要的是在消减后的数据上进行数据分析和挖掘效率更高。

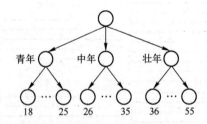

图 6-16　年龄属性的概念层次树描述示意（从青年到壮年）

一般不需要手工方式重新构造概念层次树，可以充分利用在数据库模式定义中隐含的层次描述。此外，也可以通过对数据分布的统计分析，自动构造或动态完善出概念层次树。数值型的概念层次树与前面使用直方图方法、聚类分析方法等相似，在此不再重复。本节关注使用更为普遍的概念层次树生成方法：类别概念层次树生成。

类别数据是一种离散数据。类别属性可取有限个不同的值，且这些值之间无大小和顺序。典型的属性有：国家、任务、职业类别等。构造类别属性的概念层次树的主要方法如下：

（1）属性值的顺序关系已在用户或专家指定的模式定义说明。构造属性（或维）的概念层次树涉及一组属性；通过在（数据库）模式定义时指定各属性的有序关系，可以帮助轻松构造出相应的概念层次树。例如：一个关系数据库中的地点（location）属性将会涉及以下属性：街道、城市、省和国家。根据数据库模式定义时的描述，可以很容易地构造出（含有顺序语义）层次树，即：街道<城市<省<国家。

（2）通过数据聚合来描述层次树。在大规模数据库中，希望通过穷举所有值而构造一个完整概念层次树是不切实际的，但可以对其中一部分数据进行聚合说明。例如：在模式定义基础构造了省和国家的层次树，还可以根据日常经验和表达，添加"地区"作为中间层次，例如：{安徽、江苏、山东}∈华东地区，{广东、福建}∈华南地区。

（3）定义一组属性但不说明其顺序。用户可以简单将一组属性组织在一起以便构成一个层次树，但没有说明这些属性相互关系。这就需要自动产生属性顺序以便构造一个有意义的概念层次树。没有数据语义的知识，想要获得任意一组属性的顺序关系是很困难的。有一个重要线索就是：高层次概念通常包含了若干低层次概念。定义属性的一个高层次概念通常包含了比一个低层次概念所包含要少一些的不同值。根据这一观察，就可以通过给定属性集中每个属性的一些不同值自动构造一个概念层次树。拥有最多不同值的属性被放到层次树最低层；拥有的不同值数目越少在概念层次树上所放的层次越高。这条启发知识在许多情况下工作效果都很好。用户或专家在必要时，可以对所获得的概念层次树进行局部调整。

示例：假设针对装备生产厂家地址属性，选择了一组地点属性：街道、城市、省和国家，但没有说明这些属性层次顺序关系。

地点的概念层次树可以通过以下步骤自动产生：

（1）首先根据每个属性不同值的数目从小到大进行排序，从而获得这样的顺序，其中括号内容为相应属性不同值的数目。Country（15）、Province（65）、City（3567）和Street（674339）。

（2）根据所排顺序自顶而下构造层次树，即第一个属性在最高层，最后一个属性在最低层。所获得的概念层次树如图6-17所示。

图6-17 自动生成的地点属性概念层次树示意描述

（3）最后用户对自动生成的概念层次树进行检查，必要时进行修改以使其能够反映所期望的属性间相互关系。本例中没有必要进行修改。

值得注意的是：上述启发知识并非始终正确。如：在一个带有时间描述的数据库中，time 属性涉及 20 个不同年（year）、12 个不同月（month）和 7 个不同星期（week）的值，则根据上述自动产生概念层次树的启发知识，可以获得：year<month<week。星期（week）在概念层次树的最顶层，这显然是不符合实际的。

（4）仅说明一部分属性。有时用户仅能够提供概念层次树所涉及的一部分属性。例如：用户仅能提供与地点属性有关部分属性：街道和城市。在这种情况下就必须利用数据库模式定义中有关属性间的语义联系来帮助获得构造层次树所涉及的所有属性，必要时用户可以对所获的相关属性集内容进行修改完善。

示例：假设一个数据库系统将以下 5 个属性联系在一起，即：门牌、街道、城市、省和国家。这五个属性与地点（location）属性密切相关。若用户仅说明地点属性的概念层次树中有城市属性，系统应能自动抽取出上述 5 个属性来构造层次树。用户可以除去概念层次树中的门牌和街道两个属性，这样城市属性就成为概念层次树中的最底层内容。

习　题

1．在现实数据中，记录在某些属性缺少值是经常发生的事，试描述处理该问题的各种方法。

2．属性 age 包括如下值（以递增序）：13，15，16，16，19，20，20，21，22，22，25，25，25，25，30，33，33，35，35，35，35，36，40，45，46，52，70。

（1）使用深度为 3 的箱，用箱均值光滑以上数据。说明你的步骤，讨论这种技术对给定数据的效果。

（2）等宽划分。

（3）如何确定该数据中的离群点？

（4）还有什么其他方法来光滑数据？

3．使用如下方法规范化如下数据组：200，300，400，600，1000

（1）令 min=0，max=1，最小-最大规范化；

（2）Z 分数规范化；

（3）小数定标规范化。

4．思考 3 种规范化方法的值域。

5．使用流程图概述如下属性子集选择过程。

（1）逐步向前选择；

（2）逐步向后删除；

（3）向前选择和向后删除的结合。

第 7 章 作战数据分析与挖掘

数据即事实,是实验、测量、仿真、观察、调查等的结果。数据分析指组织有目的地采集数据、详细研究和概括总结数据,从中提取有用信息并形成结论的过程,其目的是从一堆杂乱无章的数据中采集、萃取和提炼出信息,探索数据对象的内在规律。概念上,数据分析的任务分解为定位、识别、区分、分类、聚类、分布、排列、比较、内外连接比较、关联、关系等活动。基于数据可视化的分析任务则包括识别、决定、可视化、比较、推理、配置和定位。基于数据的决策则可分解为确定目标、评价可供选择方案、选择目标方案、执行方案等。

数据分析从统计学中发展而来,在各行业中体现出极大的价值。具有代表性的数据分析方向有描述性统计分析、探索式数据分析和验证性数据分析 3 类。其中探索式数据分析主要强调从数据中寻找出之前没有发现过的特征和信息,验证性数据分析则强调通过分析数据来验证或证伪已提出的假说。统计分析中的传统数据分析工具包括:排列图、因果图、分层法、调查表、散布图、直方图、控制图等。面向复杂关系和任务,又发展了新的分析手段,如关联图、系统图、矩阵图、计划评审技术、矩阵数据图等。

数据分析与自然语言处理、数值计算、认知科学、计算机视觉等结合,衍生出不同种类的分析方法和相应的分析软件。例如,科学计算领域的 MATLAB,机器学习领域的 Weka,自然语言处理领域的 SPSS/Text、SASTextMiner,计算机视觉领域的 OpenCV,图像处理领域的 Khoros、IRIS Explorer 等。

从流程上看,数据分析以数据为输入,处理完毕后提炼出对数据的理解。因此,在整个数据工作流中,数据分析建立在数据组织和管理基础上,通过通信机制和其他应用程序连接,并采用数据可视化方法呈现数据分析的中间结果或最终结论。面向大型或复杂的异构数据集,数据分析的挑战是结合数据组织和管理的特点,考虑数据可视化的交互性和操控性要求。一方面,部分数据分析方法采取增量式的策略,但不提供给用户任何中间结果,阻碍了用户对数据分析中间结果的理解和对分析过程的干预。解决方案之一是设计标准化协议。例如,微软公司定义了用于分析 XML 的协议,其核心是数据挖掘模型(data mining models)和可预测模型标记语言(PMML)。另一方面,用户对部分数据分析结果或可视化结果可能会进行微调、定位、选取等操作,这需要数据分析方法针对细微调节快速修正。

数据挖掘被认为是一种专门的数据分析方式,与传统的数据分析(如统计分析、联机分析处理)方法的本质区别是前者在没有明确假设的前提下去挖掘知识,所得到的信息具有未知、有效和实用 3 个特性,并且数据挖掘的任务往往是预测性的而非传统的描述性任务。数据挖掘的输入可以是数据库或数据仓库,或者是其他的数据源类型,例如网页、文本、图像、视频、音频等。

数据挖掘是一个从大量的、不完全的、有噪声的、模糊的、随机的实际数据中提取隐含在其中的但具有潜在实用信息和知识的过程。从数据挖掘的定义可以看出数据挖掘是知识发现领域的一个重要技术，它涉及人工智能、机器学习、模式识别、统计学等高技术领域，具体技术包括特征化、关联、聚类、预测分析等。数据挖掘在互联网、移动互联网、电信、金融、科学研究等领域得到了广泛的应用，例如 Meta 的好友推荐、Amazon 和淘宝网的商品推荐、银行的防欺诈分析等。传统的数据挖掘技术建立在关系型数据库、数据仓库之上，对数据进行计算，找出隐藏在数据中的模型或关系，并在大规模的数据上进行数据访问和统计计算，整个挖掘的过程需要消耗大量的计算资源以及存储资源。

数据挖掘并不验证某个假定的模型的正确性，而是从数据中计算未知的模型，因此本质上是一个归纳的过程，通过构建模型对未来进行预测。数据挖掘并不能替代传统的统计分析和探索式数据分析技术。在实际应用中，需要针对不同的问题类型采用不同的方法。特别地，将数据可视化作为一种可视思考策略和解决方法，可以有效地提高统计分析、探索式数据分析、数据挖掘的效率。

7.1 探索式数据分析

统计学家最早意识到数据的价值，提出一系列数据分析方法用于理解数据特性。数据分析不仅有助于用户选择正确的预处理和处理工具，还可以提高用户识别复杂数据特征的能力。探索式数据分析是统计学和数据分析结合的产物。著名的统计学家、信息可视化先驱 John Tukey 在其著作 *Exploratory Data Analysis* 中，将探索式数据分析定义为一种以数据可视化为主的数据分析方法，其主要目的包括：洞悉数据原理、发现潜在数据结构、抽取重要变量、检测离群值和异常值、测试假设、发展数据精简模型、确定优化因子设置等。

探索性数据分析（exploratory data analysis，EDA）是指对已有数据在尽量少的先验假设下通过作图、制表、方程拟合、计算特征量等手段探索数据的结构和规律的一种数据分析方法，该方法在 20 世纪 70 年代由美国统计学家 J.K.Tukey 提出。传统的统计分析方法常常先假设数据符合一种统计模型，然后依据数据样本来估计模型的一些参数及统计量，以此了解数据的特征，但实际中往往有很多数据并不符合假设的统计模型分布，这导致数据分析结果不理想。EDA 则是一种更加贴合实际情况的分析方法，它强调让数据自身"说话"，通过 EDA 我们可以最真实、直接地观察到数据的结构及特征。

探索式数据分析是一种有别于统计分析的新思路，不等同于以统计数据可视化为主的统计图形方法。传统的统计分析关注模型，即估计模型的参数，从模型生成预测值。大多数探索式数据分析关注数据本身：结构、离群值、异常值和数据导出的模型。

从数据处理的流程上看，探索式数据分析和统计分析、贝叶斯分析也有很大不同。统计分析的流程是：问题，数据，模型，分析，结论；探索式数据分析的流程是：问题，数据，分析，模型，结论；贝叶斯分析的流程则是：问题，数据，模型，先验分布，分析，结论。

探索式数据分析与数据挖掘也有很大差别。前者将聚类和异常检测看成探索式过程，后者则关注模型的选择和参数的调节。

EDA 出现之后，数据分析的过程就分为探索阶段和验证阶段两步了。探索阶段侧重于发现数据中包含的模式或模型，验证阶段侧重于评估所发现的模式或模型，很多机器学习算法（分为训练和测试两步）都是遵循这种思想。当我们拿到一份数据时，如果做数据分析的目的不是非常明确、有针对性时，可能会感到有些茫然，那此刻就更加有必要进行 EDA 了，它能帮助我们先初步地了解数据的结构及特征，甚至发现一些模式或模型，再结合行业背景知识，也许就能直接得到一些有用的结论。

EDA 的技术手段主要包括：汇总统计、可视化，下面分别做介绍。

7.1.1 汇总统计

汇总统计是量化的（如均值和方差等），用单个数和数的小集合来捕获数据集的特征，从统计学的观点看，这里所提的汇总统计过程就是对统计量的估计过程。

1. 单个属性情况

1）频率和众数

频率可以简单定义为属于一个类别对象的样本数占总样本的比例，这里类别对象可以是分类模型的中不同的类，也可以是一个区间或一个集合。众数指具有最高频率的类别对象。

频率可以帮助查看数据在不同类别对象上的分布情况，众数可以让我们获知数据主要集中在哪个类别对象上，不过要注意是可能有多个类别对象上的频率与众数对象上的频率相差不大，此时就要权衡众数的重要性是否有那么大。

2）百分位数

在有序数据上，百分位数是一个重要的统计量。给定一组数据，p 百分位数 x_p 是这样的数：这组数据中有 $p\%$ 的数据小于 x_p。百分位数能让我们了解数据大小分布情况。

3）位置度量：均值和中位数

对于连续数据，均值和中位数是比较常用的统计量，其中中位数即 1/2 分位数。均值对数据中的离群点比较敏感，一些离群点的存在能显著地影响均值的大小，而中位数能较好地处理离群点的影响，二者视具体情况使用。

为了克服离群点对均值的影响，有时使用截断均值。截断均值有一个参数 p，计算 p 截断均值时去除高端$(p/2)\%$和低端$(p/2)\%$的数据，剩下数据的均值即为 p 截断均值。

均值、中位数和百分位数一样，都是用来观察数据值大小分布情况的。

4）散布分量：极差和方差

极差和方差是常用的统计量，用来观察数据分布的宽度和分散情况。极差是最大值与最小值的差值，它标识着数据的最大散布，但若大部分数值集中在较窄的范围内，极差反而会引起误解，此时需要结合方差来认识数据。

极差和方差对离群点非常敏感，因此有时也使用绝对平均偏差（absolute average deviation，AAD）、中位数绝对偏差（median absolute deviation，MAD）、四分位数极差（interquartile range，IQR）这 3 种统计量。三者定义为

$$\text{AAD}(x) = \frac{1}{m}\sum_{i=1}^{m}|x_i - \bar{x}|$$

$$IQR = x_{3/4} - x_{1/4}$$

2. 多个属性情况

多个属性数据间常用的统计量有协方差、相关系数。设属性i、属性j均有m个数值，x_{ki}和x_{kj}分别是属性i、属性j的第k个数值，$\bar{x}_i$、$\bar{x}_j$分别是属性i、属性j的均值，则属性i、属性j的协方差定义为

$$\text{cov}(i,j) = \frac{1}{m-1}\sum_{k=1}^{m}(x_{ki}-\bar{x}_i)(x_{kj}-\bar{x}_j)$$

协方差越接近于 0 越表明两个属性值间不具有（线性）关系，但协方差越大并不表明越相关，因为协方差的定义中没有考虑属性值本身大小的影响。

相关系数考虑了属性值本身大小的影响，因此是一个更合适的统计量。s_i、s_j是属性i、属性j的方差，则相关系数定义为

$$r_{ij} = \frac{\text{cov}(i,j)}{s_i s_j}$$

相关系数的取值在[-1,1]上，-1 表示负相关，即变换相反，1 表示正相关，0 则表示不相关。相关系数是序数型的，只能比较相关程度大小（绝对值比较），并不能做四则运算。

将属性间的相关系数按矩阵方式排列得到了相关系数矩阵，矩阵中对角线上的为属性的自相关系数（均为 1）。

7.1.2 可视化

可视化技术能够让人快速吸收大量可视化信息并发现其中的模式，是十分直接且有效的数据探索性分析方法，但可视化技术具有专门性和特殊性，采用怎样的图表来描述数据及其包含的信息与具体的业务紧密相关。

运用可视化技术时，需要考虑 3 个问题：

1. 如何将数据映射到图形元素

一般的可视化中，需要映射的是数据对象、数据对象的属性、数据对象间的联系这几种信息。

数据对象通常用几何图形表示，如圆圈、星号、叉号等。

属性的表示方法取决于属性的类型。对于取值连续的属性，可以用位置、亮度、颜色、尺寸等可以连续变化的图形元素表示；对于序数型属性，也可以用位置、亮度、颜色、尺寸等表示，不过变化不再是连续的，因此为了对不同属性取值加以区分，可以将图形元素间的区别放大一些；对于标称型属性，要注意避免表示出"序"的信息，此时可以将属性的每个取值用不同类型的图形元素表示。

数据对象间的关系有显式、隐式两种。显式的关系是已知、不需要去发掘的，只需要在图形中表示出来，常用的显式关系表示方法是用线条连接数据对象，或者将具有联系的数据对象赋予某一相同的图形特征；隐式的关系则需要采用合理的图表、合理的数据组织形式进行映射来帮助发现数据对象间的关系，例如在分类中将相同类型的数据对象放在一起显示就容易帮助发现数据对象间的联系，它们具有相似的属性取值。

2. 如何组织数据进行映射

在一些需要映射数据对象的可视化技术中，以特定的形式组织数据更能帮助发现数

据对象间的联系。数据组织形式可简单理解为在图表的每个维度（每个属性）上坐标值（属性值）分布的形式。一般情况下，对于连续型、序数型属性，通常按属性取值大小排列组织数据显示，这使得图表呈现的信息易于理解；对于标称型属性，数据的组织形式并没有约定俗成的方式，此时不同的数据组织形式呈现的信息差异可能就比较明显了。

3. 如何解决数据维度问题

当前只能在三维空间中显示图标，再加上颜色、亮度等一个属性，一个图表上一般最多能显示 4 个属性信息，对于多属性数据来说，如何解决维度问题就是一个值得考虑的问题。

一种做法是只显示属性子集（通常是两个属性），当属性数量不算太多时可以绘制双属性的矩阵图。当属性数量较多以致影响图形观察时则需要另想办法。另外一种做法是采用主成分分析（如 PCA）等降维方法。

可视化技术发展很快，现今包括动画、可交互式图标都是不错的可视化方法。

数据探索性分析可能还有一些更基本的作用，例如在进行数据预处理前，需要知道哪些地方需要处理，这个过程也是数据探索的一个过程。

7.2 数据挖掘内涵

数据挖掘指设计特定算法，从大量的数据集中去探索发现知识或者模式的理论和方法，是知识工程学科中知识发现的关键步骤。面向不同的数据类型可以设计特定的数据挖掘方法，如数值型数据、文本数据、关系型数据、流数据、网页数据和多媒体数据等。

直观地说，数据挖掘指从大量数据中识别有效的、新颖的、潜在有用的、最终可理解的规律和知识。而可视化将数据以形象直观的方式展现，让用户以视觉理解的方式获取数据中蕴涵的信息。两者的对比如图 7-1 所示。

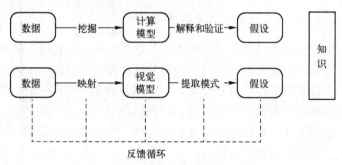

图 7-1　数据挖掘与信息可视化的流程对比。

7.2.1　数据挖掘定义

数据挖掘的定义有多种。直观的定义是通过自动或半自动的方法探索与分析数据，从大量的、不完全的、有噪声的、模糊的、随机的数据中提取隐含在其中的、人们事先不知道的、潜在有用的信息和知识的过程。数据挖掘不是数据查询或网页搜索，它融合了统计、数据库、人工智能、模式识别和机器学习理论中的思路，特别关注异常数据、高维数据、异构和异地数据的处理等挑战性问题。

数据挖掘是人工智能、机器学习和数据库相结合的产物，是信息系统和人工智能领域里形成的一个重要研究方向。数据挖掘，即数据库中的知识的发现。一种比较公认的定义是由 W.J.Frawley 和 G.Piatetsky shapro 等人提出的，即从大型数据库中抽取隐含的、先前未知的、非凡的和有潜在应用价值的知识和模式。如概念（concepts）、规则（rules）、规律（regularities）和模式（patterns）等。而更广义的定义是"在一些事实或观察数据的集合中寻找模式的决策支持过程"。数据挖掘对象除数据库外，还可以是文件系统、数据仓库和环境信息资源等。

简单地说，数据挖掘是从大量数据中提取或"挖掘"知识。该术语实际上有点用词不当。注意，从矿石或沙子挖掘黄金称作黄金挖掘，而不是砂石挖掘。这样，数据挖掘应当更正确地命名为"从数据中挖掘知识"，不幸的是它有点长。"知识挖掘"是一个短术语，可能不能强调从大量数据中挖掘。毕竟，挖掘是一个很生动的术语，它抓住了从大量的、未加工的材料中发现少量金块这一过程的特点（图 7-2）。这样，这种用词不当携带了"数据"和"挖掘"，成了流行的选择。还有一些术语，具有和数据挖掘类似，但稍有不同的含义，如数据库中知识挖掘、知识提取、数据/模式分析、数据考古和数据捕捞。

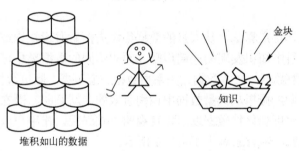

图 7-2　数据挖掘

许多人把数据挖掘视为另一个常用的术语"数据库中知识发现"或 KDD 的同义词。而另一些人只是把数据挖掘视为数据库中知识发现过程的一个基本步骤。

知识发现的目标和数据挖掘存在交集，它是从数据集中提取出有效的、新颖的、潜在有用的，以及最终可理解的模式的过程。数据挖掘最早出现于统计文献中，并广泛流行于统计分析、数据分析、数据库和信息科学领域；而知识发现肇始于知识工程和认知科学，流行于人工智能和机器学习领域。

知识发现过程如图 7-3 所示，由以下步骤组成：

（1）数据清理（消除噪声或不一致数据）；
（2）数据集成（多种数据源可以组合在一起）；
（3）数据选择（从数据库中提取与分析任务相关的数据）；
（4）数据变换（数据变换或统一成适合挖掘的形式，如通过汇总或聚集操作）；
（5）数据挖掘（基本步骤，使用智能方法提取数据模式）；
（6）模式评估（根据某种兴趣度度量，识别提供知识的真正有趣的模式）；
（7）知识表示（使用可视化和知识表示技术，向用户提供挖掘的知识）。

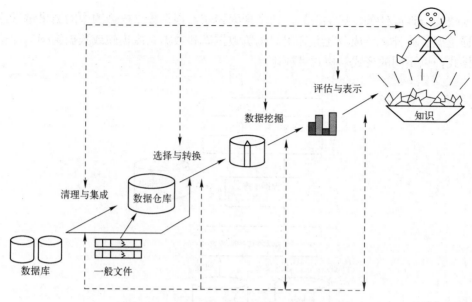

图 7-3　数据挖掘视为知识发现过程的一个步骤

数据挖掘步骤可以与用户或知识库交互。有趣的模式提供给用户，或作为新的知识存放在知识库中。注意，根据这种观点，数据挖掘只是整个过程中的一步，尽管是最重要的一步，因为它发现隐藏的模式。

我们同意数据挖掘是知识发现过程的一个步骤。然而，在工业界、媒体和数据库研究界，"数据挖掘"比较长的术语"数据库中知识发现"更流行。

在此采用数据挖掘的广义观点：数据挖掘是从存放在数据库、数据仓库或其他信息库中的大量数据挖掘有趣知识的过程。

基于这种观点，典型的数据挖掘系统具有以下主要成分（图7-4）。

（1）数据库、数据仓库或其他信息库：这是一个或一组数据库、数据仓库、展开的表、或其他类型的信息库。可以在数据上进行数据清理和集成。

（2）数据库或数据仓库服务器：根据用户的数据挖掘请求，数据库或数据仓库服务器负责提取相关数据。

（3）知识库：这是领域知识，用于指导搜索，或评估结果模式的兴趣度。这种知识可能包括概念分层，用于将属性或属性值组织成不同的抽象层。用户确信方面的知识也可以包含在内。可以使用这种知识，根据非期望性评估模式的兴趣度。领域知识的其他例子有兴趣度限制或阈值和元数据（例如，描述来自多个异种数据源的数据）。

（4）数据挖掘引擎：这是数据挖掘系统基本的部分，由一组功能模块组成，用于特征、关联、分类、聚类分析、演变和偏差分析。

（5）模式评估模块：通常，该部分使用兴趣度度量，并与挖掘模块交互，以便将搜索聚焦在有趣的模式上。它可能使用兴趣度阈值过滤发现的模式。模式评估模块也可以与挖掘模块集成在一起，这依赖于所用的数据挖掘方法的实现。对于有效的数据挖掘，建议尽可能地将模式评估推进到挖掘过程之中，以便将搜索限制在有兴趣的模式上。

（6）图形用户界面：该模块在用户和挖掘系统之间通信，允许用户与系统交互，指定数据挖掘查询或任务,提供信息、帮助搜索聚焦,根据数据挖掘的中间结果进行探索式数据挖掘。此外,该成分还允许用户浏览数据库和数据仓库模式或数据结构,评估挖掘的模式,以不同的形式对模式可视化。

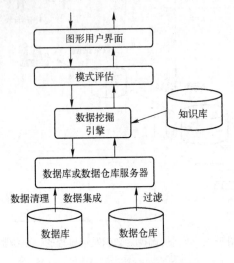

图 7-4 典型的数据挖掘系统结构

从数据仓库观点,数据挖掘可以看作联机分析处理(OLAP)的高级阶段。然而,通过结合更高级的数据理解技术,数据挖掘比数据仓库的汇总型分析处理走得更远。尽管市场上已有许多"数据挖掘系统",但是并非所有的都能进行真正的数据挖掘。不能处理大量数据的数据分析系统,最多称作机器学习系统、统计数据分析工具或实验系统原型。一个系统只能够进行数据或信息提取,包括在大型数据库找出聚集值或回答演绎查询,应当归类为数据库系统,或信息提取系统,或演绎数据库系统。

数据挖掘涉及多学科技术的集成,包括数据库技术、统计、机器学习、高性能计算、模式识别、神经网络、数据可视化、信息提取、图像与信号处理和空间数据分析。在本书讨论数据挖掘时,我们采用数据库观点,即着重强调大型数据库中有效的和可规模化的数据挖掘技术。一个算法是可规模化的,如果给定内存和磁盘空间等可利用的系统资源,其运行时间应当随数据库大小线性增加。

从不同的角度数据挖掘有如下几种分类方法:一是根据发现的知识分类,采用总结规则(sum junization rules)、特征规则(characteristic rules)、关联规则(association rules)、分类规则(classification rules)、聚类规则(clustering rules)的挖掘技术,通过趋势(evolution)、偏差分析(deviation)和模式分析(pattern analysis)等,将挖掘知识的抽象层次划分,又可分为原始层次(primitive level)数据挖掘,高层次(high level)数据挖掘和多层次(multiple level)的数据挖掘等。二是根据不同环境的数据类型,如关系型(relational)、事务型(transactional)、空间型(spatial)、时间型(temporal)、多媒体(multimedia)和异质型(heterogeneous)等类型,采用面向对象管理挖掘的方式。

通过数据挖掘,可以从数据库提取有趣的知识、规律、或高层信息,并可以从不同角度观察或浏览。发现的知识可以用于决策、过程控制、信息管理、查询处理、等等。因此,数据挖掘被信息产业界认为是数据库系统最重要的前沿之一,是信息产业最有前途的交叉学科。

7.2.2 数据挖掘目的

数据挖掘的目的就是从大量的数据中自动地发现知识。那么什么是知识？这种知识以何种形式表示，又是怎样被利用的呢？在多信息平台中，知识是有助于解决各种不同环境问题的有格式可复用的信息。数据挖掘的知识通常用下面的形式表示：概念（concepts）、规则（rules）、规律（regularities）、模式（patterns）、约束（constraints）和可视化（visualizations）。这些知识可以直接提供给决策者，用以辅助决策；或者提供给领域专家，修正专家已有的知识体系；也可以作为新的知识转存到应用知识的知识存储机构中，比如专家系统（expert system）和规则库（rule database）等。

7.2.3 数据挖掘任务分类

基本的数据挖掘任务分为两类：基于某变量预测其他变量的未来值，即预测性方法（如分类、回归）；以人类可解释的模式描述数据（聚类、模式挖掘、关联规则发现）。在预测性方法中，对数据进行分析的结论可构建全局模型，并且将这种全局模型应用于观察值可预测目标属性的值。而描述性任务的目标是使用能反映隐含关系和特征的局部模式，以对数据进行总结。

数据挖掘主要做什么？换而言之，数据挖掘主要解决什么问题呢？这些问题，可以归结为数据挖掘的基本任务。通过完成这些任务，发现数据的价值，指导商业抉择，带来商业新价值。

1．关联分析（association analysis）

关联分析挖掘是由 Rakesh Apwal 等首先提出的。两个或两个以上变量取向价值之间存在某种规律性发掘称为关联。如果两个或多个数据之间存在关联关系，那么其中一个数据可通过其他数据预测。数据关联是数据库中存在的一类重要的、可被发现的知识。关联分为简单关联、时序关联和因果关联。关联分析的目的是找出数据库中隐藏的大量关联网。一般用支持度和可信度两个阈值来度量获取关联规则的相关性，还有兴趣度、相关性等参数，使得所挖掘的规则更符合实质需求。

关联分析主要是从事务、关系数据中的项集合对象中发现频繁模式、关联规则、相关性或因果结构。

2．聚类分析（clustering）

聚类是把数据按照相似性归纳成若干类别分类出来，同一类中的数据彼此相似，不同类中的数据则相异。聚类分析可以建立宏观的概念，发布数据的分布模式，以及可能性的数据属性之间的相互关系。

聚类技术的要点是，在划分对象时不仅要考虑对象之间的距离，还要求划分出的类具有某种内涵描述，从而避免传统技术的某些片面性。

3．分类（classification）

分类就是找出一个类别的概念描述，代表了数据的整体信息、分类的内涵描述，并用描述来构造模型，一般用作于规则或决策树模式表示出来。分类是利用训练数据集中通过一定的算法而求得分类规则。分类可被用于规则描述和数据预测。

给定一组数据记录（训练集），每个记录包含一组标注其类别的属性。分类算法需要从训练集中获得一个关于类别和其他属性值之间关系的模型，继而在测试集上应用该模型，确定模型的精度。通常，一个待处理的数据集可分为训练集和测试集两部分，前者用于构建模型，后者用于验证。

4. 预测（predication）

通过预测利用历史数据找出变化规律，建立模型并由该模型对未来数据的种类及特征进行预测。预测关心的是精确度和不确定性因素，通常用预测方差来度量较为适合。

5. 时序模式（time-series pattern）

时序模式是指通过时间序列搜索出的重复发生概率比较高的模式。与回归一样，它也是用已知的数据预测未来的数据值，但这些数据的区别是变量所处时间的不同而已。

针对具有时间或顺序上的关联性的时序数据集，时序模式挖掘就是挖掘相对时间或其他模式出现频率高的模式。时序模式挖掘主要针对符号模式，而数字曲线模式属于统计时序分析中的趋势分析和预测范畴。时序模式挖掘应用广泛，如交易数据库中的客户行为分析、Web 访问日志分析、科学实验过程的分析、文本分析、DNA 分析和自然灾害预测等。

6. 偏差分析（deviation）

大型数据集中常有异常或离群值，统称为偏差。偏差包含潜在的知识，如分类中的反常实例、不满足规则的特例、观测结果与模型预测值的偏差、量值随时间的变化等。发现数据库中数据存在的异常情况是非常重要的。偏差检验的基本方法就是寻找观察结果与参照之间的差别。偏差预测的应用广泛，如信用卡诈骗监测、网络入侵检测等。

7.2.4 数据挖掘过程

根据不同信息平台的要求，数据挖掘是对提取的信息再进行分析，把最有价值的知识提取出来，并通过一定的数据链传输方式提交给不同信息平台。因而，在数据挖掘过程中不仅要对结果进行表达输出，而且要滤掉在用户看来无用的信息。这个阶段也就是收获阶段，就是把发现的知识以最易理解的形式表示出来供使用者决策，一般表示方式有概念（concepts）、规则（rules）、规律（regularities）、模式（patterns）、约束（constraints）和可视化（visualization），具体采取何种形式应根据具体情况而定。

数据挖掘的过程是依据不同信息平台的数据类型，采用面向环境的代理管理方式，实现面向环境要求的数据挖掘。数据挖掘的过程一般由 3 个阶段组成，即数据准备、数据挖掘和评价输出，如图 7-5 所示。

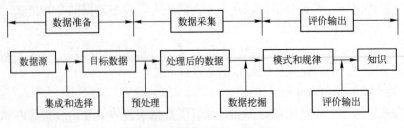

图 7-5 数据挖掘的一般过程

在数据挖掘过程中，由于数据量特别大，为避免如同人工智能中的组合爆炸问题，数据挖掘必须与不同信息平台和应用环境相结合。这样，在数据挖掘过程中，应把信息分析员作为数据挖掘系统的一部分考虑。同时，有效的决策过程往往需要多次交互和反复。例如，关联规则的挖掘过程中，不同的信息平台必须预先给定的量即最小支持度和最小可信度。对于支持度，如果给得太小，将有大量冗余规则产生；若给得太大，又会挖掘不出有用的规则，所以如何在数据的预处理阶段解决这个问题，需要对不同的信息平台的数据类型和格式进行分析。

7.3 数据挖掘经典算法

所谓监督学习与非监督学习，是指训练数据是否有标注类别，若有则为监督学习，否则为非监督学习。监督学习是根据输入数据（训练数据）学习一个模型，能对后来的输入做预测。在监督学习中，输入变量与输出变量可以是连续的，也可以是离散的。若输入变量与输出变量均为连续变量，则称为回归；输出变量为有限个离散变量，则称为分类；输入变量与输出变量均为变量序列，则称为标注。

分类和预测是两种重要的数据分析方法，在商业上的应用很多。分类和预测可以用于提取描述重要数据类的模型或预测未来的数据趋势。

分类的目的是提出一个分类函数或分类模型（分类器），通过分类器将数据对象映射到某一个给定的类别中。数据分类可以分两步进行：第一步建立模型，用于描述给定的数据集合。通过分析由属性描述的数据集合来建立反映数据集合特性的模型。这一步也称作有监督的学习，导出模型是基于训练数据集的，训练数据集是已知类标记的数据对象。第二步使用模型对数据对象进行分类。首先应该评估模型的分类准确度，如果模型分类准确度可以接受，就可以用它来对未知类标记的对象进行分类。

预测的目的是从历史数据记录中自动推导出对给定数据的推广描述，从而能够对事先未知的数据进行预测。分类和回归是两类主要的预测问题。分类是预测离散的值，回归是预测连续值。

本章主要介绍用于分类和预测的方法，即决策树分类、贝叶斯分类、基于遗传算法的分类及回归。

7.3.1 支持向量机

较早的分类模型——感知机（1957 年）是二类分类的线性分类模型，也是后来神经网络和支持向量机的基础。支持向量机（support vector machines，SVM）最早也是一种二分类模型，经过演进，现在既能处理多元线性和非线性的问题，也能处理回归问题。图 7-6 是一个关于机器学习算法的时间线，来自 Eren Golge，可以看出 SVM 旺盛的生命力。在深度学习风靡之前，应该算是最好的分类算法。目前 SVM 的应用仍然很多，尤其是在小样本集上。

支持向量机可能是目前最流行、被讨论最多的机器学习算法之一，也是目前可以直接使用的最强大的分类器之一。

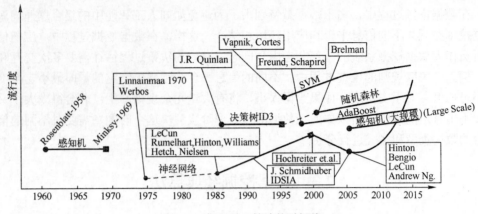

图 7-6 机器学习算法的时间线

支持向量机（图 7-7）会选出一个将输入变量空间中的点按类（类 0 或类 1）进行最佳分割的超平面。在二维空间中，可以想象成一条直线，所有输入点都可以被这条直线完全划分开来。SVM 学习算法旨在寻找最终通过超平面得到最佳类别分割的系数。

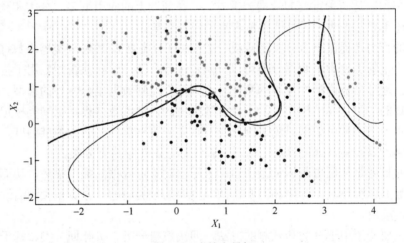

图 7-7 支持向量机

超平面与最近数据点之间的距离称为间隔（margin）。能够将两个类分开的最佳超平面是具有最大间隔的直线。只要这些点与超平面的定义和分类器的构建有关，这些点就称为支持向量，它们支持或定义超平面。在实际应用中，人们通常采用一种优化算法来寻找使间隔最大化的系数值。

SVM 在各领域的模式识别问题中有广泛应用，包括人像识别（face recognition）、文本分类（text categorization）、笔迹识别（handwriting recognition）、生物信息学等。

SVM 的优点如下：

（1）高维度。SVM 可以高效地处理高维度特征空间的分类问题。这在实际应用中意义深远。例如，在文章分类问题中，单词或是词组组成了特征空间，特征空间的维度高达 10^6 以上。

（2）节省内存。尽管训练样本点可能有很多，但SVM做决策时，仅仅依赖有限个样本（支持向量），因此计算机内存仅仅需要储存这些支持向量，这大大降低了内存占用率。

（3）应用广泛。实际应用中的分类问题往往需要非线性的决策边界。通过灵活运用核函数，SVM可以容易地生成不同的非线性决策边界，这保证它在不同问题上都可以有出色的表现（当然，对于不同的问题，如何选择最适合的核函数是一个需要使用者解决的问题）。

支持向量机是一种非常强大的分类算法。当与随机森林和其他机器学习工具结合使用时，它们为集合模型提供了非常不同的维度。因此，在需要非常高的预测能力的情况下，它们就显得非常重要。由于公式的复杂性，这些算法可能稍微有些难以可视化。

7.3.2 决策树

决策树是一种通过对特征属性的分类对样本进行分类的树形结构，包括有向边与以下3类节点：

（1）根节点（root node），表示第一个特征属性，只有出边没有入边。

（2）内部节点（internal node），表示特征属性，有一条入边至少两条出边。

（3）叶子节点（leaf node），表示类别，只有一条入边没有出边。

这里通过一个简单的例子来说明决策树的构成思路。给出表7-1的一组数据，一共有10个样本（学生数量），每个样本有分数，出勤率，回答问题次数，作业提交率4个属性，最后判断这些学生是否是好学生。最后一列给出了人工分类结果。

表7-1 决策树样本数据

学生编号	分数	出勤率	回答问题次数	作业提交率	分类:是否好学生
1	99	80%	5	90%	是
2	89	100%	6	100%	是
3	69	100%	7	100%	否
4	50	60%	8	70%	否
5	95	70%	9	80%	否
6	98	60%	10	80%	是
7	92	65%	11	100%	是
8	91	80%	12	85%	是
9	85	80%	13	95%	是
10	85	91%	14	98%	是

然后用这一组附带分类结果的样本可以训练出多种多样的决策树，这里为了简化过程，假设决策树为二叉树，且类似于图7-8。

通过学习上表的数据，可以设置A, B, C, D, E的具体值，而A, B, C, D, E则称为阈值。

通过决策树示例可以看出，决策树具有以下特点：

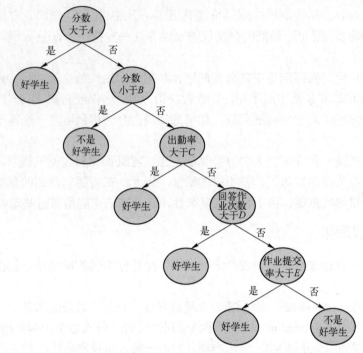

图 7-8 决策树过程

（1）对于二叉决策树而言，可以看作是 if-then 规则集合，由决策树的根节点到叶子节点对应于一条分类规则。

（2）分类规则是互斥并且完备的，互斥即每一条样本记录不会同时匹配上两条分类规则；完备即每条样本记录都在决策树中都能匹配上一条规则。

（3）分类的本质是对特征空间的划分。

所以决策树的生成主要分为以下两步，这两步通常通过学习已经知道分类结果的样本来实现。

（1）节点的分裂：一般当一个节点所代表的属性无法给出判断时，则选择将这一节点分成 2 个子节点（如不是二叉树的情况会分成 n 个子节点）。

（2）阈值的确定：选择适当的阈值使得分类错误率（training error）最小。

信息是一个抽象的概念，如何度量信息呢？1948 年，香农提出了"信息熵"的概念，描述了信源的不确定度，解决了对信息的量化度量的问题。香农指出，任何信息都存在冗余，冗余大小与信息中每个符号（数字、字母或单词）的出现概率或者说不确定性有关，即信息的度量就等于不确定性的大小。通常，一个信源发送出什么符号是不确定的，衡量它可以根据其出现的概率来度量。概率大，出现机会多，不确定性小；反之不确定性就大。

设 X 是一个有限值的离散随机变量，其概率分布为

$$P(X=x_i)=p_i,\ i=1,2,\cdots,n$$

则随机变量 X 的信息熵定义为

$$H(X)=-\sum_{i=1}^{n}p_i\log_2 p_i$$

（若 $p_i = 0$，定义 $0\log_2 0 = 0$）

信息熵的取值范围是 0 到 1 之间，变量的不确定性越大，熵也就越大，熵越小说明分类结果越好。

假如是二分类问题，当 A 类和 B 类各占 50%的时候，

$$\text{Entropy} = -(0.5 \times \log\_2(0.5) + 0.5 \times \log\_2(0.5)) = 1$$

当只有 A 类或只有 B 类的时候，

$$\text{Entropy} = -(1 \times \log\_2(1) + 0) = 0$$

所以当 Entropy 最大为 1 的时候，是分类效果最差的状态；它最小为 0 的时候，是完全分类的状态。因为熵等于零是理想状态，一般实际情况下，熵介于 0 和 1 之间。

熵的不断最小化，实际上就是提高分类正确率的过程。

比如表 7-1 中的 4 个属性：单一地通过以下语句分类：

分数小于 70 为【不是好学生】：分错 1 个；

出勤率大于 70 为【好学生】：分错 3 个；

问题回答次数大于 9 为【好学生】：分错 2 个；

作业提交率大于 80%为【好学生】：分错 2 个。

最后发现，分数小于 70 为【不是好学生】这条分错最少，也就是熵最小，所以应该选择这条为父节点进行树的生成，当然分数也可以选择大于 71、大于 72 等，出勤率也可以选择小于 60、65 等，总之会有很多类似上述的条件，最后选择分类错最少即熵最小的那个条件。而当分裂父节点时道理也一样，分裂有很多选择，针对每一个选择，与分裂前的分类错误率比较，留下那个提高最大的选择，即熵减最大的选择。

比较常用的决策树有 ID3、C4.5 和 CART（classification and regression tree），CART 的分类效果一般优于其他决策树。但 ID3 存在一个问题，那就是越细小的分割分类错误率越小，所以 ID3 会越分越细，比如以第一个属性为例：设阈值小于 70 可将样本分为 2 组，但是分错了 1 个。如果设阈值小于 70，再加上阈值等于 95，那么分错率降到了 0，但是这种分割显然只对训练数据有用，对于新的数据没有意义，这就是所说的过度学习（overfitting）。

分割太细了，训练数据的分类可以达到 0 错误率，但是因为新的数据和训练数据不同，所以面对新的数据分错率反而上升。决策树是通过分析训练数据，得到数据的统计信息，而不是专为训练数据量身定做的。

为了避免分割太细，C4.5 对 ID3 进行了改进，C4.5 中优化项要除以分割太细的代价，这个比值称为信息增益率，显然分割太细分母增加，信息增益率会降低。除此之外，其他的原理和 ID3 相同。

CART 分类回归树是一个二叉树，也是回归树，同时也是分类树，CART 的构成简单明了。CART 只能将 1 个父节点分为 2 个子节点。CART 用 GINI 指数来决定如何分裂，总体内包含的类别越杂乱，GINI 指数就越大（跟熵的概念很相似）。

7.3.3 随机森林

随机森林是以决策树为基础的一种更高级的算法。像决策树一样，随机森林既可以用于回归也可以用于分类。从名字中可以看出，随机森林是用随机的方式构建的一个森

林，而这个森林是由很多的相互不关联的决策树组成的。随机森林从本质上属于机器学习的一个很重要的分支，即集成学习。集成学习通过建立几个模型的组合来解决单一预测问题。它的工作原理是生成多个分类器/模型，各自独立学习和作出预测。这些预测最后结合成单预测，因此优于任何一个单分类做出的预测。

所以理论上，随机森林的表现一般要优于单一的决策树，因为随机森林的结果是通过多个决策树结果投票来决定最后的结果。简单来说，随机森林中每个决策树都有一个自己的结果，随机森林通过统计每个决策树的结果，选择投票数最多的结果作为其最终结果。

随机森林具体构建有两个方面，即数据的随机选取和待选特征的随机选取。

（1）数据的随机选取。首先，从原始的数据集中采取有放回的抽样，构造子数据集，子数据集的数据量和原始数据集相同。不同子数据集的元素可以重复，同一个子数据集中的元素也可以重复。其次，利用子数据集来构建子决策树，将这个数据放到每个子决策树中，每个子决策树输出一个结果。最后，如果有了新的数据需要通过随机森林得到分类结果，就可以通过对子决策树的判断结果的投票，得到随机森林的输出结果。如图 7-9 所示，假设随机森林中有 3 棵子决策树，2 棵子树的分类结果是 A 类，1 棵子树的分类结果是 B 类，那么随机森林的分类结果就是 A 类。

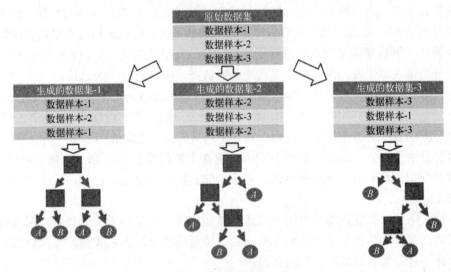

图 7-9　数据的随机选取

（2）待选特征的随机选取。与数据集的随机选取类似，随机森林中的子树的每一个分裂过程并未用到所有的待选特征，而是从所有的待选特征中随机选取一定的特征，之后再在随机选取的特征中选取最优的特征。这样能够使随机森林中的决策树都能够彼此不同，提升系统的多样性，从而提升分类性能。

图 7-10 中，实心方块代表所有可以被选择的特征，也就是待选特征。空心方块是分裂特征。左边是一棵决策树的特征选取过程，通过在待选特征中选取最优的分裂特征（别忘了前文提到的 ID3 算法，C4.5 算法，CART 算法等），完成分裂。右边是一个随机森林中的子树的特征选取过程。

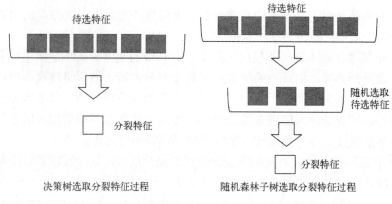

图 7-10　待选特征的随机选取

随机森林的优点主要如下：
（1）对于大部分的数据，它的分类效果比较好。
（2）能处理高维特征，不用做特征选择。
（3）模型训练速度比较快，特别是对于大数据而言。
（4）在决定类别时，它可以评估变数的重要性。

随机森林的缺点主要如下：
（1）对少量数据集和低维数据集的分类不一定可以得到很好的效果。
（2）计算速度比单个的决策树慢。
（3）当需要推断超出范围的独立变量或非独立变量时，随机森林做得并不好。

7.3.4　AdaBoost

　　Boosting，也称为增强学习或提升法，是一种重要的集成学习技术，能够将预测精度仅比随机猜测略高的弱学习器增强为预测精度高的强学习器，这在直接构造强学习器非常困难的情况下，为学习算法的设计提供了一种有效的新思路和新方法。作为一种元算法框架，Boosting 几乎可以应用于所有目前流行的机器学习算法以进一步加强原算法的预测精度，应用十分广泛，产生了极大的影响。而 AdaBoost 正是其中最成功的代表，被评为数据挖掘十大算法之一。在 AdaBoost 提出至今的十几年间，机器学习领域的诸多知名学者不断投入到算法相关理论的研究中去，扎实的理论为 AdaBoost 算法的成功应用打下了坚实的基础。

　　AdaBoost 的成功不仅仅在于它是一种有效的学习算法，还在于它让 Boosting 从最初的猜想变成一种真正具有实用价值的算法；算法采用的一些技巧，如打破原有样本分布，也为其他统计学习算法的设计带来了重要的启示；同时相关理论研究成果也极大地促进了集成学习的发展。

　　最初的 Boosting 算法由 Schapire 于 1990 年提出，即一种多项式的算法，并进行了实验和理论性的证明。在此之后，Freund 研究出一种更高效的 Boosting 算法。Adaboost 算法是 Freund 和 Schapire 于 1995 年对 Boosting 算法的改进得到的，其算法原理是通过调整样本权重和弱分类器权值，从训练出的弱分类器中筛选出权值系数最小的弱分类器组合成一个最终强分类器。基于训练集训练弱分类器，每次下一个弱分类器都是在样本的不同权值集上训练获得的。每个样本被分类的难易度决定权重，而分类的难易度是经过前面步骤中的分类器的输出估计得到的。

Adaboost 算法在样本训练集使用过程中，对其中的关键分类特征集进行多次挑选，逐步训练分量弱分类器，用适当的阈值选择最佳弱分类器，最后将每次迭代训练选出的最佳弱分类器构建为强分类器。其中，级联分类器的设计模式为在尽量保证感兴趣图像输出率的同时，减少非感兴趣图像的输出率，随着迭代次数不断增加，所有的非感兴趣图像样本都不能通过，而感兴趣样本始终保持尽可能通过为止。

Adaboost 算法其实是一个简单的弱分类算法提升过程，这个过程通过不断地训练，可以提高对数据的分类能力。整个过程如图 7-11 所示。

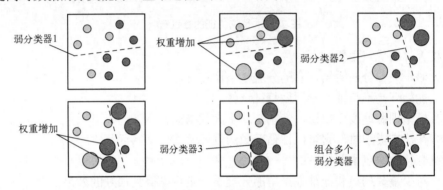

图 7-11　Adaboost 过程

（1）先通过对 N 个训练样本的学习得到第一个弱分类器。

（2）将分错的样本和其他的新数据一起构成一个新的 N 个的训练样本，通过对这个样本的学习得到第二个弱分类器。

（3）将（1）和（2）都分错了的样本加上其他的新样本构成另一个新的 N 个的训练样本，通过对这个样本的学习得到第三个弱分类器。

（4）最终得到经过提升的强分类器。某个数据被分为哪一类要由各分类器的权值决定。

由 Adaboost 算法的描述过程可知，该算法在实现过程中根据训练集的大小初始化样本权值，使其满足均匀分布，在后续操作中通过公式来改变和规范化算法迭代后样本的权值。样本被错误分类导致权值增大，反之权值相应减小，这表示被错分的训练样本集包括一个更高的权重。这就会使在下轮时训练样本集更注重于难以识别的样本，针对被错分样本的进一步学习来得到下一个弱分类器，直到样本被正确分类。在达到规定的迭代次数或者预期的误差率时，则强分类器构建完成。

Adaboost 算法系统具有较高的检测速率，且不易出现过适应现象。但是该算法在实现过程中为取得更高的检测精度则需要较大的训练样本集，在每次迭代过程中，训练一个弱分类器则对应该样本集中的每一个样本，每个样本具有很多特征，因此从庞大的特征中训练得到最优弱分类器的计算量增大。典型的 Adaboost 算法采用的搜索机制是回溯法。虽然在训练弱分类器时每一次都是由贪心算法来获得局部最佳弱分类器，但是却不能确保选择出来加权后的是整体最佳。在选择具有最小误差的弱分类器之后，对每个样本的权值进行更新,增大错误分类的样本对应的权值,相对地减小被正确分类的样本权重。且执行效果依赖于弱分类器的选择,搜索时间随之增加,故训练过程使得整个系统的所用时间非常大,也因此限制了该算法的广泛应用。另一方面,在算法实现过程中,从检测率和对正样本的误识率两个方面向预期值逐渐逼近来构造级联分类器,迭代训练生成大量的弱分类器后才能实现这一构造过程。由此推出循环逼近的训练分类器需要消耗更多的时间。

7.3.5 K 最近邻算法

K 最近邻（k-nearest neighbor，KNN）分类算法是一个理论上比较成熟的方法,也是最简单的机器学习算法之一。KNN 算法的核心思想非常简单:在训练集中选取离输入的数据点最近的 k 个邻居,根据这 k 个邻居中出现次数最多的类别（最大表决规则）作为该数据点的类别。

如图 7-12 所示,有两类不同的样本数据,分别用小正方形和小三角形表示,而图正中间的那个圆所标示的数据则是待分类的数据。也就是说,现在我们不知道中间那个圆的数据是从属于哪一类（小正方形或小三角形）,下面就要解决这个问题:给这个圆分类。

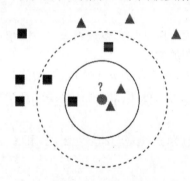

图 7-12　KNN 示意图

要判别上图中那个圆是属于哪一类数据,则从它的邻居下手。但一次性看多少个邻居呢? 从图 7-12 可知:
- 如果 $k=1$,圆的最近 1 个邻居是三角形,则判定圆的这个待分类点属于三角形一类。
- 如果 $k=3$,圆的最近的 3 个邻居是 2 个小三角形和 1 个小正方形,少数从属于多数,基于统计的方法,判定圆的这个待分类点属于三角形一类。
- 如果 $k=5$,圆的最近的 5 个邻居是 2 个三角形和 3 个正方形,还是少数从属于多数,基于统计的方法,判定圆这个待分类点属于正方形一类。

当无法判定当前待分类点是从属于已知分类中的哪一类时,可以依据统计学的理论看它所处的位置特征,衡量它周围邻居的权重,而把它归为（或分配）到权重更大的那一类。这就是 K 近邻算法的核心思想。KNN 算法思想很简单,其分类结果取决于"k 值"以及"近邻距离的度量方法"。

KNN 算法中,所选择的邻居都是已经正确分类的对象。该方法在定类决策上只依据最邻近的一个或者几个样本的类别来决定待分样本所属的类别。

KNN 算法本身简单有效，它是一种 lazy-learning 算法，分类器不需要使用训练集进行训练，训练时间复杂度为 0。KNN 分类的计算复杂度和训练集中的文档数目成正比，也就是说，如果训练集中文档总数为 n，那么 KNN 的分类时间复杂度为 $O(n)$。

KNN 方法虽然从原理上也依赖于极限定理，但在类别决策时，只与极少量的相邻样本有关。由于 KNN 方法主要靠周围有限的邻近的样本，而不是靠判别类域的方法来确定所属类别的，因此对于类域的交叉或重叠较多的待分样本集来说，KNN 方法较其他方法更为适合。

K 近邻算法使用的模型实际上对应于对特征空间的划分。k 值的选择、距离度量和分类决策规则是该算法的 3 个基本要素。

（1）k 值的选择会对算法的结果产生重大影响。k 值较小意味着只有与输入实例较近的训练实例才会对预测结果起作用，但容易发生过拟合；如果 k 值较大，优点是可以减少学习的估计误差，但缺点是学习的近似误差增大，这时与输入实例较远的训练实例也会对预测起作用，使预测发生错误。在实际应用中，k 值一般选择一个较小的数值，通常采用交叉验证的方法来选择最优的 k 值。随着训练实例数目趋向于无穷和 $k=1$ 时，误差率不会超过贝叶斯误差率的 2 倍，如果 k 也趋向于无穷，则误差率趋向于贝叶斯误差率。

（2）该算法中的分类决策规则往往是多数表决，即由输入实例的 k 个最临近的训练实例中的多数类决定输入实例的类别。

（3）距离度量一般采用 L_p 距离，当 $p=2$ 时，即为欧几里得距离，在度量之前，应该将每个属性的值规范化，这样有助于防止具有较大初始值域的属性比具有较小初始值域的属性的权重过大。

定义空间中的两个样本点为 $\boldsymbol{x}_i = (x_i^{(1)}, x_i^{(2)}, \cdots, x_i^{(n)})^{\mathrm{T}}$ 和 $\boldsymbol{x}_j = (x_j^{(1)}, x_j^{(2)}, \cdots, x_j^{(n)})^{\mathrm{T}}$，那么 $\boldsymbol{x}_i$ 和 $\boldsymbol{x}_j$ 的 L_p 距离定义为

$$L_p(\boldsymbol{x}_i, \boldsymbol{x}_j) = \left(\sum_{l=1}^{n} | x_i^{(l)} - x_j^{(l)} |^p \right)^{\frac{1}{p}}$$

我们知道每个样本是具有多个特征值的，所以可以把样本点看成是一个由多个特征值组成的特征向量。在这里会发现有一个未知的参数 p，取值范围应是大于等于 1 的，L_p 距离其实是 p 值不同的一组距离的定义：

（1）当 $p=1$ 时，称为曼哈顿距离（Manhattan distance），即

$$L_1(\boldsymbol{x}_i, \boldsymbol{x}_j) = \left(\sum_{l=1}^{n} | x_i^{(l)} - x_j^{(l)} | \right)$$

（2）当 $p=2$ 时，就是欧几里得距离（Euclidean distance），即

$$L_2(\boldsymbol{x}_i, \boldsymbol{x}_j) = \left(\sum_{l=1}^{n} | x_i^{(l)} - x_j^{(l)} |^2 \right)^{\frac{1}{2}}$$

二维平面上的两点间距离公式，其实就是二维的欧几里得距离。曼哈顿距离，就是表示两个点在标准坐标系上的绝对轴距之和。

图 7-13 中①代表曼哈顿距离；②代表欧几里得距离，也就是直线距离；而③和④代表等价的曼哈顿距离。曼哈顿距离是两点在南北方向上的距离加上在东西方向上的距离，即 $d_{(i,j)} = |x_i - x_j| + |y_i - y_j|$。

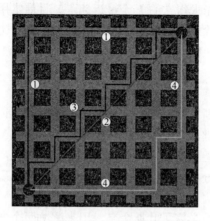

图 7-13 L_p 距离

需注意，k 值的选取对 KNN 学习模型有着很大的影响。若 k 值过小，预测结果会对噪声样本点显得异常敏感。特别地，当 $k=1$ 时，KNN 退化为最近邻算法，没有了显式的学习过程。若 k 值过大，会有较大的邻域训练样本进行预测，可以减小噪声样本点；但是距离较远的训练样本点对预测结果会有贡献，以至于造成预测结果错误。图 7-14 所示为 k 值选取对于预测结果的影响。

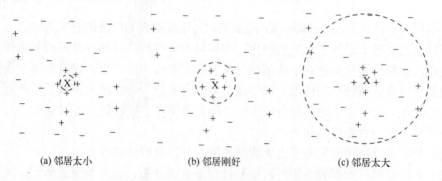

(a) 邻居太小　　　　　　(b) 邻居刚好　　　　　　(c) 邻居太大

图 7-14 k 值选取对于预测结果的影响

前面提到过，k 邻域的样本点对预测结果的贡献度是相等的；但距离更近的样本点应有更大的相似度，其贡献度应比距离更远的样本点大。可以加上权值 $W_i = \dfrac{1}{\|x_i - x\|}$ 进行修正，则最大表决原则变为

$$\max_{c_j} \sum_{x_i \in N_k(x)} w_i \times I \quad (y_i = c_j)$$

该算法在分类时有个主要的不足，即当样本不平衡时，如一个类的样本容量很大，而其他类样本容量很小时，有可能导致当输入一个新样本时，该样本的 k 个邻居中大容量类的样本占多数。该算法只计算"最近的"邻居样本，某一类的样本数量很大，那么

或者这类样本并不接近目标样本,或者这类样本很靠近目标样本。无论怎样,数量并不能影响运行结果。可以采用权值的方法(和该样本距离小的邻居权值大)来改进。

该方法的另一个不足之处是计算量较大,因为对每一个待分类的文本都要计算它到全体已知样本的距离,才能求得它的 k 个最近邻点。目前常用的解决方法是事先对已知样本点进行剪辑,事先去除对分类作用不大的样本。该算法比较适用于样本容量比较大的类域的自动分类,而那些样本容量较小的类域采用这种算法比较容易产生误分。

7.3.6 朴素贝叶斯

贝叶斯方法是以贝叶斯原理为基础,使用概率统计的知识对样本数据集进行分类。由于其有着坚实的数学基础,贝叶斯分类算法的误判率很低。贝叶斯方法的特点是结合先验概率和后验概率,既避免了只使用先验概率的主观偏见,也避免了单独使用样本信息的过拟合现象。贝叶斯分类算法在数据集较大的情况下表现出较高的准确率,同时算法本身也比较简单。

贝叶斯定理是以英国数学家贝叶斯命名,用来解决两个条件概率之间的关系问题。简单地说就是在已知 $P(A|B)$ 时,如何获得 $P(B|A)$ 的概率。朴素贝叶斯(naive Bayes)假设特征 $P(A)$ 在特定结果 $P(B)$ 下是独立的,有

$$P(B|A) = P(B) \times \frac{P(A|B)}{P(A)}$$

具体而言,在解决实际问题时,上式就变为

$$P(类别|特征) = P(类别) \times \frac{P(特征|类别)}{P(特征)}$$

朴素贝叶斯算法(naive Bayesian algorithm)是应用最为广泛的分类算法之一,是在贝叶斯算法的基础上进行了相应的简化,即假设给定目标值时属性之间相互条件独立。也就是说没有哪个属性变量对于决策结果来说占有着较大的比重,也没有哪个属性变量对于决策结果占有着较小的比重。虽然这个简化方式在一定程度上降低了贝叶斯分类算法的分类效果,但是在实际的应用场景中,极大地简化了贝叶斯方法的复杂性。

朴素贝叶斯的主要优点如下:

(1)朴素贝叶斯模型发源于古典数学理论,有稳定的分类效率。

(2)对小规模的数据表现很好,能够处理多分类任务,适合增量式训练,尤其是数据量超出内存时,可以一批批地去增量训练。

(3)对缺失数据不太敏感,算法也比较简单,常用于文本分类。

朴素贝叶斯的主要缺点如下:

(1)理论上,朴素贝叶斯模型与其他分类方法相比具有最小的误差率。但是实际上并非总是如此,这是因为朴素贝叶斯模型给定输出类别的情况下,假设属性之间相互独立,这个假设在实际应用中往往是不成立的,在属性个数比较多或者属性之间相关性较大时,分类效果不好。而在属性相关性较小时,朴素贝叶斯性能最为良好。对于这一点,有半朴素贝叶斯之类的算法通过考虑部分关联性适度改进。

(2)需要知道先验概率,且先验概率很多时候取决于假设,假设的模型可以有很多种,因此在某些时候会由于假设的先验模型的原因导致预测效果不佳。

(3)由于是通过先验和数据来决定后验的概率从而决定分类,所以分类决策存在一定的错误率。

(4)对输入数据的表达形式很敏感。

朴素贝叶斯算法在文字识别、图像识别方面有着较为重要的作用,可以将未知的一种文字或图像,根据其已有的分类规则来进行分类,最终达到分类的目的。现实生活中朴素贝叶斯算法应用广泛,如文本分类、垃圾邮件分类、信用评估、钓鱼网站检测等。

7.3.7 K-means 算法

分类和聚类算法一直以来都是数据挖掘,机器学习领域的热门课题,因此产生了众多的算法及改进算法,以应对现实世界中业务需求。正因为算法的多样性,选择一个合适的算法,就需要对常用的算法进行了解,并进行比较。最终选择一个适合业务需求的算法模型。

聚类,是将物理或抽象对象的集合分成由类似的对象组成的多个类的过程。由聚类所生成的簇是一组数据对象的集合,这些对象与同一个簇中的对象彼此相似,与其他簇中的对象相异。"物以类聚,人以群分",在自然科学和社会科学中,存在着大量的分类问题。聚类分析又称群分析,它是研究(样品或指标)分类问题的一种统计分析方法。聚类分析起源于分类学,但是聚类不等于分类。聚类与分类的不同在于,聚类所要求划分的类是未知的。

K-means 与 KNN 虽然都是以 K 打头,但却是两类算法——KNN 为监督学习中的分类算法,而 K-means 则是非监督学习中的聚类算法,二者相同之处是均利用近邻信息来标注类别。

聚类是数据挖掘中一种非常重要的学习流派,指将未标注的样本数据中相似的分为同一类。K-means 是聚类算法中最为简单、高效的,核心思想是由用户指定 k 个初始质心(initial centroids),以作为聚类的类别(cluster),重复迭代直至算法收敛。

如图 7-15 以 k 为 2,样本集为 M 来描述 K-means 算法的主要过程。

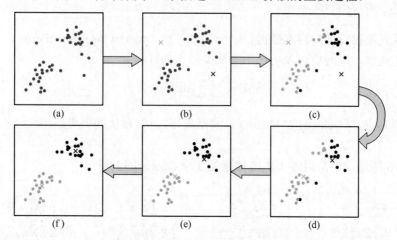

图 7-15 K-means 算法过程

算法执行步骤如下:

(1)选取 k 个点作为初始聚集的簇心(也可选择非样本点)。

(2)分别计算每个样本点到 k 个簇核心的距离(这里的距离一般取欧几里得距离或余弦距离),找到离该点最近的簇核心,将它归属到对应的簇。

（3）所有点都归属到簇之后，M 个点就分为了 k 个簇。之后重新计算每个簇的重心（平均距离中心），将其定为新的"簇核心"。

（4）反复迭代步骤（2）和步骤（3），直到达到某个中止条件。

注：常用的中止条件有迭代次数、最小平方误差（MSE）、簇中心点变化率等。

由上述可知，对于 K-means 算法来说有 3 个比较重要的因素要考虑，即：

（1）k 值的选择。k 值对最终结果的影响至关重要，而它却必须要预先给定。给定合适的 k 值，需要先验知识，凭空估计很困难，或者可能导致效果很差。

（2）异常点的存在。K-means 算法在迭代的过程中使用所有点的均值作为新的质点（中心点），如果簇中存在异常点，将导致均值偏差比较严重。如一个簇中有 2、4、6、8、100 五个数据，那么新的质点为 24，显然这个质点离绝大多数点都比较远；在当前情况下，使用中位数 6 可能比使用均值的想法更好，使用中位数的聚类方式称为 K-Mediods 聚类（K 中值聚类）。

（3）初值敏感。K-means 算法是初值敏感的，选择不同的初始值可能导致不同的簇划分规则。为了避免这种敏感性导致的最终结果异常性，可以采用初始化多套初始节点构造不同的分类规则，然后选择最优的构造规则，针对这点衍生了二分 K-Means 算法、K-Means++算法、K-Means||算法、Canopy 算法等。

在 K-means 算法中，用质心表示 cluster；且容易证明 K-means 算法收敛等同于所有质心不再发生变化。基本的 K-means 算法流程如下：

选取 k 个初始质心（作为初始 cluster）；
repeat:
    对每个样本点，计算得到距其最近的质心，将其类别标为该质心所对应的 cluster；
    重新计算 k 个 cluser 对应的质心；
until 质心不再发生变化

对于欧几里得空间的样本数据，以平方误差和（sum of the squared error，SSE）作为聚类的目标函数，同时也可以衡量不同聚类结果的好坏。

$$\text{SSE} = \sum_{i=1}^{k} \sum_{x \in C_i} \text{dist}(x, c_i)$$

表示样本点 x 到 cluster C_i 的质心 c_i 的距离平方和，最优的聚类结果应使得 SSE 达到最小值。

图 7-16 所示为一个通过 4 次迭代聚类 3 个 cluster 的例子。

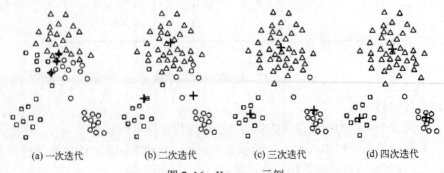

(a) 一次迭代　　　(b) 二次迭代　　　(c) 三次迭代　　　(d) 四次迭代

图 7-16　K-means 示例

K-means 的主要缺点：

（1）K-means 是局部最优的，容易受到初始质心影响，如在图 7-17 中，因选择初始质心不恰当而造成次优的聚类结果（SSE 较大）。

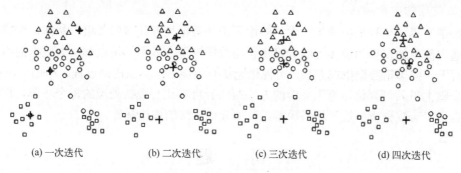

(a) 一次迭代　　　(b) 二次迭代　　　(c) 三次迭代　　　(d) 四次迭代

图 7-17　初始质心的影响

（2）k 值的选取也会直接影响聚类结果，最优聚类的 k 值应与样本数据本身的结构信息相吻合，而这种结构信息是很难去掌握，因此选取最优 k 值是非常困难的。

为了解决上述存在缺点，在基本 K-means 基础上发展而来二分(bisecting) K-means，其主要思想：一个大 cluster 进行分裂后可以得到两个小的 cluster；为了得到 k 个 cluster，可进行 $k-1$ 次分裂。算法流程如下：

　　初始只有一个 cluster 包含所有样本点；
　　repeat:
　　　　从待分裂的 clusters 中选择一个进行二元分裂，所选的 cluster 应使得 SSE 最小；
　　until 有 k 个 cluster

上述算法流程中，为从待分裂的 cluster 中求得局部最优解，可以采取暴力方法：依次对每个待分裂的 cluster 进行二元分裂以求得最优分裂。二分 K-means 算法聚类过程如图 7-18 所示。

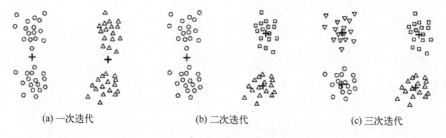

(a) 一次迭代　　　　　　(b) 二次迭代　　　　　　(c) 三次迭代

图 7-18　二分 K-means 算法聚类过程

从图中观察到：二分 K-means 算法对初始质心的选择不太敏感，因为初始时只选择一个质心。

随着数据挖掘和可视化两种数据探索方式的飞速发展，两者的关系变得愈发密切，其在数据分析和探索方面融合的趋势越来越明显，因此数据挖掘领域衍生出一种称为"可视数据挖掘"的技术。可视数据挖掘的目的在于使用户能够参与对大规模数据集进行探索和分析的过程，并在参与过程中搜索感兴趣的知识。同时在可视数据挖掘中，可视化技术也被应用于呈现数据挖掘算法的输入数据和输出结果，使数据挖掘模型的可解释性得以增强，从而提高数据探索的效率。可视数据挖掘在一定程度上解决了将人的智慧和决策引入数据挖掘过程这一问题，使得人能够有效地观察数据挖掘算法的结果和一部分过程。

通常来说，可视数据挖掘技术能够增强传统数据挖掘任务的效果。然而，可视数据挖掘通常简单地在操作步骤上结合可视化与数据挖掘，效用不足以解决大数据的所有问题。对于一些黑箱数据挖掘方法，可视化无法有效地展示算法内部过程。相比于在输入/输出步骤上引入可视化，更为完善的方法是结合可视化与数据处理的每个环节，这种思路成为了"可视分析"这一新兴探索式数据分析方法的理论基础。

习　题

1. 什么是探索式数据分析？
2. 什么是数据挖掘？为什么要数据挖掘？
3. 数据分析与数据挖掘的关系？
4. 数据挖掘的任务有哪些？各自内容是什么？
5. 简要说出某类数据挖掘算法的基本原理。

第 8 章 作战数据安全管理

随着计算机存储信息量的不断增长，数据已经是我们工作、生活中不可缺少的因素。硬件的故障、人为错误操作、各种各样的病毒，以及自然灾害等无时无刻不在威胁着数据的安全。随着国家数据安全相关要求及标准不断丰富，如何保障数据安全已成为近几年不断关注的焦点，数据安全重要性已不言而喻。

8.1 数据安全概述

数据库系统已经广泛地被用来存储政府、军事部门、企业、组织和个人的大量数据。这些数据可能是非常关键的、机密的或者涉及个人隐私的信息，如果泄露、破坏、窃取或非法使用这些数据，轻则导致个人隐私暴露、企业商业利益受损，重则直接危及整个国家和军队的安全，引起灾难性的后果。因此，数据库中的数据必须在 DBMS 的统一管理和严格控制下有条件地共享。

信息安全或数据安全有对立的两方面的含义：一是数据本身的安全，主要是指采用现代密码算法对数据进行主动保护，如数据保密、数据完整性、双向强身份认证等；二是数据防护的安全，主要是采用现代信息存储手段对数据进行主动防护，如通过磁盘阵列、数据备份、异地容灾等手段保证数据的安全。数据安全是一种主动的保护措施，数据本身的安全必须基于可靠的加密算法与安全体系，主要有对称算法与公开密钥密码体系两种。

8.1.1 数据安全威胁

数据库受到威胁主要来自 3 个方面，即操作错误、恶意访问和各类灾害。保护数据库就是尽可能阻止威胁进入数据库，并且在数据库受到侵害的情况下恢复数据库的正常工作。

1. 操作错误

操作错误是指由于合法的数据库用户（如应用程序、交互用户、操作员等）操作不当而发生的错误。由于操作失误，使用者可能会误删除系统的重要文件，或者修改影响系统运行的参数，以及没有按照规定要求或操作不当导致的系统宕机。

并非所有数据丢失事件都是由老练狡猾的网络罪犯所为。在现实中，无意识的疏忽大意，而非技术漏洞，是数据安全事故频发的主要原因。例如，多用户共享数据时修改次序出错，数据输入员输入了无效的数据等。这些错误将直接威胁数据库的完整性。作为一个数据库系统来讲，操作错误应该尽量避免。合法用户在合法的工作方式下操作，这时发生了数据库错误，是应用系统没有设计好，没有把完整性需求完全找出来，换句话说就是没有获得完备的应用需求。

根据 Shred IT 公司 2018 年一份报告显示，40%的高管将他们最近的安全事件归因于数据意外共享、错误处理敏感数据、权限设置错误和服务器配置不当等误操作而造成。

2020 年 8 月，澳大利亚最大的健康保险公司 Bupa 分包商 Sonic Health Plus（SHP）发生了近几年最严重的一起重大隐私数据泄露事故。一名 SHP 员工不小心将未经脱敏的 317 人的姓名、出生日期和护照号码，以及"有关正在进行的医疗检测状况的简要说明、摘要和评论"发送到一个未知的 Gmail 地址，公布于众。

单位内部越来越多地实施协作策略，信息共享变得比以往任何时候都更加容易，而由于数据保管者和拥有者缺乏适当数据安全保护措施、安全意识或风险评估能力，"信任滥用"正在成为数据泄露的主要风险，由误操作所导致的数据泄露事件也越来越严重。

2. 恶意访问

恶意访问数据库有两种类型：一种是以窃取数据为目的，另一种是以破坏数据为目的。

以窃取数据为目的的恶意访问就是无偿占有别人的数据资源，窃取别人的数据机密。在实际工作中，数据共享是大家希望的，那么如何在共享和保密之间加以权衡，就成为设计师们的技艺了。恶意访问不一定来自应用体之外的人员，甚至常常是应用体之内的人员，如窥视同事的工资情况。一般不会对所有数据库中的数据都严加看管，也没有必要，只是选择那些需要保密的数据进行防范，如人事工资档案、新产品研究等。因此，作为数据库设计的一部分，设计师必须弄清哪些数据只能由哪些人访问，即弄清每个或每类用户的用户视图。由于这类访问一般并不破坏数据库，所以常常不容易被发现，因而所造成的损失可能更大。

以破坏数据为目的的恶意访问包括商业上的对手、国家的敌人等对数据库的恶意破坏，如删除数据库、篡改数据库、破坏应用程序等。数据是财富，对数据不可恢复地删除所造成的损失是巨大的。

从理论上讲，能够访问数据库就能够破坏数据库，但能够破坏数据库不一定能够访问数据库。如计算机网络、操作系统等的不安全（包括计算机病毒的入侵），都有可能破坏数据库，但只有数据库系统的不安全才会造成数据库被窃取。

恶意访问是数据库设计中要重点考虑的。系统中的安全性机制是用于防范数据库的恶意访问的。安全性机制主要有用户标识、授权规则和数据分级等。

3. 各类灾害

此处谈及的灾害是指任何不可预料的灾害，灾害虽然不常发生，而一旦发生则损失惨重。因此防患于未然就是主要的手段了。所有的系统都可能会在某个难以预料的时候发生问题，必须标识这些问题的代价和影响，采取措施加以防范，将灾害造成的损失减到最小。下面列出一些数据库的灾害类型。

（1）软件错误，如操作系统（包括网络操作系统）及 DBMS、数据库应用程序本身（但应用程序错误地操作了数据库不属于自然灾害，而是操作错误）的错误。对于这种错误，即使数据没有丢失，那么在一段时间内不能运行系统的代价和影响仍然是很大的，尤其对于实时性要求较高的系统，如武器指挥控制系统、订票系统等。

(2）硬件错误，如存储介质、外部设备、计算机网络和中央处理机等的错误。试想一下，万一磁盘引导区坏了，将会造成灾难性的数据丢失，这时如果在其他磁盘上还有备份数据库就好了。确实如此，一个应用系统应该事先有一个备份数据库，这样才能在数据库出现问题时恢复数据库。

（3）电磁干扰。重要的数据接触到有磁性的物质，会造成计算机数据被破坏。

（4）自然灾害。例如地震、火灾这些不可抗拒的自然灾害。

8.1.2 数据安全问题

数据的安全性问题并不是数据库系统所独有的，它是计算机及其网络应用环境中存在的共性问题。由于大量数据集中存放以及多个用户共享数据资源，从而使得数据库安全性问题更为突出。数据库的安全性是指保护数据库以防止不合法使用，避免数据的泄密、更改和破坏。数据库安全的范围非常宽广，不仅涉及数据系统本身的技术问题，还包括信息安全理论与策略、信息安全技术、安全管理、安全评估、计算机犯罪与侦察、安全法律、安全监察等技术问题，是一个涉及法学、犯罪学、心理学、管理学、密码学等多学科的交叉问题。概括起来，可将数据库安全问题分为以下三大类：

（1）数据库技术安全类问题。它是指在数据库系统本身实现中，采用具有一定的安全性的硬件、软件来实现对于数据库系统及其所存数据的安全保护，使数据库系统在受到无意或恶意的软、硬件攻击时仍能正常运行，并保证数据库中的数据不增加、不丢失、不泄露和不被更改。

（2）数据库管理安全类问题。它是指技术安全以外的问题，诸如硬件意外故障、场地的意外事故、管理不善而导致的计算机存储设备和数据介质的物理破坏，使得数据库中数据丢失等安全问题。

（3）数据安全的政策法律类问题。国家和有关政府部门颁布的一系列与计算机犯罪、信息安全保密有关的法律、政策法规和法令。

8.1.3 数据安全目标

数据库安全隶属于信息安全领域，目前一般将信息安全最核心的要求即信息的保密性、信息的完整性、信息的可用性作为数据库安全性追求的目标。具体而言，在设计和维护一个安全的数据库应用时，主要考虑3个因素：

（1）保密性。又称机密性，指数据不被非授权的用户存取，并且即使非授权用户得到了数据也无法知晓数据的具体内容。例如不允许一名员工查看其他员工的奖金。许多软件包括邮件软件、网络浏览器等，都有保密性相关的设定，用以维护用户资讯的保密性。间谍或黑客有可能会造成数据保密性的问题。

（2）完整性。指只有授权的用户才被允许修改数据，从而保证数据在生成、传输、存储和使用过程中不会发生非授权篡改。例如允许员工查看自己的奖金，但不能修改。

（3）可用性。指不能拒绝已授权的用户对数据进行存取，以保证数据随时可提供服务。例如，人事主管可以对所有员工的奖金进行修改。数据可用性是一种以使用者为中心的设计概念，易用性设计的重点在于让产品的设计能够符合使用者的习惯与需求。以互联网网站的设计为例，希望让使用者在浏览的过程中不会产生压力或感到挫折，并能让使用者在使用网站功能时,用最少的努力发挥最大的效能。基于这个原因,任何有违信息的"可用性"都算是违反信息安全的规定。

8.1.4 数据安全模型

在一般计算机系统中,安全措施是一级一级层层设置的,例如,图 8-1 所示为常见的计算机系统安全模型,它分为 4 个层次:

(1) 用户级控制。在数据库应用系统中,只有合法的用户才能进入系统,即系统要根据用户输入的标识对用户进行身份验证,只有经确认身份合法的用户才被准许进入系统。

(3) 数据库管理系统级控制。在用户进入系统后,DBMS 还要设置很多存取限制,限定用户只能在自己的权限内执行对数据库的合法操作。DBMS 级的存取控制主要有自主存取控制和强制存取控制两大类。详细内容参见 8.2 节。

(3) 操作系统级控制。操作系统级的安全控制除了在用户登录操作系统时进行身份验证外,还对数据库的底层存取进行安全控制。

(4) 数据库级控制。对存入到数据库中的数据进行加密处理,使数据以密文的形式存储到数据库中。

图 8-1 计算机系统安全模型

8.2 数据访问控制

在业务系统提供服务的同时,其安全风险也随之暴露在系统中,攻击者可利用数据库的脆弱性发起攻击,达到破坏系统或者获取数据信息的目的。由此,需要针对业务访问过程进行严格控制。

网络防火墙就属于典型的访问控制手段,它是一种用来加强网络之间访问控制的特殊网络互联设备。计算机流入流出的所有网络通信均要经过防火墙。防火墙对流经它的网络通信进行扫描,这样能够过滤掉一些攻击,以免其在目标计算机上被执行。防火墙还可以关闭不使用的端口。而且它还能禁止特定端口的流出通信,封锁木马。最后,它可以禁止来自特殊站点的访问,从而防止来自不明入侵者的所有通信。

8.2.1 用户标识与鉴别

用户标识与鉴别是数据库系统提供的最外层安全保护。系统不允许一个未经授权的用户对数据库进行操作。用户访问数据库之前,必须提供登录账号和口令以表明自己的身份,这个过程称为用户的标识。数据库系统获得用户的身份标识后通过与数据库中登记的身份进行对比,鉴别用户的身份是否合法,这个过程称为用户的鉴别。

用户标识和鉴别的方法有很多种,而且在一个系统中往往多种方法并用,以获得更强的安全性。常用的方法如下：

（1）利用只有用户知道的信息鉴别用户。用户以用户名或者用户标识来表明用户身份，系统鉴别用户是否为合法用户，若是，则可进行下一步核实标识；若不是，则不允许用户使用计算机。口令是使用广泛的一种标识。为了进一步核实用户，系统常常要求用户输入口令。为保密起见，口令由合法用户自己定义并可以随时变更，用户在终端上输入的口令不显示在屏幕上或以字符出现。系统利用一个专门的鉴别机构（其内部记录着所有合法用户的用户名和标识）对用户名和口令进行处理，以鉴别用户身份。

口令是网络系统的第一道防线，当前的网络系统都是通过口令来验证用户身份、实施访问控制。黑客往往以口令为攻击目标，破解合法用户的口令，或避开口令验证过程，然后冒充合法用户嵌入目标网络系统，夺取目标系统控制权。

到今天，由弱口令引发的信息泄露事件依然每天都在上演。数据显示，52.2%的事件是由于使用弱口令导致其所在机构被攻击的，弱口令问题依然是黑客能够攻击成功的关键因素。

在现代的 DBMS 中几乎绝大多数都通过用户名和口令来鉴别用户。口令一般由用户选择，口令的选择原则是容易记忆并且不容易被猜中。此外，还要对口令进行不定期的更改，以免时间过长造成无意的泄露。为防止有人猜测口令，很多系统限制了每次连接数据库时口令的输入次数，例如，很多系统规定，如果用户 3 次口令输入错误，就不让该用户进入系统。为了创建相对安全的口令，可以参考以下指导原则：

① 口令不要太短，至少应该有 6 个字符，如果可能还可以更长。

② 口令至少应该包含一个字母表字符和数字字符的组合，如使用除字母和数字以外的 ASCII 码字符将使口令更难被猜到。

③ 口令应该避免是一个完整的单词（或者是用户本国的语言或是外文单词）。

口令不要包含个人的信息，如街道地址、社会保障号、电话号码、生日以及诸如此类的容易被猜到的信息。

（2）利用系统产生的伪随机数鉴别用户。口令鉴别的方式简单易行，但口令容易被人窃取，不好的口令也可能比较容易猜中。采用伪随机数的方法可以得到比口令鉴别方式更好的安全性。这种方法的鉴别过程为：用户和系统约定一个过程或者函数，每次登录时，系统产生一个伪随机数并传给用户，用户根据事先约定的计算过程或者函数计算一个结果，系统根据用户计算的结果来判定用户身份是否合法。如果伪随机数位数及循环周期够长，则每次登录系统产生的伪随机数均不相同，因此这种方法隐秘性较好，安全性更高。

（3）利用用户特有的物件来鉴别用户。在计算机系统中常用磁卡、IC 卡等作为用户身份凭证，但这样的计算机系统必须安装相应的读卡装置，而且磁卡和 IC 卡也存在丢失或被盗的危险。

（4）利用用户的物理特征鉴别用户，如声音、相貌、签名、指纹等都可以作为鉴别用户的物理特征。利用这些特征来鉴别用户非常可取，但需要昂贵的、特殊的鉴别装置，因而影响它的推广和使用。

8.2.2 存取控制

数据库安全最重要的一点就是确保只授权给有资格的用户访问数据库的权限，同时令所有未被授权的人员无法接近数据，这主要通过数据库系统的存取控制机制实现。存取控制是数据库管理系统级的安全控制措施，它是对用户访问数据库各种资源（包括基表、视图、目录以及实用程序等）的权限（包括创建、撤销、查询、增加、删除、修改、执行等）的控制，是杜绝数据库被非法访问的基本手段。尽管在完善程度上有所差异，但各种 DBMS 几乎都提供这方面的功能。在存取控制技术中，DBMS 所管理的全体实体可分为主体和客体两类。主体是系统中的活动实体，它包括 DBMS 所管理的各类用户，也包括代表用户的各种进程。客体是系统中的被动实体，是受主体操纵的，包括文件、基本表、索引和视图等。

DBMS 的存取控制机制主要包括两方面内容：

（1）用户权限定义。用户权限是指不同的用户对于不同的数据对象允许执行的操作权限。这些经过定义的权限编译后存入数据字典中，称为安全规则或授权规则。

（2）存取权限检查。每当用户发出存取数据库操作请求时，DBMS 首先查找数据字典，根据安全规则进行合法权限检查，检查用户的请求是否超出其权限范围。

目前，不同安全级别的数据库系统一般都支持自主存取控制和强制存取控制。

1. 自主存取控制

自主存取控制（discretionary access control，DAC）是用户访问数据库的一种常用安全控制方式，比较适合于单机方式下的安全控制。在自主存取控制中，用户权限由两个要素组成，即数据对象和操作类型。用户的存取权限就是授权给用户，允许用户对不同的数据对象拥有不同的存取权限，同一数据对象不同的用户也有不同的权限，此外用户还可以将其拥有的权限转授给其他用户。

表 8-1 所列为关系系统中的数据对象内容和操作类型。表中的数据对象由两类组成：一类是数据本身，如基本表、属性列；另一类是外模式、模式、内模式。在非关系系统中，外模式、模式、内模式的建立和修改均由 DBA 负责，一般用户无权执行这些操作，因此自主存取控制的数据对象仅限数据本身。在关系系统中，DBA 可以把建立、修改基本表的权力授予用户，用户获得此权力后可以建立基本表、索引、视图。所以，关系系统中自主存取控制的数据对象不仅有数据，还有外模式、模式、内模式等数据字典中的内容。

表 8-1 关系系统中的存取权限

数据对象		操作类型
模式	外模式、模式、内模式	建立、修改、检索
数据	基本表、属性列	查找、插入、修改、删除

自主存取控制的安全机制是一种基于存取矩阵（又称为授权矩阵）的安全模型，它由主体、客体与存/取操作 3 种元素构成一个矩阵。矩阵的行表示主体，矩阵的列表示客体，矩阵中的元素表示各种存/取操作。在这个安全模型中，指定主体（行）与客体（列）后，可根据矩阵得到指定的操作，凡不符合存取矩阵要求的操作均属非法访问。

SQL-92 标准对自主存取控制的支持主要是通过 SQL 的 GRANT 语句和 REVOKE 语句来实现的。其基本的语法规则如下：

授权：GRANT <权限列表> [ON <关系名或视图名>]TO <用户列表> [WITH GRANT OPTION]

撤权：REVOKE <权限列表> ON <关系名或视图名> FROM <用户列表> [RESTRICT|CASCADE]

自主存取控制能够通过授权机制有效控制其他用户对敏感数据的存取。然而自主存取控制中的存取矩阵的元素是可以经常改变的，主体可以通过授权的形式变更某些操作权限，尽管存在着存取控制十分灵活的优点，但也存在着存取控制受主体主观随意性的影响较大的不足。因此，在这种授权机制下，仍可能存在数据的无意泄露。

2. 强制存取控制

强制存取控制（mandatory access control，MAC）是指系统为保证更高程度的安全性，按照 TDI/TCSEC 标准中安全策略的要求所采取的强制存取检查手段。它不是用户直接感知或进行控制的。强制存取控制适用于那些对数据有严格而固定密级分类的部门，例如军事部门或政府部门。

在强制存取控制中，数据库管理系统所管理的全部实体被分为主体和客体两大类。

主体：包括数据库管理系统所管理的实际用户，也包括代表用户的各个进程。

客体：是系统中的被动实体，是受主体操纵的，包括文件、基本表、索引、视图。

在强制存取控制中，DBMS 对主、客体的每个实例（值）都指派一定的安全性标记，分为绝密级（Top Secrete）、机密级（Secrete）、秘密级（Confidential）和公开级（Public）等。其中，主体安全性标记称为许可证级别，客体安全性标记称为密级。系统通过对比主、客体的安全性标记级别，最终确定主体能否存取客体。由于强制存取控制对数据本身进行密级标记，无论数据如何复制，标记与数据是一个不可分的整体，只有符合密级标记要求的用户才可能操纵数据，从而提供了更高级别的安全性。

图 8-2 所示为基于 DAC 和 MAC 安全检查的示意图。

图 8-2　DAC+MAC 安全检查示意图

当某一主体（用户）以某一许可证级别进入系统时，系统要求他对任何客体的存取必须遵循如下规则：

（1）当且仅当主体许可证级别大于或等于客体密级时，该主体才能读相应的客体。

（2）当且仅当主体许可证级别小于或等于客体密级时，该主体才能写相应的客体。

上述两条规则的共同点在于它们禁止拥有高许可证级别的主体更新低密级的数据对象，从而防止了敏感数据的泄露。并且规则（2）表明用户可以为其写入的数据对象赋予高于自己的许可证级别的密级。这样，数据对象被写入以后，用户本身就不能再读该数据对象了。

假如 A 的级别大于 B，即 A 拥有的保密信息等级更高，此时如果 A 有对 B 的写入权限，那么很可能会将保密信息写入 B，B 的等级较低，会将保密信息传播，造成泄密。所以只有小于等于时才能写入，保证秘密不向下传播扩散，只向上保留。

8.2.3 用户角色权限管理

数据库的安全保护流程可以分为 3 个步骤：

首先，用户向数据库提供身份识别信息，即提供一个数据库账号。接下来用户还需要证明他们所给出的身份识别信息是有效的，这是通过输入密码来实现的，用户输入的密码经过数据库的核对确认用户提供的密码是否正确。最后，假设密码是正确的，那么数据库认为身份识别信息是可信赖的。此时，数据库将会在基于身份识别信息的基础上确定用户所拥有的权限，即用户可以对数据库执行什么操作。因此，为了确保数据库的安全，首要的问题就是对用户进行管理。这里所说的用户并不是数据库操作人员，而是在数据库中定义的一个名称，更准确地说它是账户，只是习惯上称其为用户，它是数据库的基本访问控制机制，当连接到数据库时，操作人员必须提供正确的用户名和密码。

数据库中的用户按其操作权限的大小可分为如下几类：

（1）数据库系统管理员。具有数据库中全部权限，当用户以系统管理员身份进行操作时，系统不对其权限进行检验。

（2）数据库对象拥有者。创建数据库对象的用户即为数据库对象拥有者。数据库对象拥有者对其所拥有的对象具有一切权限。

（3）普通用户：普通用户只部分具有增、删、改、查数据库数据的权限。

下面结合 MySQL 数据库管理系统详细说明用户角色权限管理的内容。

MySQL 是一个多用户管理的数据库，可以为不同用户分配不同的权限，分为 root 用户和普通用户，root 用户为超级管理员，拥有所有权限，而普通用户拥有指定的权限。MySQL 通过权限表来控制用户对数据库访问，包含 5 个主要的授权表。

- user 表：包含用户账户和全局权限列。MySQL 使用 user 表来接受或拒绝来自主机的连接。在 user 表中授予的权限对 MySQL 服务器上的所有数据库都有效。
- db 表：包含数据库级权限。MySQL 使用数据库表来确定用户可以访问哪个数据库以及哪个主机。在 db 表中的数据库级授予的特权适用于数据库，所有对象属于该数据库，例如表、触发器、视图、存储过程等。
- table_priv 和 columns_priv 表：包含表级和列级权限。在 table_priv 表中授予的权限适用于表及其列，而在 columns_priv 表中授予的权限仅适用于表的特定列。
- procs_priv 表：包含存储函数和存储过程的权限。

MySQL 访问控制实际上由两个功能模块共同组成，一个是负责"看守 MySQL 大门"的用户管理模块，另一个就是负责监控来访者每一个动作的访问控制模块。用户管理模块决定用户是否能登录数据库，而访问控制模块则决定在数据库中具体可以做的事。图 8-3 所列为一张 MySQL 中实现访问控制的简单流程。

1. 用户管理

在 MySQL 中，用户访问控制部分的实现比较简单，所有授权用户都存放在一个系统表 user 中，当然这个表不仅仅存放了授权用户的基本信息，还存放有部分细化的权限信息。MySQL 中的用户管理常用操作主要包括以下内容。

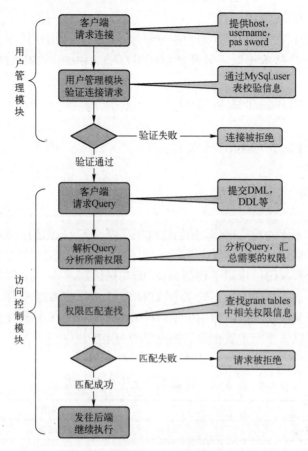

图 8-3　MySQL 访问控制简单过程

（1）创建用户。

要创建一个新的用户，可采用 CREATE USER 命令。其语法格式如下：

  CREATE USER [IF NOT EXISTS]
    user [auth_option] [, user [auth_option]] ...
    DEFAULT ROLE role [, role] ...
    [REQUIRE {NONE | tls_option [[AND] tls_option] ...}]
    [WITH resource_option [resource_option] ...]
    [password_option | lock_option] ...
    [COMMENT 'comment_string' | ATTRIBUTE 'json_object']

常用命令：

  create user '用户名'@'登录地址' identified by '密码'
  //当在本地登录时，IP_address=localhost
  create user 'user_name@IP_address' identified by 'passowrd'

（2）查看用户。

使用 root 用户登录，查看用户信息：

select user, host from MySQL.user

（3）修改用户密码。

用户创建完后，管理员可以对用户进行修改，包括修改用户口令。修改用户的语法与创建的用户的语法基本相似，只是把创建用户语法中的"CREATE"关键字替换成"ALTER"罢了。

alter user '用户名' identified by '新密码'

（4）删除用户。

删除用户通过 DROP USER 语句完成。

常用命令：

drop user '用户名'@'登录地址'

2. 权限管理

权限就是对数据库的功能操作，如创建数据库表、修改表结构、删除记录等。MySQL数据库的用户权限级别主要包括以下几项。

（1）全局性管理权限：作用于整个 MySQL 实例级别。

（2）数据库级别：作用于指定的某个数据库上或者所有数据库上。

（3）数据库对象级别权限：作用于指定的数据库对象上（表或者视图）。

（4）字段：可以管理指定数据库的指定表的指定字段。

数据库的存取权限主要有如下几种，如表 8-2 所列。

表 8-2 数据库的主要存取权限

对象	权限类型
数据库	create database
基本表	create table, alter table
视图	create view
索引	create index
基本表数据	select, insert, update, delete, references, all privileges
属性列数据	select, insert, update, references, all privileges

MySQL 中的用户权限管理的常用操作主要包括以下内容。

（1）为用户授权。

grant privilege1_name，privilege2_name，privilege3_name
on database_name.table_name
to 'user_name@IP_address'
[with grant option]

常见的权限有：select、delete、update、insert 等

最后的 with grant option 表示：让这个用户具有赋予别的用户权限的权限

例如：给 panfeng 用户授予 Student 表的查询权限

grant select on table Student to 'panfeng'@'localhost';

（2）查看用户权限。

show grants for 'user_name@IP_address'

（3）回收权限。

使用 REVOKE 命令收回用户权限，命令通用格式如下：

    REVOKE <权限>,...
    ON <对象类型> <对象名>,...
    FROM <用户>,...[CASCADE|RESTRICT]

说明：CASCADE 表示级联回收权限，RESTRICT 表示当一个用户作为父授权时，不允许直接删除（需先删除子授权）

例如：收回 panfeng 用户 Student 表的查询权限

    revoke select on table Student from 'panfeng'@'localhost'

如果数据库管理员使用 GRANT 命令给用户 A 授予对象权限时带有 WITH ADMIN OPTION 选项，则该用户 A 有权将权限再次授予另外的用户 B。在这种情况下，如果数据库管理员用 REVOKE 命令撤销 A 用户的对象权限时，用户 B 的对象权限也被撤销。

3. 角色管理

角色是什么？可以理解为一定数量的权限的集合。例如一个论坛系统，超级管理员、版主都是角色。版主可管理版内的帖子、可管理版内的用户等，这些是权限。要给某个用户授予这些权限，不需要直接将权限授予用户，可将"版主"这个角色赋予该用户。

角色是一个独立的数据库实体，它包括一组权限。也就是说，角色是包括一个或者多个权限的集合，它并不被哪个用户所拥有。角色可以被授予任何用户，也可以从用户中将角色收回。

使用角色可以简化权限的管理，可以仅用一条语句就能从用户那里授予或回收权限，而不必对用户一一授权。使用角色还可以实现权限的动态管理，比如，随着应用的变化可以增加或者减少角色的权限，这样通过改变角色的权限，就实现了改变多个用户的权限。

角色、用户及权限是一组关系密切的对象，既然角色是一组权限的集合，那么它只有被授予某个用户才能有意义，可以用如图 8-4 所示的图形来帮助我们理解角色、用户及权限的关系。

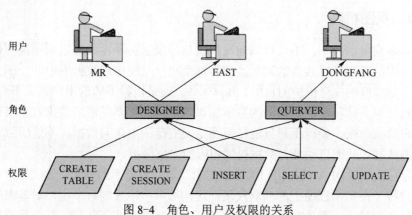

图 8-4 角色、用户及权限的关系

在复杂的大型应用系统中，要求对应用系统功能进行分类，从而形成角色的雏形，再使用 CREATE ROLE 语句将其创建成为角色；最后根据用户工作的分工，将不同的角色（包括系统预定义的角色）授予各类用户。如果应用系统的规模很小，用户数也不多，则可以直接将应用的权限授予用户。

MySQL 中的角色管理常用操作主要包括以下内容。

（1）创建角色。

使用 CREATE ROLE 命令创建角色，通用命令格式如下：

CREATE ROLE <角色名>

（2）给角色授权。

一旦角色创建完成，就可以对角色进行授权，给角色授权也是使用 GRANT…TO 语句来实现的。

GRANT <角色>,...
TO <角色或用户>,...
[WITH ADMIN OPTION];

说明：如果指定了 WITH ADMIN OPTION 子句，则获得权限的角色或用户还能将该权限再授予其他的角色。

（3）查看角色权限。

查看所有权限情况：

SHOW GRANTS

查看特定用户权限情况：

SHOW GRANTS FOR '用户名'@'登录地址'

（4）删除角色。

删除角色很简单，使用 DROP ROLE 语句即可实现。

drop role queryer

删除角色后，原来拥有该角色的用户将不再拥有该角色，相应的权限也将失去。

8.2.4 视图机制

进行存取权限的控制，不仅可以通过授权与撤权来实现，还可以利用视图机制对用户使用数据库的范围予以必要的限制，使得每个用户只能访问数据库中的一部分数据，从而达到一定程度的安全保护的目的。具体来说，就是根据不同的用户定义不同的视图，通过视图机制将具体用户需要访问的数据加以确定，而将要保密的数据对无权存取这些数据的用户隐藏起来，使得用户只能在视图定义的范围内访问数据，不能随意访问视图定义以外的数据，从而自动地对数据提供相应的安全保护。

在实际应用中，DBA 根据用户的数据需求和访问数据库的权限，定义用户视图，并对每个用户授予在某个视图上的存取权限，这样可以严格限制每个用户对基表的存取操作。用户只能在基表中操作允许他存取的部分，如基表中的某些列、某些行或某些行的某些列等。

需要指出的是，视图机制的引入最初是出于数据独立性考虑，其最主要的功能在于提供数据独立性。因此，附加提供的安全性保护功能尚不够精细，往往不能达到应用系统的要求。在实际应用中，通常是将视图机制与存取控制配合使用，首先用视图机制屏蔽掉一部分保密数据，然后在用户视图上进一步定义存取权限。

8.2.5 审计

用户识别和鉴定、存取控制、视图等安全性措施均为强制性机制，都可将用户操作限制在规定的安全范围内，但实际上任何系统的安全性措施都不是绝对可靠的，窃密者总有办法突破这些控制。对于某些高度敏感的保密数据，必须以审计作为预防手段。审计是一种监视措施，其功能是把用户对数据库的所有操作自动地记录下来，存入审计日志或跟踪审查记录。DBA 可以利用这些信息，重现导致数据库现有状况的一系列事件，找出非法存取数据的人、时间和内容等。跟踪审查记录一般包括下列内容：

(1) 操作类型，例如修改、查询等。
(2) 操作涉及的数据，例如基本表、视图、记录、属性等。
(3) 操作日期和时间。
(4) 操作者标识与操作终端标识等。

审计一般由 DBA 控制，有时也可以由数据库对象的所有者控制，一般用户对自己拥有的表或视图可以进行如下审计操作：

(1) 使用 SQL 语句选定审计选项。
(2) 审计各种对该用户的表或视图的成功或不成功的访问企图。
(3) 指定对某些 SQL 操作做审计。
(4) 控制在跟踪审查记录表中记录审计信息的详细程度。

对于 DBA 用户，除了可以进行上述审计操作外，还可以进行下述审计操作：

(1) 对成功或失败的登录、注销、授权、撤权进行审计。
(2) 使系统填写跟踪审查记录的操作开始工作或停止工作。
(3) 为某些数据库表设定默认选项。

在 SQL 中，对表实施审计及撤销对表施加的所有跟踪审计的命令格式如下：

(1) 实施审计：AUDIT SELECT, INSERT, UPDATE DELETE ON <表名> WHENEVER SUCCESSFUL
(2) 撤销审计：NOAUDIT ALLON<表名>

审计功能一般应用于安全性要求比较高的部门。审计日志和跟踪审查记录对于事后的检查十分有效，在一定程度上增强了对数据的物理完整性的保证。但从时间和费用上考虑，特别是在大型分布和数据复制环境下的大批量、短事务处理的应用系统中，粒度过细（如每个记录值的改变）的审计实际上是很难实现的。同时，由于审计是以违规操作总是可以通过分析异常行为的审计记录探测到为前提的，它所探测的违规操作类型还是很有限的。通常 DBMS 往往将审计作为可选特征，允许 DBA 根据应用对安全性的要求，灵活地打开或关闭审计功能。

8.3 数据传输控制

数据传输安全是指数据在传输过程中必须要确保数据的安全性、完整性和不可篡改性。

数据在内部存储大多以明文方式，一旦数据被有意无意地带出内部环境，将面临泄密风险，另一方面，内部高权限用户对于数据的访问权限过高，同样存在数据被恶意利用的风险。

通过建立数据加密机制，将重要数据在数据库中进行加密方式存储，无论受到外部攻击导致"拖库"，还是内部人员恶意携带数据文件，都无法对数据内容进行提取或破解。

8.3.1 数据加密

对于一般的数据库应用，前面所述的数据库安全技术已经足够胜任了。但是对于一些重要部门或敏感领域的应用，例如财务数据、军事数据、国家机密等，除了以上安全性措施外，还必须进一步提高其安全性，即对数据库中的数据进行加密，以强化数据存储的安全保护。

数据加密技术是最基本的安全技术，是防止数据库中的数据在存储和传输中失密的有效手段，被誉为信息安全的核心，最初主要用于保证数据在存储和传输过程中的保密性。它通过变换和置换等各种方法将被保护信息置换成密文，然后再进行信息的存储或传输，即使加密信息在存储或者传输过程为非授权人员所获得，也可以保证这些信息不为其认知，从而达到保护信息的目的。该方法的保密性直接取决于所采用的密码算法和密钥长度。

根据密钥类型不同，可以把现代密码技术分为对称加密算法和非对称加密算法。

（1）对称加密算法。这类算法的加密和解密的密钥相同或实质上等同且不能公开，因此又称为单密钥加密算法或秘密密钥加密算法。可以对原始数据按字符逐位加密，也可以先将原始数据分组，再逐组加密。

对称加密算法是应用较早的加密算法，技术成熟。在对称加密算法中，数据发信方把明文（原始数据）和加密密钥一起经过特殊加密算法处理后，使其变成复杂的加密密文发送出去。收信方收到密文后，若想解读原文，则需要使用加密用过的密钥及相同算法的逆算法对密文进行解密，才能使其恢复成可读明文。在对称加密算法中，使用的密钥只有一个，发收信双方都使用这个密钥对数据进行加密和解密，这就要求解密方事先必须知道加密密钥。对称加密算法的特点是算法公开、计算量小、加密速度快、加密效率高。不足之处是，交易双方都使用同样钥匙，安全性得不到保证。此外，每对用户每次使用对称加密算法时，都需要使用其他人不知道的唯一钥匙，这会使得发收信双方所拥有的钥匙数量呈几何级数增长，密钥管理成为用户的负担。对称加密算法在分布式网络系统上使用较为困难，主要是因为密钥管理困难，使用成本较高。

对称加密算法使用了两种基本的变换方式：

① 替换：在密钥的作用下，将原始数据中的每一个字符替换为密文中的字符。

② 置位：在密钥的作用下，将原始数据的字符按不同的顺序重新排列。

单独使用这两种方式的任意一种都是不够安全的。但是将这两种方式结合起来就能提供相当高的安全程度。

常用的对称加密算法主要有：DES、IDEA、RC2、RC4、RC5、AES等。

（2）非对称加密算法。这类算法加密所用的密钥与解密所用的密钥不相同，即不对称，其中加密密钥可以公开（称为公钥），而解密密钥则必须秘密保存（称为私钥），知道公钥或私钥中的任何一个都很难推算出另一个。因此非对称加密算法也称双密钥加密算法或公钥加密算法。非对称加密算法的安全基础大多基于一些多年来未能解决的数学困难问题，例如因子分解（又称大数分解）、离散对数、背包问题等。

不对称加密算法使用两把完全不同但又是完全匹配的一对钥匙——公钥和私钥。在使用不对称加密算法加密文件时，只有使用匹配的一对公钥和私钥，才能完成对明文的加密和解密过程。加密明文时采用公钥加密，解密密文时使用私钥才能完成，而且发信方（加密者）知道收信方的公钥，只有收信方（解密者）才是知道自己私钥的人。不对称加密算法的基本原理是，如果发信方想发送只有收信方才能解读的加密信息，发信方必须首先知道收信方的公钥，然后利用收信方的公钥来加密原文；收信方收到加密密文后，使用自己的私钥才能解密密文。显然，采用不对称加密算法，收发信双方在通信之前，收信方必须把自己早已随机生成的公钥送给发信方，而自己保留私钥。由于不对称算法拥有两个密钥，因而特别适用于分布式系统中的数据加密。

常用的非对称加密算法主要有RSA、ElGamal、Rabin等。

目前，有些数据库产品已经提供了数据加密例行程序，系统可以根据用户的要求自动对存储和传输的数据进行加密处理。另外，还有一些数据库产品虽然本身未能提供加密程序，但提供了加密接口，允许用户用其他厂商的加密程序对数据加密。

应该指出的是，数据加密与解密是比较费时的操作，以密文的形式存储数据，在存入时须加密，在查询时须解密，增加了系统开销，降低了数据库的性能。因此，数据加密功能通常作为可选的特征供用户自由选择，只有对那些保密要求特别高的数据才值得采用此方法。

8.3.2 数字签名

数字签名（又称公钥数字签名、电子签章）不是指把签名扫描成数字图像，或者用触摸板获取的签名，更不是个人的落款。数字签名是只有信息的发送者才能产生的别人无法伪造的一段数字串，这段数字串同时也是对信息的发送者发送信息真实性的一个有效证明。它是一种类似写在纸上的普通的物理签名，但是使用了公钥加密领域的技术来实现的，用于鉴别数字信息的方法。一套数字签名通常定义两种互补的运算，一个用于签名，另一个用于验证。数字签名是非对称密钥加密技术与数字摘要技术的应用。数字签名属于密码学范畴。

一套数字签名通常定义两种互补的运算，一个用于签名，另一个用于验证。数字签名了的文件的完整性是很容易验证的（不需要骑缝章，骑缝签名，也不需要笔迹专家），而且数字签名具有不可抵赖性（不需要笔迹专家来验证）。

简单地说，数字签名就是附加在数据单元上的一些数据，或是对数据单元所作的密码变换。这种数据或变换允许数据单元的接收者用以确认数据单元的来源和数据单元的完整性并保护数据，防止被人（如接收者）进行伪造。它是对电子形式的消息进行签名的一种方法，一个签名消息能在一个通信网络中传输。基于公钥密码体制和私钥密码体制都可以获得数字签名，主要是基于公钥密码体制的数字签名。包括普通数字签名和特殊数字签名。普通数字签名算法有 RSA、ElGamal、Fiat-Shamir、Guillou-Quisquarter、Schnorr、Ong-Schnorr-Shamir 数字签名算法、Des/DSA、椭圆曲线数字签名算法和有限自动机数字签名算法等。特殊数字签名有盲签名、代理签名、群签名、不可否认签名、公平盲签名、门限签名、具有消息恢复功能的签名等，它与具体应用环境密切相关。显然，数字签名的应用涉及法律问题，美国联邦政府基于有限域上的离散对数问题制定了自己的数字签名标准（DSS）。

网络的安全，主要是网络信息安全，需要采取相应的安全技术措施，提供适合的安全服务。数字签名机制作为保障网络信息安全的手段之一，可以解决伪造、抵赖、冒充和篡改问题。数字签名的目的之一就是在网络环境中代替传统的手工签字与印章，有着如下重要作用：

（1）防冒充（伪造）。私有密钥只有签名者自己知道，所以其他人不可能构造出。

（2）可鉴别身份。由于传统的手工签名一般是双方直接见面的，身份自可一清二楚。在网络环境中，接收方必须能够鉴别发送方所宣称的身份。

（3）防篡改（防破坏信息的完整性）。对于传统的手工签字，假如要签署一份 200 页的合同，是仅仅在合同末尾签名呢？还是对每一页都签名？如果仅在合同末尾签名，对方会不偷换其中的几页？而对于数字签名，签名与原有文件已经形成了一个混合的整体数据，不可能被篡改，从而保证了数据的完整性。

（4）防重放。如在日常生活中，A 向 B 借了钱，同时写了一张借条给 B，当 A 还钱时，肯定要向 B 索回他写的借条撕毁，否则，恐怕他会再次用借条要求 A 还钱。在数字签名中，如果采用了对签名报文添加流水号、时间戳等技术，可以防止重放攻击。

（5）防抵赖。如前所述，数字签名可以鉴别身份，不可能冒充伪造，那么，只要保好签名的报文，就好似保存好了手工签署的合同文本，也就是保留了证据，签名者就无法抵赖。那如果接收者确已收到对方的签名报文，却抵赖没有收到呢？要预防接收者的抵赖。在数字签名体制中，要求接收者返回一个自己签名的表示收到的报文，给对方或者第三方或者引入第三方机制。如此操作，双方均不可抵赖。

（6）机密性（保密性）。有了机密性保证，截收攻击也就失效了。手工签字的文件（如同文本）是不具备保密性的，文件一旦丢失，其中的信息就极可能泄露。数字签名可以加密要签名的消息，当然，如果签名的报文不要求机密性，也可以不用加密。

保证信息传输的完整性、发送者的身份认证、防止交易中的抵赖发生。

数字签名技术是将摘要信息用发送者的私钥加密，与原文一起传送给接收者。接收者用自己的公钥解密被加密的摘要信息，然后用 HASH 函数对收到的原文产生一个摘要信息，与解密的摘要信息对比。如果相同，则说明收到的信息是完整的，在传输过程中没有被修改，否则说明信息被修改过，因此数字签名能够验证信息的完整性。

数字签名是个加密的过程，数字签名验证是个解密的过程。

8.3.3 数字水印

开展业务时，数据需要对外共享，但是一旦数据对外分发后，安全保护责任的主体也应进行转移。实际中，许多数据共享中的接收方在接收到数据后，并没有对数据的安全保护起到应负的责任，导致很多数据二次扩散的事件，对数据分发后的安全性也需要通过技术手段监管起来。

数字水印是指把特定的信息嵌入数字信号中，数字信号可能是音频、图片或影片等。若要复制有数字水印的信号，所嵌入的信息也会一并被复制。数字水印可分为浮现式和隐藏式两种，前者是可被看见的水印（visible watermarking），其所包含的信息可在观看图片或影片时同时被看见。一般来说，浮现式的水印通常包含版权拥有者的名称或标志，数字水印属于隐藏技术。

隐藏式的水印是以数字数据的方式加入音频、图片或影片中，但在一般的状况下无法被看见。隐藏式水印的重要应用之一是保护版权，期望能借此避免或阻止数字媒体未经授权的复制。隐写术（steganography）也是数字水印的一种应用，双方可利用隐藏在数字信号中的信息进行沟通。数字照片中的注释数据能记录照片拍摄的时间、使用的光圈和快门，甚至是相机的厂牌等信息，这也是数字水印的应用之一。某些文件格式可以包含这些称为"metadata"的额外信息。

数字水印根据应用领域可分为如下几种：

（1）鲁棒水印。通常用于数字化图像、视频、音频或电子文档的版权保护。将代表版权人身份的特定信息，如一段文字、标识、序列号等按某种方式嵌入在数字产品中，在发生版权纠纷时，通过相应的算法提取出数字水印，从而验证版权的归属，确保著作权人的合法利益，避免非法盗版的威胁。

（2）易损水印。又称脆弱水印。通常用于数据完整性保护。当数据内容发生改变时，易损水印会发生相应的改变，从而可鉴定数据是否完整。

（3）标注水印。通常用于标示数据内容。

数字水印根据加载的载体可分为以下几种：

（1）图像水印。在图像数据上加载的水印。

（2）视频水印。在视频数据上加载的水印。

（3）音频水印。在音频数据上加载的水印。

（4）软件水印。在软件上加载的水印。

（5）文档水印。在文档上加载的水印。

数字水印根据加载的方法可分为以下几种：

（1）空间域水印。直接将水印加载到载体数据上。

（2）变换域水印。将水印加载到载体数据的傅里叶变换域、小波变换域等变换域的数据上。

数字水印的主要特征如下：

（1）透明性。水印与原始数据紧密结合并隐藏其中，水印的存在不能破坏原数据的欣赏价值和使用价值。

（2）鲁棒性。在经过有损压缩、录制、打印、扫描、旋转、平移等常规处理操作后仍能检测到水印。

（3）安全性。抵御攻击者进行未经授权的删除、嵌入和检测等攻击的能力。主要用于信息的完整性认证。

除此之外，区块链也是一种新兴的可以实现数据管控的信息技术。从本质上讲，它是一个共享数据库，存储于其中的数据或信息，具有"不可伪造""全程留痕""可以追溯""公开透明""集体维护"等特征。基于这些特征，区块链技术奠定了坚实的"信任"基础，创造了可靠的"合作"机制，具有广阔的运用前景。目前，已在金融、物联网和物流、数字版权等领域得到了广泛应用。例如，在数字版权领域，通过区块链技术，可以对作品进行鉴权，证明文字、视频、音频等作品的存在，保证权属的真实、唯一性。作品在区块链上被确权后，后续交易都会进行实时记录，实现数字版权全生命周期管理，也可作为司法取证中的技术性保障。例如，美国纽约一家创业公司 Mine Labs 开发了一个基于区块链的元数据协议，这个名为 Mediachain 的系统利用 IPFS 文件系统，实现数字作品版权保护，主要是面向数字图片的版权保护应用。

8.4 数据备份与容灾

在"9·11"恐怖事件造成世贸大厦倒塌后，许多人将目光投向了金融界巨头摩根·斯坦利公司。这家名列财富 500 强的金融机构，在世贸大厦租有 25 层，惨剧发生时，有 2000 多名员工正在楼内办公。随着大厦的轰然坍塌，无数人认为摩根·斯坦利公司将成为这一恐怖事件的殉葬品之一。然而，正当大家为此扼腕痛惜时，该公司竟然奇迹般地宣布，全球营业部第二天可以照常工作。摩根·斯坦利公司之所以能够在 9 月 12 日恢复营业，其主要原因是它不仅像一般公司那样在内部进行数据备份，而且在新泽西州建立了灾备中心，并保留着数据备份。"9·11"恐怖袭击事件发生后，摩根·斯坦利公司立即启动新泽西州灾难备份中心，从而保障了公司全球业务的不间断运行，有效降低了灾难对于整个企业发展的影响，而很多没有建立灾难备份系统的企业却没有这样幸运。

不得不承认，正是数据备份和远程容灾系统在关键时刻挽救了摩根·斯坦利公司，同时也在一定程度上挽救了美国的金融行业。"9·11"恐怖袭击事件震惊全世界，给我们敲响了警钟：善良的人们不希望像世贸大厦坍塌这样的灾难性事件发生，但灾难的发生却是无法预料的。我们不能指望永远不发生自然和人为的灾难，而是应当务实地考虑如何避免和减轻灾难带给我们的种种伤害。在信息系统越来越扮演重要角色的今天，如何减少灾难损失，是每个企业都必须给予高度重视的。

今天再谈到容灾，恐怕很少会有人再把它当作耳旁风。容灾就像是一把保护伞，使得单位可以免受各种灾难和意外事件的不良影响。时至今日，发生在四川汶川的地震在很多人心中可能还留有挥不去的阴影，它无时无刻不在提醒我们：为了保障信息系统的安全性和可用性，不仅要做好完善的本地备份工作，还要有的放矢地部署异地灾备系统，让信息系统固若金汤。

8.4.1 普通数据备份层次

备份的概念大家都不会陌生。在日常生活中，我们都在不自觉地使用备份。例如：存折密码记在脑子里怕忘，就会写下来记在纸上；门钥匙、抽屉钥匙总要去配一份。其实备份的概念说起来很简单，就是保留一套后备系统。这套后备系统或者是与现有系统一模一样，或者是能够替代现有系统的功能。与备份对应的概念是恢复，恢复是备份的逆过程。在发生数据失效时，计算机系统无法使用，但由于保存了一套备份数据，利用恢复措施就能够很快将损坏的数据重新建立起来。

数据库备份是主要措施之一。数据库备份是在固定的时间周期，将数据库备份到系统之外的安全的地方。备份的时间周期，可以是一小时、一天、一周、一月、一季、一年，取决于应用系统的性质（数据库更新的频繁程度和重要程度）。常见的做法是每天做增量备份，每月做全库备份。这样，一旦数据库受到自然灾害，就可以从备份中恢复数据库，灾害所造成的数据库损失是最后一次备份到灾害发生之时所进行的数据库更新。当然，由此而引起的经济损失就无法估计了。

数据备份可分为3个层次，即硬件级、软件级和人工级。

1. 硬件级备份

硬件级备份是指用冗余的硬件来保证系统的连续运行。如果主硬件损坏，后备硬件马上能够接替其工作，这种方式可以有效防止硬件故障，但无法防止数据的逻辑损坏。当逻辑损坏发生时，硬件备份只会将错误复制一遍，无法真正保护数据。硬件备份的作用实际上是保证系统在出现故障时能够连续运行，更应称为硬件容错。

硬件级备份的手段主要包括：

（1）磁盘镜像（mirroring）。可防止单个硬盘的物理损坏，但无法防止逻辑损坏。

（2）磁盘阵列（disk array）。磁盘阵列一般采用RAID5技术，可以防止多个硬盘的物理损坏，但无法防止逻辑损坏。

（3）双机容错。SFrIII、Standby、集群都属于双机容错范畴。双机容错可以防止单台计算机的物理损坏，但无法防止逻辑损坏。

硬件级备份对火灾、水淹、线路故障造成的系统损坏和逻辑损坏无能为力。

2. 软件级备份

软件级备份是指将系统数据保存到其他介质上，当出现错误时可以将系统恢复到备份时的状态。由于这种备份是由软件来完成的，所以称为软件备份。当然，用这种方法备份和恢复都要花费一定时间。但这种方法可以完全防止逻辑损坏，因为备份介质和计算机系统是分开的，错误不会重复写到介质上。这就意味着，只要保存足够长时间的历史数据，就能够恢复正确的数据。

软件级备份手段主要为数据复制，可以防止系统的物理损坏，可以在一定程度上防止逻辑损坏。

3. 人工级备份

人工级备份最为原始，也最简单和有效。但如果要用手工方式从头恢复所有数据，耗费的时间恐怕会令人难以忍受。

理想的备份系统是全方位、多层次的。一个完整的系统备份方案应包括：硬件备份、软件备份、日常备份制度（backup routines）、灾难恢复制度（disaster recovery plan，DRP）4个部分。首先，要使用硬件备份来防止硬件故障；如果由于软件故障或人为误操作造成了数据的逻辑损坏，则使用软件方式和手工方式结合的方法恢复系统；选择了备份硬件和软件后，还需要根据自身情况制定日常备份制度和灾难恢复措施，并由管理人员切实执行备份制度。这种结合方式构成了对系统的多级防护，不仅能够有效防止物理损坏，还能够彻底防止逻辑损坏。

8.4.2 数据备份策略

对数据进行备份是为了保证数据的一致性和完整性，消除系统使用者和操作者的后顾之忧。不同的应用环境要求不同的解决方案来适应。一般来说，一个完善的备份系统，对备份软件和硬件都有较高的要求。在选择备份系统之前，首先要把握备份的3个主要特点：

（1）备份最大的忌讳是在备份过程中因介质容量不足而更换介质，因为这会降低备份数据的可靠性。因此，存储介质的容量在备份选择中是最重要的。

（2）备份的目的是防备万一发生的意外事故，如自然灾害、病毒侵入、人为破坏等。这些意外发生的频率不是很高，从这个意义上来讲，在满足备份窗口需要的基础上，备份数据的存取速度并不是一个很重要的因素。

（3）可管理性是备份中一个很重要的因素，因为可管理性与备份的可靠性密切相关。最佳的可管理性是指能自动化备份的方案。

在选择备份系统时，既要做到满足系统容量不断增加的需求，又需要所用的备份软件能够支持多平台系统。要做到这些，就要充分使用网络数据存储管理系统，它是在分布式网络环境下，通过专业的数据存储管理软件，结合相应的硬件和存储设备，对网络的数据备份进行集中管理，从而实现自动化的备份、文件归档、数据分级存储及灾难恢复等。

一个完整的数据备份方案，应包括备份硬件、备份软件、备份策略三部分。选择了存储备份软件、存储备份硬件后，首先需要确定数据备份的策略。备份策略指确定需备份的内容、备份时间及备份方式。各单位要根据实际情况来制定不同的备份策略。从备份策略来讲，备份可分为4种，即完全备份、增量备份、差异备份、累加备份策略。

（1）完全备份（full backup）：就是复制指定计算机或文件系统上的所有文件，而不管它是否被改变。

（2）增量备份（incremental backup）：就是只备份在上一次备份后增加、改动的部分数据。增量备份可分为多级，每一次增量都源自上一次备份后的改动部分。

（3）差异备份（differential backup）：就是只备份在上一次完全备份后有变化的部分数据。如果只存在两次备份，则增量备份和差异备份内容一样。

（4）累加备份：采用数据库的管理方式，记录累积每个时间点的变化，并把变化后的值备份到相应的数组中，这种备份方式可恢复到指定的时间点。

一般在使用过程中，这4种策略常结合使用，常用的方法有完全备份、完全备份加增量备份、完全备份加差异备份、完全备份加累加备份。

1. 完全备份

每天对自己的系统进行完全备份。例如，星期一用一盘磁带对整个系统进行备份，星期二再用另一盘磁带对整个系统进行备份，依此类推。这种备份策略的好处是：当发生数据丢失的灾难时，只要用一盘磁带（即灾难发生前一天的备份磁带），就可以恢复丢失的数据。然而它也有不足之处：首先，由于每天都对整个系统进行完全备份，造成备份的数据大量重复。这些重复的数据占用了大量的磁带空间，这对用户来说就意味着增加成本。第二，由于需要备份的数据量较大，因此备份所需的时间也就较长。对于那些业务繁忙、备份时间有限的单位来说，选择这种备份策略是不明智的。第三，完全备份会产生大量数据移动，选择每天完全备份的客户经常直接把磁带介质连接到每台计算机上（避免通过网络传输数据）。这样，由于人的干预（放置磁带或填充自动装载设备），磁带驱动器很少成为自动系统的一部分。其结果是较差的经济效益和较高的人力花费。

2. 完全备份+增量备份

完全备份加增量备份源自完全备份，不过减少了数据移动，其思想是较少使用完全备份，如图 8-5 所示。例如在周六晚上进行完全备份（此时对网络和系统的使用最少）。在其他 6 天（周日到周五）则进行增量备份。增量备份会问这样的问题：自昨天以来，哪些文件发生了变化？这些发生变化的文件将存储在当天的增量备份磁带上。使用周日到周五的增量备份能保证只移动那些在最近 24h 内改变了的文件，而不是所有文件。由于只有较少的数据移动和存储，增量备份减少了对磁带介质的需求。对客户来讲则可以在一个自动系统中应用更加集中的磁带库，以便允许多个客户机共享昂贵的资源。

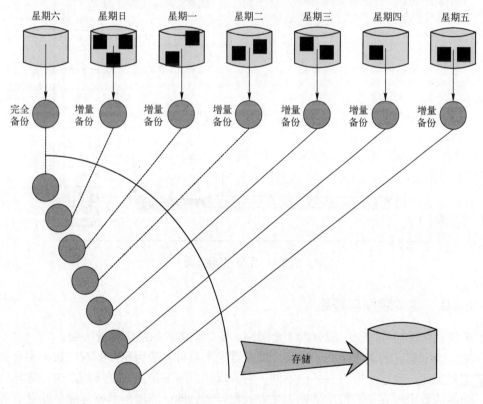

图 8-5　完全+增量备份

完全+增量方法也有明显的不足，即恢复数据较为困难。完整的恢复过程首先需要恢复上周六晚的完全备份。然后再覆盖自完全备份以来每天的增量备份。该过程最坏的情况是要设置 7 个磁带集（每天 1 个）。如果文件每天都改，需要恢复 7 次才能达到最新状态。

3. 完全备份+差异备份

为了解决完全+增量方法中数据恢复困难的问题，产生了完全+差异方法。差异成为备份过程考虑的问题。增量备份考虑：自昨天以来哪些文件改变了？而差异方法考虑：自完全备份以来哪些文件发生了变化？对于完全备份后立即的备份过程（本例中周六），因为完全备份就在昨天，所以这两个问题的答案是相同的。但到了周一，答案不一样了。增量方法会问：昨天以来哪些文件改变了？并备份 24h 内改变了的文件。差异方法问：完全备份以来哪些文件改变了？然后备份 48h 内改变了的文件。到了周二，差异备份方法备份 72h 内改变了的文件。

尽管差异备份比增量备份移动和存储更多的数据，但恢复操作简单多了。在完全+差异方法下，完整的恢复操作首先恢复上周六晚的完全备份。然后，差异方法不是覆盖每个增量备份磁带，而是直接跳向最近的磁带，覆盖积累的改变，如图 8-6 所示。

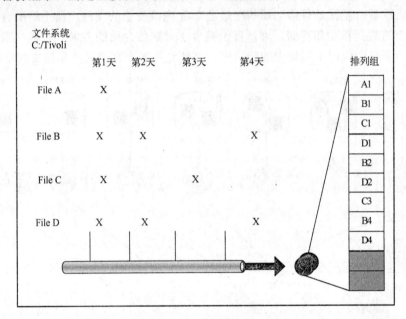

图 8-6　完全+差异备份

8.4.3　容灾级别与等级

容灾从保障的程度上一般分为 3 个级别，即数据级、系统级、业务级。

数据级别容灾的关注点在于数据，即灾难发生后可以确保用户原有的数据不会丢失或者遭到破坏。数据级容灾与备份不同，它要求数据的备份保存在异地，也可称异地备份。初级的数据容灾是备份的数据人工方式保存到异地；高级的数据容灾是建立一个异地的数据中心，两个数据中心之间进行异步或同步的数据同步，减少备份数据与实际数据的差异。

数据级别容灾是容灾的基本底线，因为要等主系统的恢复，所以也是恢复时间最长的一种容灾方式。

系统级容灾是在数据级容灾的基础上，再把执行应用处理能力（业务服务器区）复制一份，也就是说，在备份站点同样构建一套支撑系统。系统级容灾系统能提供不间断的应用服务，让用户应用的服务请求能够透明地继续运行，而感受不到灾难的发生，保障系统的服务完整、可靠、安全。

数据级容灾和系统级容灾都是在IT范畴之内,然而对于正常业务而言,仅IT系统的保障还是不够的。有些用户需要构建最高级别的业务级别容灾。业务级容灾包括很多非IT系统,如电话、办公地点等。当一场大的灾难发生时,用户原有的办公场所都会受到破坏,用户除了需要原有的数据、原有的应用系统,更需要工作人员在一个备份的工作场所能够正常地开展业务。实际上,业务级容灾还关注业务接入网络的备份,不仅考虑支撑系统的服务提供能力,还考虑服务使用者的接入能力,甚至备份的工作人员。

容灾等级主要分为以下几级:

(1)第0级无异地备份,即仅在本地进行备份,没有在异地备份,并且没有制定灾难恢复计划。

(2)第1级异地冷备份,即是将关键数据备份到本地磁带介质上,然后送往异地保存,但是异地没有可用的备份中心、备份数据处理系统和备份网络通信系统,也没有制定灾难恢复计划。灾难发生后在本地使用新的主机,利用异地数据备份介质(磁带)将数据恢复起来。

这种方案虽然成本较低,运用本地备份管理软件,可以在本地发生毁灭性灾难后,恢复从异地运送过来的备份数据到本地,进行业务恢复,但是难以管理,因为很难知道什么数据在什么地方,恢复时间长短依赖于硬件平台何时能够准备好。这一等级方案作为异地容灾的手段,以前被许多进行关键业务生产的大企业所广泛采用。目前,在许多中小网站和中小企业用户中采用较多,而对于要求快速进行业务恢复和海量数据恢复的用户不能接受这种方案。

(3)第2级异地热备份,即在第1级的基础上在异地增加一个热备份站点,利用备份管理软件将运送来的数据备份到站点上。第2级容灾方案是将关键数据进行备份并存放到异地,制定有相应灾难恢复计划,具有热备份能力的站点灾难恢复。一旦发生灾难,利用热备份主机系统将数据恢复。它与第1级容灾方案的区别在于异地有一个热备份站点,该站点有主机系统,平时利用异地的备份管理软件将运送到异地的数据备份介质(磁带)上的数据备份到主机系统,当灾难发生时可以快速接管应用。

由于有了热备份站点,用户投资会增加,相应的管理人员也要增加。虽然这种方案技术实现简单,利用异地的热备份系统,可以在本地发生毁灭性灾难后,快速进行业务恢复,但是备份介质是采用交通运输方式送往异地的,异地热备份站点保存的数据是上一次备份的数据,可能会有几天甚至几周的数据丢失,这对于关键数据的容灾是不能接受的。

(4)第3级在线数据恢复,即用电子数据传输取代交通工具传输备份数据。第3级容灾方案是通过网络将关键数据进行备份并存放至异地,并制定了相应灾难恢复计划,有备份中心,并配备部分数据处理系统及网络通信系统。该等级方案特点是用电子数据传输取代交通工具传输备份数据,从而提高了灾难恢复的速度。利用异地的备份管理软件将通过网络传送到异地的数据备份到主机系统。一旦灾难发生,需要的关键数据通过网络可迅速恢复。通过网络切换,关键应用恢复时间可降低到一天或小时级。这一等级方案由于备份站点要保持持续运行,对网络的要求较高,因此成本相应有所增加。

(5)第4级定时数据备份,即利用备份管理软件自动通过通信网络将部分关键数据定时备份至异地。第 4 级容灾方案是在第 3 级容灾方案的基础上，利用备份管理软件自动通过网络将数据定时备份至异地，并制定相应的灾难恢复计划。一旦灾难发生，利用备份中心已有资源及备份数据恢复关键业务系统的运行。

这一等级方案特点是备份数据采用自动化的备份管理软件备份到异地，备份中心保存的数据是定时备份的数据，根据备份策略的不同，数据的丢失与恢复时间达到天或小时级。由于对备份管理软件设备和网络设备的要求较高，因此投入成本也会增加。另外，该级别的业务恢复时间和数据的丢失量还不能满足关键行业对数据容灾的要求。

（6）第 5 级实时数据备份。数据在主中心和备份中心之间相互镜像，由远程异步提交来实现同步。第 5 级容灾方案在前面几个级别的基础上使用了硬件的镜像技术和软件的数据复制技术，也就是说，可以实现在主中心与备份中心的数据都被更新。数据在两个站点之间相互镜像，由远程异步提交来实现数据的同步，因为关键应用使用了双重在线存储，所以在灾难发生时，仅仅很小部分的数据被丢失，恢复的时间被降低到了分钟级或秒级。由于对存储系统和数据复制软件的要求较高，所需成本也大大增加。

（7）第 6 级零数据丢失。利用专用的存储网络将关键数据同步镜像至备份中心，数据不仅在本地进行确认，而且需要在异地（备份中心）进行确认。第 6 级容灾方案是灾难恢复中最昂贵的方式，也是速度最快的恢复方式，它是灾难恢复的最高级别，利用专用的存储网络将关键数据同步镜像至备份中心。因为数据是镜像地写到两个中心，所以灾难发生时异地容灾系统保留了全部的数据，实现了零数据丢失。

这一方案在本地和远程的所有数据被更新的同时，利用了双重在线存储和完全的网络切换能力，不仅保证数据的完全一致性，而且存储和网络等环境具备了应用的自动切换能力。一旦发生灾难，备份站点不仅有全部的数据，而且应用可以自动接管，实现零数据丢失的备份。通常在两个中心的光纤设备连接中还提供冗余通道，以便工作通道出现故障时及时接替工作，当然由于对存储系统和存储系统专用网络的要求很高，用户的投资巨大。采取这种容灾方式的用户主要是资金实力较为雄厚的企业。在实际应用过程中，由于完全同步的方式对生产系统的运行效率会产生很大影响，所以适用于实时交易较少或非实时交易的关键数据系统。

8.4.4　数据容灾与数据备份关系

关键数据丢失会中断正常业务运行，造成巨大损失。要保护数据，就需要备份容灾系统。但是很多单位在搭建了备份系统之后就认为高枕无忧了，其实还需要搭建容灾系统。数据容灾与数据备份的联系主要体现在以下几个方面：

（1）数据备份是数据容灾的基础。数据备份是数据高可用的最后一道防线，其目的是使系统数据崩溃时能够快速地恢复数据。虽然它也算一种容灾方案，但这种容灾能力非常有限，因为传统的备份主要是采用数据内置或外置的磁带机进行冷备份，备份磁带同时也在机房中统一管理，一旦整个机房出现了灾难，如火灾、盗窃和地震等灾难时，这些备份磁带也随之毁坏，所存储的磁带备份也起不到任何容灾功能。

（2）容灾不是简单备份。真正的数据容灾就是要避免传统冷备份所具有先天不足，它能在灾难发生时，全面、及时地恢复整个系统。容灾按其容灾能力的高低可分为多个层次，例如国际标准 SHARE 78 定义的容灾系统有 7 个层次：从最简单的仅在本地进行磁带备份，到将备份的磁带存储在异地，再到建立应用系统实时切换的异地备份系统，恢复时间也可以从几天到小时级到分钟级、秒级或零数据丢失等。无论是采用哪种容灾方案，数据备份还是最基础的，没有备份的数据，任何容灾方案都没有现实意义。但光有备份是不够的，容灾也必不可少。容灾对于 IT 而言，就是提供一个能防止各种灾难的计算机信息系统。

8.5 数据安全管理法规与制度

近些年来，大型数据泄露事件时有发生，从 2018 年接连发生两次的 FaceBook 数据泄露、美国知乎 Quora 数据泄露、Google+账户泄露，到众多国内商业巨头纷纷中招，甚至在 2018 年 8 月和 11 月发生的两起均超过 5 亿条数据的华住、万豪酒店集团数据泄露事件，无不说明了传统网络安全中以抵御攻击为中心，以黑客为防御对象的策略和安全体系构建存在重大的安全缺陷，传统网络安全为中心需要向数据为中心的安全策略转变。

在比上述事件更为严重的现实数据安全背景下，各国分别出台了大量的法规和标准，对个人、企业和国家重要数据进行保护，例如我国在 2017 年 6 月正式生效的《中华人民共和国网络安全法》、欧盟 2018 年 5 月生效的《General Data Protection Regulation》（简称 GDPR）、我国 2018 年 5 月生效的 GB/T 35273《信息安全技术个人信息安全规范》等。

随着我国网络安全法的颁布和四部委联合开展的《APP 违法违规收集使用个人信息专项治理》等行动的开展，我国在金融、运营商、医疗、教育和政府等行业方面，也陆续出台了各种管理规定和标准，对企业和政府单位的 IT 安全策略制定和安全体系的架构产生了重要影响，突出了将数据作为最重要的防护对象，甚至成立了专门的数据管理部门。

8.5.1 欧盟数据保护通用条例

《通用数据保护条例》（General Data Protection Regulation，GDPR）为欧盟的条例，前身是欧盟在 1995 年制定的《计算机数据保护法》。2018 年 5 月 25 日，欧盟出台《通用数据保护条例》。其核心内容包括：

（1）对违法企业的罚金最高可达 2000 万欧元（约合 1.5 亿元人民币）或者其全球营业额的 4%，以高者为准。

（2）网站经营者必须事先向客户说明会自动记录客户的搜索和购物记录，并获得用户的同意，否则按"未告知记录用户行为"作违法处理。

（3）企业不能再使用模糊、难以理解的语言，或冗长的隐私政策来从用户处获取数据使用许可。

（4）明文规定了用户的"被遗忘权"（right to be forgotten），即用户个人可以要求责任方删除关于自己的数据记录。

该条例生效后，得到多方支持。比如，微信公众平台为遵守 GDPR 的相关要求，当欧盟地区微信用户撤销授权该公众号获取其个人信息（主要包括该微信用户取消关注公众号或其自行注销微信个人账号）时，会以邮件形式告知公众号的注册邮箱删除欧盟用户的信息。

而根据 2018 年 5 月 2 日报道，Facebook 和谷歌等美国企业成为 GDPR 法案下第一批被告。

8.5.2 国内相关法规

1. 中华人民共和国网络安全法

《中华人民共和国网络安全法》是为保障网络安全，维护网络空间主权和国家安全、社会公共利益，保护公民、法人和其他组织的合法权益，促进经济社会信息化健康发展而制定的法律。

《中华人民共和国网络安全法》由中华人民共和国第十二届全国人民代表大会常务委员会第二十四次会议于 2016 年 11 月 7 日通过，自 2017 年 6 月 1 日起施行。

2. 中华人民共和国数据安全法

《中华人民共和国数据安全法》是为了规范数据处理活动，保障数据安全，促进数据开发利用，保护个人、组织的合法权益，维护国家主权、安全和发展利益，制定的法律。

2021 年 6 月 10 日，第十三届全国人民代表大会常务委员会第二十九次会议通过《中华人民共和国数据安全法》，自 2021 年 9 月 1 日起施行。

3. 中华人民共和国保守国家秘密法

《中华人民共和国保守国家秘密法》于 1988 年 9 月 5 日第七届全国人民代表大会常务委员会第三次会议通过，2010 年 4 月 29 日第十一届全国人民代表大会常务委员会第十四次会议修订通过，自 2010 年 10 月 1 日起施行。

4. 军队保密条例

《军队保密条例》是中华人民共和国中央军委为了做好中国人民解放军军队保密工作，推动军队保密工作，实现新发展，以习近平新时代中国特色社会主义思想为指导制定的法规。中央军委主席习近平在 2020 年 2 月签署命令发布，自 2020 年 3 月 1 日起施行。

《军队保密条例》共 10 章 61 条。按照党管保密、平战一致、突出重点、综合防范的方针原则，着眼有效应对保密工作面临的严峻形势，大力破解保密工作现实矛盾和深层症结，重构重塑军队保密工作管理体制，科学规范军事秘密定密解密工作，健全完善涉密人员教育管理措施，创新军事秘密载体保密管理模式，突出抓好信息网络系统安全保密，严格智能电子设备保密管控，全面加强重大军事活动、新闻宣传、军民融合、对外军事合作、武器装备等重要领域重要事项保密工作，建立泄密问题认定和统计报告制度，细化明确违反保密纪律行为的处分要求，切实提高保密工作现代化、法治化、科学化水平，在新的起点上推动军队保密工作实现新发展。

《军队保密条例》坚持以习近平新时代中国特色社会主义思想为指导，深入贯彻习近平强军思想，深入贯彻新时代军事战略方针，着眼实现党在新时代的强军目标、全面建成世界一流军队，积极适应新体制新职能新使命，聚焦备战打仗，坚持从严治密，强化问题导向，勇于创新发展，深刻把握保密工作特点规律，全面规范保密工作的地位作用、管理体制、工作职责、基本制度、主要内容，积极打好保密工作主动仗，为军队建设、改革和军事斗争准备提供有力保证。

8.5.3 数据安全管理制度

不同的单位和组织，都有自己的网络信息中心，为确保信息中心、网络中心机房重要数据的安全（保密），一般要根据国家法律和有关规定制定适合本单位的数据安全制度，大致情况如下：

（1）对应用系统使用、产生的介质或数据按其重要性进行分类，对存放有重要数据的介质，应备份必要份数，并分别存放在不同的安全地方（防火、防高温、防震、防磁、防静电及防盗），建立严格的保密保管制度。

（2）保留在机房内的重要数据（介质），应为系统有效运行所必需的最少数量，除此之外不应保留在机房内。

（3）根据数据的保密规定和用途，确定使用人员的存取权限、存取方式和审批手续。

（4）重要数据（介质）库，应设专人负责登记保管，未经批准，不得随意挪用重要数据（介质）。

（5）在使用重要数据（介质）期间，应严格按国家保密规定控制转借或复制，需要使用或复制的须经批准。

（6）对所有重要数据（介质）应定期检查，要考虑介质的安全保存期限，及时更新复制。损坏、废弃或过时的重要数据（介质）应由专人负责消磁处理，秘密级以上的重要数据（介质）在过保密期或废弃不用时，要及时销毁。

（7）机密数据处理作业结束时，应及时清除存储器、联机磁带、磁盘及其他介质上有关作业的程序和数据。

（8）机密级及以上秘密信息存储设备不得并入互联网。重要数据不得外泄，重要数据的输入及修改应由专人来完成。重要数据的打印输出及外存介质应存放在安全的地方，打印出的废纸应及时销毁。

习 题

1. 数据安全威胁主要来自哪些方面？具体又包含哪些内容？
2. 如何理解角色、用户及权限的关系？
3. 数据传输安全的技术手段有什么？
4. 数据容灾与数据备份的区别与联系是什么？
5. 思考如何构建单位的数据安全管理体系？

第 9 章 数据管理新技术

  计算机领域中其他新兴技术的发展对数据库技术产生了重大影响。传统的数据库技术和其他计算机技术，如网络通信技术、人工智能技术、面向对象程序设计技术、并行计算技术、移动计算技术等的互相结合、互相渗透，使数据库中新的技术内容层出不穷。

  （1）面向对象的方法和技术对数据库发展的影响最为深远，数据库研究人员借鉴和吸收了面向对象的方法和技术，提出了面向对象数据模型（简称对象模型）。该模型克服了传统数据模型的局限性，促进了数据库技术在一个新的技术基础上继续发展。

  （2）面向应用领域的数据库技术的研究。在传统数据库系统基础上，结合各个应用领域的特点，研究适合该应用领域的数据库技术，如数据仓库、工程数据库、统计数据库、科学数据库、空间数据库、地理数据库等，这是当前数据库技术发展的又一重要特征。

  同时，大数据时代下数据管理技术也面临新的挑战，主要体现在 3 个方面：

  （1）数据。数据方面面临的挑战包括数据量大，数据类型越来越多样与异构。

  （2）应用和需求。应用与需求已经从 OLTP（联机事务处理，传统型）为代表的事务处理扩展到 OLAP（联机分析处理，新型），也就是说重视分析处理。

  （3）计算机硬件技术是数据库系统的基础。大数据给数据处理、分析、管理提出了全新的挑战，对于伸缩性（动态按需求）、容错性（可用性）、可扩展性（满足数据增长需求）等，传统关系型数据库难以满足。此时，NoSQL（Not only SQL）出现了，NoSQL 是指非关系型的、分布的、不太满足 ACID 特性的一类新一代数据库；科学家为了兼顾可扩展性以及 ACID，又研发了 NewSQL，NewSQL=NoSQL+传统数据库，科学家针对大内存多核多 CPU 等新型硬件，又研发了内存数据库系统，总之一句话，未来数据管理发展趋势是各类技术的相互借鉴、融合、发展。

  针对大数据时代下的数据特点，目前主要有表 9-1 所列的几种数据库。

表 9-1 新型数据管理系统分类

系统类型	代表性系统	主要解决的问题
分布式数据管理系统	MongoDB,Redis,Cassandra,Spanner,Oceanbase	数据的规模大（volume）
流数据管理系统	STREAM,Aurora,TelegraphCQ,NiagaraCQ,Gigascope	数据的变化快（velocity）
图数据管理系统	Pregel,Giraph,PowerGraph,GraphChi,Xstream,Giraph+	数据的种类杂（variety）
时空数据管理系统	SpatialHadoop,Simb,OceanRT,DITA,SECONDO	数据的种类杂（variety）
众包数据管理系统	CrowdDB,CDB,Deco,Qurk,DOCS,gMission	数据的价值密度低（value）

9.1 联机分析处理

联机分析处理（OLAP）的概念最早是由关系数据库之父 E.F.Codd 于 1993 年提出的，OLAP 的提出引起了很大的反响，OLAP 作为一类产品同联机事务处理（OLTP）明显区分开来。

当今的数据处理大致可以分成两大类，即联机事务处理和联机分析处理。OLTP 是传统的关系型数据库的主要应用，主要是基本的、日常的事务处理，如银行交易等。OLAP 是数据仓库系统的主要应用，支持复杂的分析操作，侧重决策支持，并且提供直观易懂的查询结果。

联机分析处理的用户是企业中的专业分析人员及管理决策人员，他们在分析业务经营的数据时，从不同的角度来审视业务的衡量指标是一种很自然的思考模式。例如，分析销售数据，可能会综合时间周期、产品类别、分销渠道、地理分布、客户群类等多种因素来考量。这些分析角度虽然可以通过报表来反映，但每一个分析的角度可以生成一张报表，各个分析角度的不同组合又可以生成不同的报表，使得 IT 人员的工作量相当大，而且往往难以跟上管理决策人员思考的步伐。

联机分析处理是一种交互式探索大规模多维数据集的方法。关系型数据库将数据表示为表格中的行数据，而联机分析处理则关注统计学意义上的多维数组。将表单数据变换为多维数组需要两个步骤。首先，确定作为多维数组索引项的属性集合，以及作为多维数组数据项的属性。作为索引项的属性必须具有离散值，而对应数据项的属性通常是一个数值。然后，根据确定的索引项生成多维数组表示。

联机分析处理的核心表达是多维数据模型。这种多维数据模型又可表达为数据立方，相当于多维数组。数据立方是数据的一个容许各种聚合操作的多维表示。例如，某数据集记录了一组产品在不同日期、不同地点的销售情况，这个数据集可看成三维（日期、地点、产品）数组，数组的每个单元记录的是销售数量。针对这个数据立方，可以实行 3 种二维聚合（3 个维度聚合为 2 个维度）、3 种一维聚合（3 个维度聚合为 1 个维度）、1 种零维聚合（计算所有数据项的总和）。

数据立方可用于记录包含数十个维度、数百万数据项的数据集，并允许在其基础上构建维度的层次结构。通过对数据立方不同维度的聚合、检索和数值计算等操作，可完成对数据集不同角度的理解。由于数据立方的高维性和大尺度，联机分析处理的挑战是设计高度交互性的方法。一种方案是预计算并存储不同层级的聚合值，以便减小数据尺度；另一种方案是从系统的可用性出发，将任一时刻的处理对象限制于部分数据维度，从而减少处理的数据内容。

联机分析处理被广泛看成一种支持策略分析和决策制定过程的方法，与数据仓库、数据挖掘和数据可视化的目标有很强的相关性。它的基本操作分为两类（图 9-1）。

（1）切片和切块（slicing and dicing）。切片（slicing）是指从数据立方中选择在一个或多个维度上具有给定的属性值的数据项。切块（dicing）是指从数据立方中选择属性值位于某个给定范围的数据子集。两个操作都等价于在整个数组中选取子集。

（2）汇总和钻取（roll-up and drill-down）属性值通常具有某种层次结构。例如，日期包括年、月、星期等信息；位置包括洲、国家、省和城市等；产品可以分为多层子类。

这些类别通常嵌套成一个树状或网状结构。因此，可以通过向上汇总或向下钻取的方法获取数据在不同层次属性的数据值。

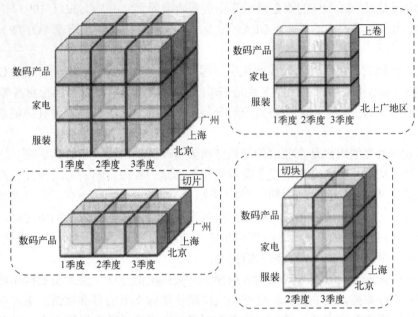

图 9-1　数据立方体操作的概念性可视化表示，包括：上卷、切片和切块。

联机分析处理是交互式统计分析的高级形式，面向复杂数据。联机分析处理方法的发展趋势是融合数据可视化与数据挖掘方法，形成数据的在线可视分析方法。例如，联机分析处理将数据聚合后的结果存储在另一张维度更低的数据表单中，并对该数据表单进行排序以便呈现数据的规律。这种聚合—排序—布局的思路允许用户结合数据可视化的方法（如时序图、散点图、地图、树图和矩阵等）理解高维的数据立方表示。特别地，当需要分析的数据集的维度高达数十维时，采用联机分析处理手工分析力不从心，数据可视化则可以快速地降低数据复杂度，提升分析效率和准确度。

9.2　分布式数据管理系统

近年来，随着计算机技术与网络技术的发展，特别是互联网的兴起，分布式数据库系统得到了很快的发展和应用。

9.2.1　分布式数据库的概念

分布式数据库系统是相对于集中式数据库系统而言的，是将数据库技术与网络技术相结合的产物。分布式数据库（Distributed DataBase，DDB）比较确切的定义是：分布式数据库是由一组数据组成的，这组数据分布在计算机网络的不同计算机上，网络中的每个节点具有独立处理的能力，成为场地自治，它可以执行局部应用。同时，每个节点也能通过网络通信子系统执行全局应用。负责分布式数据库的建立、查询、更新、复制、管理和维护的软件，称为分布式数据库管理系统（Distributed DataBase Management

System，DDBMS）。分布式数据库管理系统保证分布式数据库中数据的物理分布对用户的透明性。一个计算机网络组成的计算机系统，在配置了分布式数据库管理系统，并在其上建立了分布式数据库和相应的应用程序后，就称其为分布式数据库系统（Distributed DataBase System，DDBS）。分布式数据库管理系统是分布式数据库系统的核心。

1．分布式数据库的特点

从上面的定义可以看出分布式数据库系统有以下几个特点：

（1）数据的分布性。分布式数据库中的数据分布于网络中的各个节点，它既不同于传统的集中式数据库，也不同于通过计算机网络共享的集中式数据库系统。

（2）统一性。主要表现在数据在逻辑上的统一性和数据在管理上的统一性两个方面。分布式数据库系统通过网络技术把局部的、分散的数据库构成一个在逻辑上单一的数据库，从而呈现在用户面前的就如同是一个统一的、集中式的数据库。这就是数据在逻辑上的统一性，因此，它不同于由网络互联的多个独立数据库。分布式数据库是由分布式数据库管理系统统一管理和维护的，这种管理上的统一性又使它不同于一般的分布式文件系统。

（3）透明性。用户在使用分布式数据库时，与使用集中式数据库一样，无须知道其所关心的数据存放在哪里，存储了几次。用户需要关心的仅仅是整个数据库的逻辑结构。

与集中式数据库相比，分布式数据库具有下列优点：

（1）坚固性好。由于分布式数据库系统是由多个位置上的多台计算机构成的，在个别节点或个别通信链路发生故障的情况下，它仍然可以降低级别继续工作，如果采用冗余技术，还可以获得一定的容错能力。因此，系统的坚固性好，即系统的可靠性和可用性好。

（2）可扩充性好。可根据发展的需要增减结点，或对系统重新配置，这比用一个更大的系统代替一个已有的集中式数据库要容易得多。

（3）可改善性能。在分布式数据库中可按就近分布，合理地冗余的原则来分布各节点上的数据，构造分布式数据库，使大部分数据可以就近访问，避免了集中式数据库中的瓶颈问题，减少了系统的响应时间，提高了系统的效率，而且也降低了通信费用。

（4）自治性好。数据可以分散管理，统一协调，即系统中各节点的数据操纵和相互作用是高度自治的，不存在主从控制，因此，分布式数据库较好地满足了一个单位中各部门希望拥有自己的数据，管理自己的数据，同时又想共享其他部门有关数据的要求。

虽然分布式数据库系统与集中式数据库相比有不少优点，但同时也需要解决一些集中式数据库所没有的问题。首先，异构数据库的集成问题是一项比较复杂的技术问题，目前还很难用一个通用的分布式数据库管理系统解决这一问题。其次，如果数据库设计得不好，数据分布不合理，以致远距离访问过多，尤其是分布连接操作过多，不但不能改善性能，反而会使性能降低。

2．分布式数据库（DDBMS）的分类

分布式数据库及其分布式数据库管理系统，根据许多因素有不同的分类方法，总的原则是分布式数据库及DDBMS必须使其数据和软件分布在用计算机网络连接的多个场地上。从应用需要或本身的特征方面考虑可将它从以下几个方面来划分：

（1）按DDBMS软件同构度来分。当所有服务器软件（或每个LDBMS）和所有客户软件均用相同的软件时称为同构型分布式数据库；反之，则称为异构型分布式数据库。

（2）按局部自治度来分。当对 DDBMS 的存取必须通过客户软件，则系统称为无局部自治；当局部事务允许对服务器软件进行直接存取，则系统称为有一定的局部自治。自治的 DDBMS 两个分别是无局部自治和联邦型 DDBMS 或称多数据库系统。多数据库系统本质上是集中式与分布式的混合体：对一个局部用户而言，它是自治的，那么是一个集中式 DBS；对一个全局用户而言，则是一个分布式 DBS，但这个 DDBS 没有全局概念模式，只有一个由各局部数据库提供给全局允许共享的有关模式的集成。

（3）按分布透明度来分。分布透明度的另一个概念是模式集成度。若用户可以对集成模式操作不需要涉及任何片段、重复、分布等信息时，则这类 DDBMS 称为有高度分布透明（或高度模式集成）；若用户必须知道所有关于片段、分配、重复等信息时，则这类 DDBMS 没有分布透明，没有模式集成度。当系统不提供分布透明，用户查询时必须指定特定的场地、特定的片段等信息，当然 DDBMS 可以部分分布透明（介于两者之间）。

3. 分布式数据库的目标

理想的分布式系统使用时应该精确得像一个非分布式系统。概括起来有以下 12 条具体规则和目标：

（1）局部节点自治性。网络中的每个节点是独立的数据库系统，它有自己的数据库，运行它的局部 DBMS，执行局部应用，具有高度的自治性。

（2）不依赖中心节点。即每个节点具有全局字典管理、查询处理、并发控制和恢复控制等功能。

（3）能连续操作。该目标使中断分布式数据库服务情况减至最少，当一个新场地合并到现有的分布式系统或从分布式系统中撤离一个场地不会导致任何不必要的服务中断；在分布式系统中可动态地建立和消除片段，而不中止任何组成部分的场地或数据库；应尽可能在不使整个系统停机的情况下对组成分布式系统的场地的 DBMS 进行升级。

（4）具有位置独立性（或称位置透明性）。用户不必知道数据的物理存储地，就像数据全部存储在局部场地一样。一般位置独立性需要有分布式数据命名模式和字典子系统的支持。

（5）分片独立性（或称分片透明性）。分布式系统如果可将给定的关系分成若干块或片，可提高系统的处理性能。利用分片将数据存储在最频繁使用它的位置上，使大部分操作为局部操作，减少网络的信息流量。如果系统支持分片独立性，那么用户工作起来就像数据全然不是分片的一样。

（6）数据复制独立性。是指将给定的关系（或片段）可在物理级用许多不同存储副本或复制品在许多不同场地上存储。支持数据复制的系统应当支持复制独立性，用户工作可像它全然没有存储副本一样地工作。

（7）支持分布式查询处理。在分布式数据库系统中有 3 类查询：局部查询、远程查询和全局查询。局部查询和远程查询仅涉及单个节点的数据（本地的或远程的），查询优化采用的技术是集中式数据库的查询优化技术。全局查询涉及多个节点上的数据，其查询处理和优化要复杂得多。

（8）支持分布事务管理。事务管理有两个主要方面，即恢复控制和并发控制。在分布式系统中，单个事务会涉及多个场地上的代码执行，会涉及多个场地上的更新，可以说每个事务是由多个"代理"组成的,每个代理代表在给定场地上的给定事务上执行的过程。在分布式系统中必须保证事务的代理集或者全部一致交付,或者全部一致回滚。

(9)具有硬件独立性。希望在不同硬件系统上运行同样的 DBMS。

(10)具有操作系统独立性。希望在不同的操作系统上运行 DBMS。

(11)具有网络独立性。如果系统能够支持多个不同的场地,每个场地有不同的硬件和不同的操作系统,则要求该系统能支持各种不同的通信网络。

(12)具有 DBMS 独立性。实现对异构型分布式系统的支持。理想的分布式系统应该提供 DBMS 独立性。

上述的全功能分布式数据库系统的准则和目标起源于:一个分布式数据库系统,对用户来说,应当看上去完全像一个非分布式系统。值得指出的是,现实系统出于对某些方面的特别考虑,对上述各方面做出了种种权衡和选择。

9.2.2 分布式数据库的架构

分布式数据库系统的模式结构有 6 个层次,如图 9-2 所示,实际的系统并非都具有这种结构。在这种结构中各级模式的层次清晰,可以概括和说明任何分布式数据库系统的概念和结构。

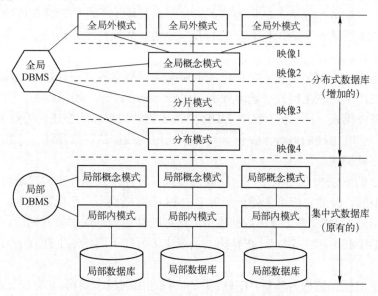

图 9-2 分布式数据库系统的模式结构

图 9-2 的模式结构从整体上可以分为两大部分:下半部分是集中式数据库的模式结构,代表了各局部场地上局部数据库系统的基本结构;上半部分是分布式数据库系统增加的模式级别。

(1)全局外模式。它们是全局应用的用户视图,是全局概念模式的子集。

(2)全局概念模式。它定义分布式数据库中数据的整体逻辑结构,数据就如同根本没有分布一样,可用传统的集中式数据库中所采用的方法定义。全局概念模式中所用的数据模型应该易于向其他层次的模式映像,通常采用关系模型。这样,全局概念模式包括一组全局关系的定义。

（3）分片模式。每一个全局关系可以划分为若干不相交的部分，每一部分称为一个片段，即"数据分片"。分片模式就是定义片段及全局关系到片段的映像。这种映像是一对多的，即每个片段来自一个全局关系，而一个全局关系可对应多个片段。

（4）分布模式。由数据分片得到的片段仍然是 DDB 的全局数据，是全局关系的逻辑部分，每一个片段在物理上可以分配到网络的一个或多个不同节点上。分布模式定义片段的存放节点。分布模式的映像类型确定了分布式数据库是冗余的还是非冗余的。若映像是一对多的，即一个片段分配到多个节点上存放，则是冗余的分布数据库，否则是不冗余的分布数据库。

根据分布模式提供的信息，一个全局查询可分解为若干子查询，每一子查询要访问的数据属于同一场地的局部数据库。由分布模式到各局部数据库的映像（映像 4）把存储在局部场地的全局关系或全局关系的片段映像为各局部概念模式采用局部场地的 DBMS 所支持的数据模型。

分片模式和分布模式均是全局的，分布式数据库系统中增加的这些模式和相应的映像使分布式数据库系统具有了分布透明性。

（5）局部概念模式。一个全局关系经逻辑划分成一个或多个逻辑片断，每个逻辑片断被分配在一个或多个场地上，称为该逻辑片断在某场地上的物理映像或物理片断。分配在同一场地上的同一个全局概念模式的若干片断（物理片断）构成了该全局概念在该场地上的一个物理映像。

一个场地上的局部概念模式是该场地上所有全局概念模式在该场地上物理映像的集合。由此可见，全局概念模式与场地独立，而局部概念模式与场地相关。

（6）局部内模式。局部内模式是 DDB 中关于物理数据库的描述，类似于集中式 DB 中的内模式，但其描述的内容不仅包含局部本场地的数据的存储描述，还包括全局数据在本场地的存储描述。

在图 9-2 的 6 层模式结构中，全局概念模式、分片模式和分布模式是与场地特征无关的，是全局的，因此它们不依赖于局部 DBMS 的数据模型。在低层次上，需要把物理映像映射成由局部 DBMS 支持的数据模型。这种映像由局部映射模式完成，具体的映射关系由局部 DBMS 的类型决定。在异构型系统中，可在不同场地上拥有不同类型的局部映射模式。

这种分层的模式结构为理解 DDB 提供了一种通用的概念结构。它有 3 个显著的特征：

（1）数据分片和数据分配概念的分离，形成了"数据分布独立型"概念。

（2）数据冗余的显示控制。数据在各个场地的分配情况在分配模式中一目了然，便于系统管理。

（3）局部 DBMS 的独立性。这个特征也称为"局部映射透明性"，此特征允许在不考虑局部 DBMS 专用数据模型的情况下研究 DDB 管理的有关问题。

1. 与并行数据库系统的区别

分布式数据库系统与并行数据库系统具有很多相似点：它们都是通过网络连接各个数据处理节点的，整个网络中的所有节点构成一个逻辑上统一的整体，用户可以对各个节点上的数据进行透明存取等。但分布式数据库系统与并行数据库系统之间还是存在着显著的区别的，主要表现在以下几个方面：

（1）应用目标不同。并行数据库系统的目标是充分发挥并行计算机的优势，利用系统中的各个处理机节点并行地完成数据库任务，提高数据库的整体性能。分布式数据库系统主要目的在于实现各个场地自治和数据的全局透明共享，而不要求利用网络中的各个节点来提高系统的整体性能。

（2）实现方式不同。由于应用目标各不相同，在具体实现方法上，并行数据库与分布式数据库之间也有着较大的区别。在并行数据库中，为了充分发挥各个节点的处理能力，各节点间采用高速通信网络互联，节点间数据传输代价相对较低。当负载不均衡时，可以将工作负载过大的节点上的任务通过高速通信网络送给空闲节点处理，从而实现负载平衡。在分布式数据库系统中，各节点（场地）间一般通过局域网或广域网互联，网络带宽比较低，各场地之间的通信开销较大，因此在查询处理时一般应尽量减少节点间的数据传输量。

（3）各节点的地位不同。在并行数据库中，各节点之间不存在全局应用和局部应用的概念。各个节点协同作用，共同处理，而不可能有局部应用。

在分布式数据库系统中，各节点除了能通过网络协同完成全局事务外，还有自己节点场地的自治性。也就是说，分布式数据库系统的每个场地又是一个独立的数据库系统，除了拥有自己的硬件系统（CPU、内存和磁盘等）外，还拥有自己的数据库和自己的客户，可运行自己的 DBMS，执行局部应用，具有高度的自治性。这是并行数据库与分布式数据库之间最主要的区别。

2. 数据分片和透明性

将数据分片，使数据存放的单位不是关系而是片段，这既有利于按照用户的需求较好地组织数据的分布，也有利于控制数据的冗余度。分片的方式有多种，水平分片和垂直分片是两种基本的分片方式，混合分片和导出分片是较复杂的分片方式。

分布透明性指用户不必关心数据的逻辑分片，不必关心数据存储的物理位置分配细节，也不必关心局部场地上数据库的数据模型。从图 9-2 的模式结构可以看到分布透明性包括分片透明性、位置透明性和局部数据模型透明性。

（1）分片透明性是分布透明性的最高层次。分片透明性是指用户或应用程序只对全局关系进行操作而不必考虑数据的分片。当分片模式改变时，只要改变全局模式到分片模式的映像（映像 2），而不影响全局模式和应用程序。全局模式不变，应用程序不必改写，这就是分片透明性。

（2）位置透明性是分布透明性的下一层次。位置透明性是指用户或应用程序应当了解分片情况，但不必了解片段的存储场地。当存储场地改变时，只要改变分片模式到分配模式的映像（映像 3），而不影响应用程序。同时，若片段的重复副本数目改变了，那么数据的冗余也会改变，但用户不必关心如何保持各副本的一致性，这也提供了重复副本的透明性。

（3）局部数据模型透明性是指用户或应用程序应当了解分片及各片段存储的场地，但不必了解局部场地上使用的是何种数据模型。模型的转换及语言等的转换均由映像 4 来完成。

3. 分布式数据库管理系统

分布式数据库管理系统的任务，首先就是把用户与分布式数据库隔离开来，使其对用户而言，整个分布式数据库就好像是一个传统的集中式数据库。换句话说，一个分布式数据库管理系统与用户之间的接口，在逻辑上与集中式数据库管理系统是一致的。但是考虑到分布式数据库的特点，其物理实现上又与集中式数据库不同。下面以一种分布式数据库管理。

系统（DDBMS）的结构为例来分析它的主要成分和功能，如图 9-3 所示。

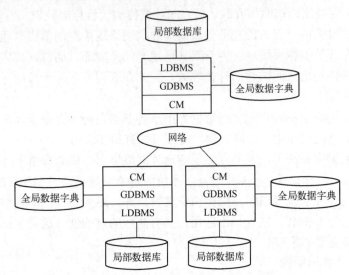

图 9-3 分布式数据库管理系统的结构

由图 9-3 可以看出，DDBMS 由四部分组成：

（1）LDBMS（局部 DBMS）。局部场地上的数据库管理系统的功能是建立和管理局部数据库，提供场地自治能力、执行局部应用及全局查询的子查询。

（2）GDBMS（全局 DBMS）。全局数据库管理系统的主要功能是提供分布透明性，协调全局事务的执行，协调各局部 DBMS 以完成全局应用，保证数据库的全局一致性，执行并发控制，实现更新同步，提供全局恢复功能。

（3）全局数据字典。存放全局概念模式、分片模式、分布模式的定义及各模式之间映像的定义；存放有关用户存取权限的定义，以保证全局用户的合法权限和数据库的安全性；存放数据完整性约束条件的定义，其功能与集中式数据库的数据字典类似。

（4）CM（communication management，通信管理）。在分布数据库各场地之间传送消息和数据，完成通信功能。

DDBMS 功能的分割和重复及不同的配置策略就导致了各种架构。

（1）全局控制集中的 DDBMS。这种结构的特点是全局控制成分 GDBMS 集中在某一节点上，由该节点完成全局事务的协调和局部数据库转换等一切控制功能，全局数据字典只有一个，也存放在该节点上，它是 GDBMS 执行控制的依据。它的优点是控制简单，易实现更新一致性。但由于控制集中在某一特定的节点上，不仅容易形成瓶颈而且系统较脆弱，一旦该节点出故障，整个系统就会瘫痪。

（2）全局控制分散的 DDBMS。这种结构的特点是全局控制成分 GDBMS 分散在网络的每一个节点上，全局数据字典也在每个节点上有一份，每个节点都能完成全局事务的协调和局部数据库转换，每个节点既是全局事务的参与者又是协调者，一般称这类结构为完全分布的 DDBMS。它的优点是节点独立，自治性强，单个节点退出或进入系统均不会影响整个系统的运行，但是全局控制的协调机制和一致性的维护都比较复杂。

（3）全局控制部分分散的 DDBMS。这种结构是根据应用的需要将 GDBMS 和全局数据字典分散在某些节点上，是介于前两种情况之间的架构。

局部 DBMS 的一个重要性质是：局部 DBMS 是同构的还是异构的。同构和异构的级别可以有 3 级，即硬件、操作系统和局部 DBMS。其中最主要的是局部 DBMS 这一级，因为硬件和操作系统的不同将由通信软件处理和管理。

异构型 DDBMS 的设计和实现比同构型 DDBMS 更加复杂，它要解决不同的 DBMS 之间及不同的数据模型之间的转换。因此，在设计和实现 DDBMS 时，若是用自顶向下的方法进行，即并不存在已运行的局部数据库，则采用同构型的结构比较方便。若是采用自底向上设计 DDBMS 的方法，即现已存在的局部数据库，而这些数据库可能采用不同的数据模型（层次、网状或关系），或者虽然模型相同但它们是不同厂商的 DBMS（如 Informix、Sybase、Db2、Oracle），这就必须开发异构型的 DDBMS。要解决异构数据库模型的同种化问题，是研制异构型 DDBMS 的关键所在，同种化就是寻找合适的公共数据模型，采用公共数据模型与异构数据模型（局部）之间的转换，不采用各节点之间的一对一转换。这样可以减少转移次数。设有 N 个节点，用公共数据模型时转换次数为 $2N$，而各节点之间一对一转换则需 $N(N_1)$ 次。

9.3 NoSQL 数据库技术

虽然关系型数据库系统很优秀，但是在大数据时代，面对快速增长的数据规模和日渐复杂的数据模型，关系型数据库系统已无法应对很多数据库处理任务。NoSQL 凭借易扩展、大数据量和高性能及灵活的数据模型在数据库领域获得了广泛的应用。

9.3.1 NoSQL 的起因

NoSQL 泛指非关系型数据库。随着 Web 2.0 网站的兴起，传统的关系数据库已经无法适应 Web 2.0 网站，特别是超大规模和高并发的社交类型的 Web 2.0 纯动态网站，暴露了很多难以克服的问题，而非关系型的数据库则由于其本身的特点得到了非常迅速的发展。

NoSQL 数据库的产生就是为了解决大规模数据集合多重数据种类带来的挑战，尤其是大数据应用难题。

1. 无法满足对海量数据的高效率存储和访问的需求

Web 2.0 网站要根据用户个性化信息来实时生成动态页面和提供动态信息，基本上无法使用动态页面静态化技术，因此数据库并发负载非常高，往往要处理每秒上万次的读写请求。

关系型数据库处理上万次 SQL 查询已经很困难了，要处理上万次 SQL 写数据请求，硬盘 I/O 实在无法承受。

另外，在大型的社交网站中，用户每天产生海量的动态数据，关系型数据库难以存储这么大量的半结构化数据。在一张上亿条记录的表里面进行 SQL 查询，效率会非常低甚至是不可忍受的。

2. 无法满足对数据库的高可扩展性和高可用性的需求

在基于 Web 的架构当中，数据库是最难进行横向扩展的，当一个应用系统的用户量和访问量与日俱增时，数据库无法像 Web 服务器那样简单地通过添加更多的硬件和服务器节点来扩展性能和负载能力。

3. 关系数据库无法存储和处理半结构化/非结构化数据

现在开发者可以通过 Facebook、腾讯和阿里等第三方网站获取与访问数据，如个人用户信息、地理位置数据、社交图谱、用户产生的内容、机器日志数据及传感器生成的数据等。

对这些数据的使用正在快速改变着通信、购物、广告、娱乐及关系管理的特质。开发者希望使用非常灵活的数据库，轻松容纳新的数据类型，并且不会被第三方数据提供商内容结构的变化所限制。很多新数据都是非结构化或是半结构化的，因此开发者还需要能够高效存储这种数据的数据库。

但是，关系型数据库所使用的定义严格、基于模式的方式是无法快速容纳新的数据类型的，对于非结构化或是半结构化的数据更是无能为力。

NoSQL 提供的数据模型则能很好地满足这种需求。很多应用都会从这种非结构化数据模型中获益，如 CRM、ERP、BPM 等，它们可以通过这种灵活性存储数据而无须修改表或是创建更多的列。

4. 关系数据库的事务特性对 Web 2.0 是不必要的

关系数据库对数据库事务一致性需求很强。插入一条数据之后立刻查询，肯定可以读出这条数据。很多 Web 实时系统并不要求严格的数据库事务，对读一致性的要求很低，有些场合对写一致性要求也不高。

所以，对于 Web 系统来讲，就没有必要像关系数据库那样实现复杂的事务机制，从而可以降低系统开销，提高系统效率。

5. Web 2.0 无须进行复杂的 SQL 查询，特别是多表关联查询

复杂的 SQL 查询通常包含多表连接操作，该类操作代价高昂。但是，社交类型的网站，往往更多的是单表的主键查询，以及单表的简单条件分页查询，SQL 的功能被极大地弱化了。

因此，Web 2.0 时代的各类网站的数据管理需求已经与传统企业应用大不相同，关系数据库很难满足新时期的需求，于是 NoSQL 数据库应运而生。

9.3.2 NoSQL 的特点

关系型数据库中的表都是存储一些格式化的数据结构，每个元组字段的组成都一样，即使不是每个元组都需要所有的字段，但数据库会为每个元组分配所有的字段，这样的结构可以便于表与表之间进行连接等操作。但从另一个角度来说，它也是关系型数据库性能瓶颈的一个因素。

NoSQL 是一种不同于关系型数据库的数据库管理系统设计方式，是对非关系型数据库的统称。它所采用的数据模型并非关系型数据库的关系模型，而是类似键值、列族、文档等的非关系模型。它打破了长久以来关系型数据库与 ACID（原子性（atomicity）、一致性（consistency）、隔离性（isolation）和持久性（durability））理论大一统的局面。

NoSQL 数据存储不需要固定的表结构，每一个元组可以有不一样的字段，每个元组可以根据需要增加一些自己的键值对，这样就不会局限于固定的结构，可以减少一些时间和空间的开销。

NoSQL 在大数据存取上具备关系型数据库无法比拟的性能优势。

1. 灵活的可扩展性

多年来，数据库负载需要增加时，只能依赖于纵向扩展，也就是买更强的服务器，而不是依赖横向扩展将数据库分布在多台主机上。

NoSQL 在数据设计上就是要能够透明地利用新节点进行扩展。NoSQL 数据库种类繁多，但是一个共同的特点是都去掉了关系型数据库的关系型属性。数据之间无关系，非常容易扩展，从而也在架构层面上带来了可横向扩展的能力。

2. 大数据量和高性能

大数据时代被存储的数据的规模极大地增加了。尽管关系型数据库系统的能力也在为适应这种增长而提高，但是其实际能管理的数据规模已经无法满足一些企业的需求。

NoSQL 数据库具有非常高的读写性能，尤其在大数据量下，能够同样保持高性能，这主要得益于 NoSQL 数据库的无关系性。

3. 灵活的数据模型，可以处理半结构化/非结构化的大数据

对于大型的生产性的关系型数据库来讲，变更数据模型是一件很困难的事情。即使只对一个数据模型做很小的改动，也许就需要停机或降低服务水平。

NoSQL 数据库在数据模型约束方面更加宽松，无须事先为要存储的数据建立字段，随时可以存储自定义的数据格式。NoSQL 数据库可以让应用程序在一个数据元素里存储任何结构的数据，包括半结构化/非结构化数据。

9.3.3 NoSQL 数据库类型

近年来，NoSQL 数据库的发展势头很快。据统计，目前已经产生了 50~150 个 NoSQL 数据库系统。但是，归结起来，可以将典型的 NoSQL 划分为 4 种类型，分别是键值数据库、列式数据库、文档数据库和图形数据库，如图 9-4 所示。

1. 键值数据库

键值数据库起源于 Amazon 开发的 Dynamo 系统，可以把它理解为一个分布式的 Hashmap，支持 SET/GET 元操作。

它使用一个哈希表，表中的 Key（键）用来定位 Value（值），即存储和检索具体的 Value。数据库不能对 Value 进行索引和查询，只能通过 Key 进行查询。Value 可以用来存储任意类型的数据，包括整型、字符型、数组、对象等。

如图 9-5 所示，键值存储的值也可以是比较复杂的结构，如一个新的键值对封装成的一个对象。一个完整的分布式键值数据库会将 Key 按策略尽量均匀地散列在不同的节点上，其中，一致性哈希函数是比较优雅的散列策略，它可以保证当某个节点失效时，只有该节点的数据需要重新散列。

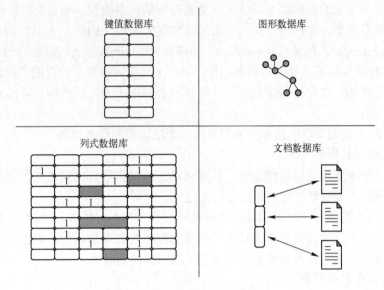

图 9-4　4 种类型的 NoSQL 数据库

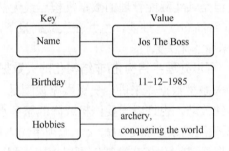

图 9-5　键值数据库

在存在大量写操作的情况下，键值数据库可以比关系数据库有明显的性能优势，这是因为关系型数据库需要建立索引来加速查询，当存在大量写操作时，索引会发生频繁更新，从而会产生高昂的索引维护代价。键值数据库具有良好的伸缩性，理论上讲可以实现数据量的无限扩容。

键值数据库可以进一步划分为内存键值数据库和持久化键值数据库。内存键值数据库把数据保存在内存中，如 Memcached 和 Redis。

持久化键值数据库把数据保存在磁盘中，如 BerkeleyDB、Voldmort 和 Riak。

键值数据库也有自身的局限性，主要是条件查询。如果只对部分值进行查询或更新，效率会比较低下。在使用键值数据库时，应该尽量避免多表关联查询。此外，键值数据库在发生故障时不支持回滚操作，所以无法支持事务。

大多数键值数据库通常不会关心存入的 Value 到底是什么，在它看来，那只是一堆字节而已，所以开发者也无法通过 Value 的某些属性来获取整个 Value。

2．列式数据库

列式数据库起源于 Google 的 BigTable，其数据模型可以看作是一个每行列数可变的数据表，它可以细分为 4 种实现模式，如图 9-6 所示。

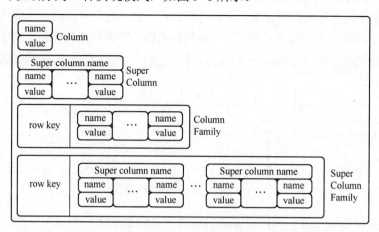

图 9-6 列式数据库模型

其中，Super Column Family 模式可以理解为 maps of maps，例如，可以把一个作者和他的专辑结构化地存成 Super Column Family 模式，如图 9-7 所示。

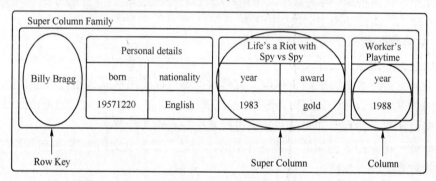

图 9-7 Super Column Family 模式

在行式数据库中查询时，无论需要哪一列都需要将每一行扫描完。假设想要在图 9-8 中的生日列表中查询 9 月的生日，数据库将会从上到下和从左到右扫描表，最终返回生日为 9 月的列表。

ROWID	Name	Birthday	Hobbies
1	Jos The Boss	11-12-1985	archery, conquering the world
2	Fritz Schneider	27-1-1978	buliding things, surfing
3	Freddy Stark	16-9-1986	archery, swordplay, lollygagging

图 9-8 关系型数据库数据模型

如果给某些特定列建索引，那么可以显著提高查找速度，但是索引会带来额外的开销，而且数据库仍在扫描所有列。

列式数据库可以分别存储每个列，从而在列数较少的情况下更快速地进行扫描。

图 9-9 的布局看起来和行式数据库很相似，每一列都有一个索引，索引将行号映射到数据，列式数据库将数据映射到行号，采用这种方式计数变得更快，很容易就可以查询到某个项目的爱好人数，并且每个表都只有一种数据类型，所以单独存储列也利于优化压缩。

Name	ROWID
Jos The Boss	1
Fritz Schneider	2
Freddy Stark	3

Birthday	ROWID
11–12–1985	1
27–1–1978	2
16–9–1986	3

Hobbies	ROWID
archery	1, 3
conquering, the world	1
buliding things	2
surfing	2
swordplay	3
lollygagging	3

基于列的数据库按列分别进行存储。

图 9-9　列式 NoSQL 存储模型

列式数据库能够在其他列不受影响的情况下，轻松添加一列，但是如果要添加一条记录时就需要访问所有表，所以行式数据库要比列式数据库更适合联机事务处理过程（OLTP），因为 OLTP 要频繁地进行记录的添加或修改。

列式数据库更适合执行分析操作，如进行汇总或计数。实际交易的事务，如销售类，通常会选择行式数据库。列式数据库采用高级查询执行技术，以简化的方法处理列块（称为"批处理"），从而减少了 CPU 使用率。

3．文档数据库

文档数据库是通过键来定位一个文档的，所以是键值数据库的一种衍生品。在文档数据库中，文档是数据库的最小单位。文档数据库可以使用模式来指定某个文档结构。

文档数据库是 NoSQL 数据库类型中出现得最自然的类型，因为它们是按照日常文档的存储来设计的，并且允许对这些数据进行复杂的查询和计算。

尽管每一种文档数据库的部署各有不同，但是大都假设文档以某种标准化格式进行封装，并对数据进行加密。

文档格式包括 XML、YAML、JSON 和 BSON 等，也可以使用二进制格式，如 PDF、Microsoft Office 文档等。一个文档可以包含复杂的数据结构，并且不需要采用特定的数据模式，每个文档可以具有完全不同的结构。

文档数据库既可以根据键来构建索引，也可以基于文档内容来构建索引。基于文档内容的索引和查询能力是文档数据库不同于键值数据库的主要方面，因为在键值数据库中，值对数据库是透明不可见的，不能基于值构建索引。

文档数据库主要用于存储和检索文档数据，非常适合那些把输入数据表示成文档的应用。从关系型数据库存储方式的角度来看，每一个事物都应该存储一次，并且通过外键进行连接，而文件存储不关心规范化，只要数据存储在一个有意义的结构中就可以。

如图 9-10 所示，如果要将报纸或杂志中的文章存储到关系型数据库中，首先要对存储的信息进行分类，即将文章放在一个表中，作者和相关信息放在一个表中，文章评论放在一个表中，读者信息放在一个表中，然后将这 4 个表连接起来进行查询。

但是文档存储可以将文章存储为单个实体，这样就降低了用户对文章数据的认知负担。

4. 图形数据库

图形数据库以图论为基础，用图来表示一个对象集合，包括顶点及连接顶点的边。图形数据库使用图作为数据模型来存储数据，可以高效地存储不同顶点之间的关系。图形数据库是 NoSQL 数据库类型中最复杂的一个，旨在以高效的方式存储实体之间的关系。

图形数据库适用于高度相互关联的数据，可以高效地处理实体间的关系，尤其适合于社交网络、依赖分析、模式识别、推荐系统、路径寻找、科学论文引用，以及资本资产集群等场景。

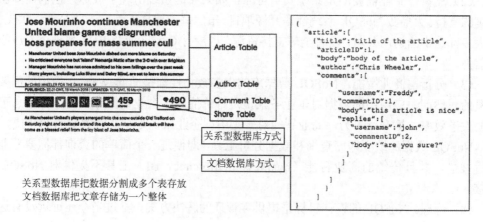

图 9-10　关系型数据库和文档数据库存储报纸或杂志中的文章的比较

图形或网络数据主要由节点和边两部分组成。节点是实体本身，如果是在社交网络中，那么代表的就是人。边代表两个实体之间的关系，用线来表示，并具有自己的属性。另外，边还可以有方向，如果箭头指向谁，谁就是该关系的主导方，如图 9-11 所示。

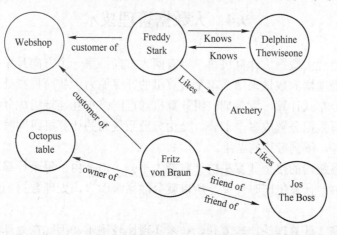

图 9-11　图形数据库模型示意

图形数据库在处理实体间的关系时具有很好的性能，但是在其他应用领域，其性能不如其他 NoSQL 数据库。

典型的图形数据库有 Neo4J、OrientDB、InfoGrid、Infinite Graph 和 GraphDB 等。有

些图形数据库，如 Neo4J，完全兼容 ACID 特性。

9.3.4 NoSQL 面临的挑战

NoSQL 数据库的前景很被看好，但是要应用到主流的企业还有许多困难需要克服。这里是几个首先需要解决的问题。

（1）成熟度。关系数据库系统由来已久，技术相当成熟。对于大多数情况来说，RDBMS 系统是稳定且功能丰富的。相比较而言，大多数 NoSQL 数据库则还有很多特性有待实现。

（2）支持。企业需要的是系统安全可靠，如果关键系统出现了故障，他们需要获得即时的支持。大多数 NoSQL 系统都是开源项目，虽然每种数据库都有一些公司提供支持，但大多都是小的初创公司，没有全球支持资源，也没有 Oracle 或是 IBM 那种令人放心的公信力。

（3）分析与商业智能。NoSQL 数据库的大多数特性都是面向 Web2.0 应用的需要而开发的，然而，应用中的数据对于业务来说是有价值的，企业数据库中的业务信息可以帮助改进效率并提升竞争力，商业智能对于大中型企业来说是个非常关键的 IT 问题。NoSQL 数据库缺少即席查询和数据分析工具，即便是一个简单的查询都需要专业的编程技能，并且传统的商业智能（business intelligence，BI）工具不提供对 NoSQL 的连接。

（4）管理。NoSQL 的设计目标是提供零管理的解决方案，不过当今还远远没有达到这个目标。现在的 NoSQL 需要很多技巧才能用好，并且需要不少人力、物力来维护。

（5）专业。大多数 NoSQL 开发者还处于学习模式。这种状况会随着时间而改进，但现在找到一个有经验的关系型数据库程序员或是管理员要比找到一个 NoSQL 专家更容易。

9.4 大数据管理技术

对于如何处理大数据，计算机科学界有两大方向：第一个方向是集中式计算，就是通过不断增加处理器的数量来增强单个计算机的计算能力，从而提高处理数据的速度；第二个方向是分布式计算，就是把一组计算机通过网络相互连接组成分散系统，然后将需要处理的大量数据分散成多个部分，交由分散系统内的计算机组同时计算，最后将这些计算结果合并，得到最终的结果。

尽管分散系统内的单个计算机的计算能力不强，但是由于每个计算机只计算一部分数据，而且是多台计算机同时计算，所以就分散系统而言，处理数据的速度会远高于单个计算机。

过去，分布式计算理论比较复杂，技术实现比较困难，因此在处理大数据方面，集中式计算一直是主流解决方案。

IBM 的大型机就是集中式计算的典型硬件，很多银行和政府机构都用它处理大数据。不过，对于当时的互联网公司来说，IBM 的大型机的价格过于昂贵。因此，互联网公司把研究方向放在了可以使用在廉价计算机上的分布式计算上。

（1）服务器集群。服务器集群是一种提升服务器整体计算能力的解决方案，它是由互相连接在一起的服务器群组成的一个并行式或分布式系统。

由于服务器集群中的服务器运行同一个计算任务，因此，从外部看，这群服务器表现为一台虚拟的服务器，对外提供统一的服务。

尽管单台服务器的运算能力有限，但是将成百上千的服务器组成服务器集群后，整个系统就具备了强大的运算能力，可以支持大数据分析的运算负荷。

Google、Amazon、阿里巴巴的计算中心里的服务器集群都达到了 5000 台服务器的规模。

（2）大数据的技术基础。2003—2004 年间，Google 发表了 MapReduce、GFS（google file system）和 BigTable 三篇技术论文，提出了一套全新的分布式计算理论。

MapReduce 是分布式计算框架，GFS 是分布式文件系统，BigTable 是基于 GFS 的数据存储系统，这三大组件组成了 Google 的分布式计算模型。

Google 的分布式计算模型相比于传统的分布式计算模型有三大优势：

① 简化了传统的分布式计算理论，降低了技术实现的难度，可以进行实际的应用。

② 可以应用在廉价的计算设备上，只需增加计算设备的数量就可以提升整体的计算能力，应用成本十分低廉。

③ 被应用在 Google 的计算中心，取得了很好的效果，有了实际应用的证明。

后来，各家互联网公司开始利用 Google 的分布式计算模型搭建自己的分布式计算系统，Google 的这 3 篇论文也就成为大数据时代的技术核心。

当时 Google 采用分布式计算理论也是为了利用廉价的资源，使其发挥出更大的效用。Google 的成功使人们开始效仿，从而产生了开源系统 Hadoop。

从 Hadoop 体系和 Google 体系各方面的对应关系来讲，Hadoop、MapReduce 相当于 MapReduce，HDFS 相当于 GFS，HBase 相当于 BigTable，如表 9-2 所列。

表 9-2 大数据处理系统核心技术

大数据系统体系	计算框架	文件系统	数据存储系统
Hadoop 体系	Hadoop MapReduce	HDFS	HBase
Google 体系	MapReduce	GFS	BigTable

9.4.1　Google 大数据处理系统

Google 在搜索引擎上所获得的巨大成功，很大程度上是由于采用了先进的大数据管理和处理技术。Google 的搜索引擎是针对搜索引擎所面临的日益膨胀的海量数据存储问题，以及在此之上的海量数据处理问题而设计的。

Google 存储着世界上最庞大的信息量（数千亿个网页、数百亿张图片）。但是，Google 并未拥有任何超级计算机来处理各种数据和搜索，也未使用 EMC 磁盘阵列等高端存储设备来保存大量的数据。

2006 年，Google 大约有 45 万台服务器，到 2010 年增加到了 100 万台，截至 2018 年，据说已经达到上千万台，并且还在不断增长中。不过这些数量巨大的服务器都不是什么昂贵的高端专业服务器，而是非常普通的 PC 级服务器，并且采用的是 PC 级主板而非昂贵的服务器专用主板。

Google 提出了一整套基于分布式并行集群方式的基础架构技术，该技术利用软件的能力来处理集群中经常发生的节点失效问题。

Google 使用的大数据平台主要包括 3 个相互独立又紧密结合在一起的系统：Google 文件系统（GFS），针对 Google 应用程序的特点提出的 MapReduce 编程模式，以及大规模分布式数据库 BigTable。

1. GFS

一般的数据检索都是用数据库系统，但是 Google 拥有全球上百亿个 Web 文档，如果用常规数据库系统检索，数据量达到 TB 量级后速度就非常慢了。正是为了解决这个问题，Google 构建出了 GFS。

GFS 是一个大型的分布式文件系统，为 Google 大数据处理系统提供海量存储，并且与 MapReduce 和 BigTable 等技术结合得十分紧密，处于系统的底层。它的设计受到 Google 特殊的应用负载和技术环境的影响。相对于传统的分布式文件系统，为了达到成本、可靠性和性能的最佳平衡，GFS 从多个方面进行了简化。

GFS 使用廉价的商用机器构建分布式文件系统，将容错的任务交由文件系统来完成，利用软件的方法解决系统可靠性问题，这样可以使得存储的成本成倍下降。

由于 GFS 中服务器数目众多，在 GFS 中，服务器死机现象经常发生，甚至都不应当将其视为异常现象。所以，如何在频繁的故障中确保数据存储的安全，保证提供不间断的数据存储服务是 GFS 最核心的问题。

GFS 的独特之处在于它采用了多种方法，从多个角度，使用不同的容错措施来确保整个系统的可靠性。

GFS 的系统架构如图 9-12 所示，主要由一个 Master Server（主服务器）和多个 Chunk Server（数据块服务器）组成。

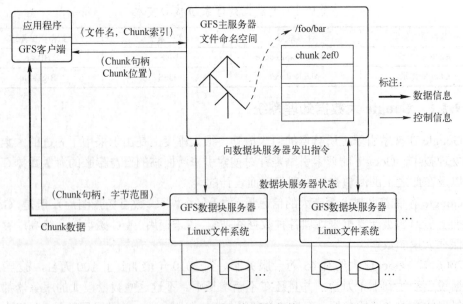

图 9-12 GFS 的系统架构

Master Server 主要负责维护系统中的名字空间、访问控制信息、从文件到块的映射及块的当前位置等元数据,并与 Chunk Server 通信。

Chunk Server 负责具体的存储工作。数据以文件的形式存储在 Chunk Server 上。Client 是应用程序访问 GFS 的接口。

Master Server 的所有信息都存储在内存里,启动时信息从 Chunk Server 中获取。这样不但提高了 Master Server 的性能和吞吐量,也有利于 Master Server 宕机后把后备服务器切换成 Master Server。

GFS 的系统架构设计有两大优势:

(1) Client 和 Master Server 之间只有控制流,没有数据流,因此降低了 Master Server 的负载。

(2) 由于 Client 与 Chunk Server 之间直接传输数据流,并且文件被分成多个 Chunk 进行分布式存储,因此 Client 可以同时并行访问多个 Chunk Server,从而让系统的 I/O 并行度提高。

Google 通过减少 Client 与 Master Server 的交互来解决 Master Server 的性能瓶颈问题。Client 直接与 Chunk Server 进行通信,Master Server 仅提供查询数据块所在的 Chunk Server 的详细位置的功能。

数据块设计成 64MB,也是为了让客户端和 Master Server 的交互减少,让主要数据流量在客户端程序和 Chunk Server 之间直接交互。总之,GFS 具有以下特点:

(1) 采用中心服务器模式,带来以下优势。

① 可以方便地增加 Chunk Server。

② Master Server 可以掌握系统内所有 Chunk Server 的情况,方便进行负载均衡。

③ 不存在元数据的一致性问题。

(2) 不缓存数据,具有以下优势。

① 文件操作大部分是流式读/写,不存在大量重复的读/写,因此即使使用缓存对系统性能的提高也不大。

② Chunk Server 上的数据存储在本地文件系统上,即使真的出现频繁存取的情况,本地文件系统的缓存也可以支持。

③ 若建立系统缓存,那么缓存中的数据与 Chunk Server 中的数据的一致性很难保证。

④ Chunk Server 在硬盘上存储实际数据。Google 把每个 chunk 数据块的大小设计成 64MB,每个 chunk 被复制成 3 个副本放到不同的 Chunk Server 中,以创建冗余来避免服务器崩溃。如果某个 Chunk Server 发生故障,Master Server 便把数据备份到一个新的地方。

2. MapReduce

GFS 解决了 Google 海量数据的存储问题,MapReduce 则是为了解决如何从这些海量数据中快速计算并获取期望结果的问题。

MapReduce 是由 Google 开发的一个针对大规模群组中的海量数据处理的分布式编程模型。

MapReduce 实现了 Map 和 Reduce 两个功能。Map 把一个函数应用于集合中的所有成员,然后返回一个基于这个处理的结果集,而 Reduce 是把两个或更多个 Map 通过多个线程、进程或者独立系统进行并行执行处理得到的结果集进行分类和归纳。

用户只需要提供自己的 Map 函数及 Reduce 函数就可以在集群上进行大规模的分布式数据处理。这一编程环境能够使程序设计人员编写大规模的并行应用程序时不用考虑集群的并发性、分布性、可靠性和可扩展性等问题。应用程序编写人员只需要将精力放在应用程序本身，关于集群的处理问题则交由平台来完成。

与传统的分布式程序设计相比，MapReduce 封装了并行处理、容错处理、本地化计算、负载均衡等细节，具有简单而强大的接口。正是由于 MapReduce 具有函数式编程语言和矢量编程语言的共性，使得这种编程模式特别适合于非结构化和结构化的海量数据的搜索、挖掘、分析等应用。

3. BigTable

BigTable 是 Google 设计的分布式数据存储系统，是用来处理海量数据的一种非关系型数据库。BigTable 是一个稀疏的、分布式的、持久化存储的多维度排序的映射表。

BigTable 的设计目的是能够可靠地处理 PB 级别的数据，并且能够部署到上千台机器上。Google 设计 BigTable 的动机主要有以下 3 个方面。

（1）需要存储的数据种类繁多。Google 目前向公众开放的服务很多，需要处理的数据类型也非常多，包括 URL、网页内容和用户的个性化设置等数据。

（2）海量的服务请求。Google 运行着目前世界上最繁忙的系统，它每时每刻处理的客户服务请求数量是普通的系统根本无法承受的。

（3）商用数据库无法满足 Google 的需求。一方面，传统的商用数据库的设计着眼点在于通用性，Google 的苛刻服务要求根本无法满足，而且在数量庞大的服务器上根本无法成功部署传统的商用数据库；另一方面，对于底层系统的完全掌控会给后期的系统维护和升级带来极大的便利。

在仔细考察了 Google 的日常需求后，BigTable 开发团队确定了 BigTable 设计所需达到的几个基本目标。

（1）广泛的适用性。需要满足一系列 Google 产品而并非特定产品的存储要求。

（2）很强的可扩展性。根据需要随时可以加入或撤销服务器。

（3）高可用性。确保几乎所有的情况下系统都可用。对于客户来说，有时候即使短暂的服务中断也是不能忍受的。

（4）简单性。底层系统的简单性既可以减少系统出错的概率，也为上层应用的开发带来了便利。

BigTable 完全实现了上述目标，已经在超过 60 个 Google 的产品和项目上得到了应用，包括 Google Analytics、Google Finance、Orkut、Personalized Search、Writely 和 Google Earth 等。

以上这些产品对 Bigtable 提出了迥异的需求，有的需要高吞吐量的批处理，有的则需要及时响应，快速返回数据给最终用户。它们使用的 BigTable 集群的配置也有很大的差异，有的集群只需要几台服务器，而有的则需要上千台服务器。

9.4.2 Hadoop 大数据处理框架

Hadoop 是一个处理、存储和分析海量的分布式、非结构化数据的开源框架。最初由

Yahoo 的工程师 Doug Cutting 和 Mike Cafarella 在 2005 年合作开发。后来，Hadoop 被贡献给了 Apache 基金会，成为 Apache 基金会的开源项目。

Hadoop 是一种分析和处理大数据的软件平台，是一个用 Java 语言实现的 Apache 的开源软件框架，在大量计算机组成的集群中实现了对海量数据的分布式计算。

Hadoop 采用 MapReduce 分布式计算框架，根据 GFS 原理开发了 HDFS（分布式文件系统），并根据 BigTable 原理开发了 HBase 数据存储系统。

Hadoop 和 Google 内部使用的分布式计算系统原理相同，其开源特性使其成为分布式计算系统的事实上的国际标准。

Yahoo、Facebook、Amazon，以及国内的百度、阿里巴巴等众多互联网公司都以 Hadoop 为基础搭建了自己的分布式计算系统。

Hadoop 是一个基础框架，允许用简单的编程模型在计算机集群上对大型数据集进行分布式处理。它的设计规模从单一服务器到数千台机器，每个服务器都能提供本地计算和存储功能，框架本身提供的是计算机集群高可用的服务，不依靠硬件来提供高可用性。

用户可以在不了解分布式底层细节的情况下，轻松地在 Hadoop 上开发和运行处理海量数据的应用程序。低成本、高可靠、高扩展、高有效、高容错等特性让 hadoop 成为最流行的大数据分析系统。

1. Hadoop 生态圈

Hadoop 是一个由 Apache 基金会开发的大数据分布式系统基础架构。用户可以在不了解分布式底层细节的情况下，轻松地在 Hadoop 上开发和运行处理大规模数据的分布式程序，充分利用集群的威力高速运算和存储。

Hadoop 是一个数据管理系统，作为数据分析的核心，汇集了结构化和非结构化的数据，这些数据分布在传统的企业数据栈的每一层。

Hadoop 也是一个大规模并行处理框架，拥有超级计算能力，定位于推动企业级应用的执行。

Hadoop 又是一个开源社区，主要为解决大数据的问题提供工具和软件。

虽然 Hadoop 提供了很多功能，但仍然应该把它归类为由多个组件组成的 Hadoop 生态圈，这些组件包括数据存储、数据集成、数据处理和其他进行数据分析的专门工具。

图 9-13 展示了 Hadoop 的生态系统，主要由 HDFS、MapReduce、HBase、Zookeeper、Pig、Hive 等核心组件构成，另外还包括 Sqoop、Flume 等框架，用来与其他企业系统融合。同时，Hadoop 生态系统也在不断增长，它新增了 Mdhout、Ambari 等内容，以提供更新功能。

Hadoop 生态圈包括以下主要组件。

（1）HDFS：一个提供高可用的获取应用数据的分布式文件系统。

（2）MapReduce：一个并行处理大数据集的编程模型。

（3）HBase：一个可扩展的分布式数据库，支持大表的结构化数据存储。是一个建立在 HDFS 之上的，面向列的 NoSQL 数据库，用于快速读/写大量数据。

（4）Hive：一个建立在 Hadoop 上的数据仓库基础构架。它提供了一系列的工具；可以用来进行数据提取转化加载（ETL），这是一种可以存储、查询和分析存储在 Hadoop 中的大规模数据的机制。

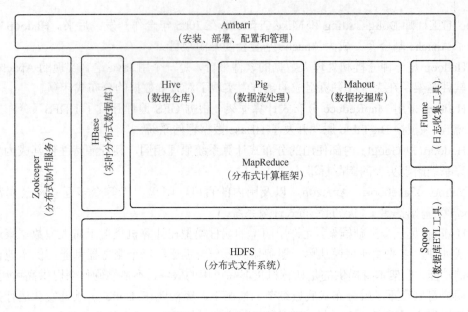

图 9-13　Hadoop 的生态系统

Hive 定义了简单的类 SQL 查询语言，称为 HQL，它允许不熟悉 MapReduce 的开发人员也能编写数据查询语句，然后这些语句被翻译为 Hadoop 上面的 MapReduce 任务。

（5）Mahout：可扩展的机器学习和数据挖掘库。它提供的 MapReduce 包含很多实现方法，包括聚类算法、回归测试、统计建模。

（6）Pig：一个支持并行计算的高级的数据流语言和执行框架。它是 MapReduce 编程的复杂性的抽象。Pig 平台包括运行环境和用于分析 Hadoop 数据集的脚本语言（PigLatin）。其编译器将 PigLatin 翻译成 MapReduce 程序序列。

（7）Zookeeper：一个应用于分布式应用的高性能的协调服务。它是一个为分布式应用提供一致性服务的软件，提供的功能包括配置维护、域名服务、分布式同步、组服务等。

（8）Ambari：一个基于 Web 的工具，用来供应、管理和监测 Hadoop 集群，包括支持 HDFS、MapReduce、Hive、HCatalog、HBase、ZooKeeper、Pig 和 Sqoop。

Ambari 也提供了一个可视的仪表盘来查看集群的健康状态，并且能够使用户可视化地查看 MapReduce、Pig 和 Hive 应用来诊断其性能特征。

Hadoop 的生态圈还包括以下几个框架，用来与其他企业融合。

（1）Sqoop。一个连接工具，用于在关系数据库、数据仓库和 Hadoop 之间转移数据。Sqoop 利用数据库技术描述架构，进行数据的导入/导出；利用 MapReduce 实现并行化运行和容错技术。

（2）Flume。提供了分布式、可靠、高效的服务，用于收集、汇总大数据，并将单台计算机的大量数据转移到 HDFS。它基于一个简单而灵活的架构，并提供了数据流的流。它利用简单的可扩展的数据模型，将企业中多台计算机上的数据转移到 Hadoop。

2. Hadoop 版本演进

当前 Hadoop 有两大版本：Hadoop 1.0 和 Hadoop 2.0，如图 9-14 所示。Hadoop 1.0

被称为第一代 Hadoop，由 HDFS 和 MapReduce 组成。

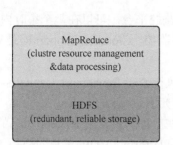 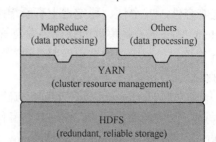

图 9-14　Hadoop 版本演进图

HDFS 由一个 NameNode 和多个 DataNode 组成，MapReduce 由一个 JobTracker 和多个 TaskTracker 组成。

Hadoop 1.0 对应的 Hadoop 版本为 0.20.x、0.21.x、0.22.x 和 Hadoop 1.x。其中，0.20.x 是比较稳定的版本，它最后演化为 1.x，变成稳定版本。0.21.x 和 0.22.x 则增加了 NameNode HA 等新特性。

Hadoop 2.0 被称为第二代 Hadoop，是为克服 Hadoop 1.0 中 HDFS 和 MapReduce 存在的各种问题而提出的，对应的 Hadoop 版本为 0.23.x 和 2.x。

针对 Hadoop 1.0 中 NameNode HA 不支持自动切换且切换时间过长的风险，Hadoop 2.0 提出了基于共享存储的 HA 方式，该方式支持失败自动切换切回。

针对 Hadoop 1.0 中的单 NameNode 制约 HDFS 扩展性的问题，Hadoop 2.0 提出了 HDFS Federation 机制，它允许多个 NameNode 各自分管不同的命名空间，进而实现数据访问隔离和集群横向扩展。

针对 Hadoop 1.0 中的 MapReduce 在扩展性和多框架支持方面的不足，Hadoop 2.0 提出了全新的资源管理框架 YARN，它将 JobTracker 中的资源管理和作业控制功能分开，分别由组件 ResourceManager 和 ApplicationMaster 实现。

其中，ResourceManager 负责所有应用程序的资源分配，而 ApplicationMaster 仅负责管理一个应用程序。相比于 Hadoop 1.0，Hadoop 2.0 框架具有更好的扩展性、可用性、可靠性、向后兼容性和更高的资源利用率，Hadoop 2.0 还能支持除 MapReduce 计算框架以外的更多的计算框架，Hadoop 2.0 是目前业界主流使用的 Hadoop 版本。

3．Hadoop 发行版本

虽然 Hadoop 是开源的 Apache 项目，但是在 Hadoop 行业，仍然出现了大量的新兴公司，它们以帮助人们更方便地使用 Hadoop 为目标。这些企业大多将 Hadoop 发行版进行打包、改进，以确保所有的软件一起工作。

Hadoop 的发行版除了社区的 Apache Hadoop 外，Cloudera、Hortonworks、MapR、EMC、IBM、INTEL、华为等都提供了自己的商业版本。商业版本主要是提供专业的技术支持，这对一些大型企业尤其重要。每个发行版都有自己的一些特点，这里就 3 个主要的发行版本做简单介绍。

2008 年成立的 Cloudera 是最早将 Hadoop 商用的公司，它为合作伙伴提供 Hadoop

的商用解决方案，主要包括支持、咨询服务和培训。Cloudcra 的产品主要为 CDH、Cloudera Manager 和 Cloudera Support。CDH 是 Cloudem 的 Hadoop 发行版本，完全开源，比 Hadoop 在兼容性、安全性、稳定性上有所增强。

Cloudera Manager 是集群的软件分发及管理监控平台，可以在几个小时内部署好一个 Hadoop 集群，并对集群的节点及服务进行实时监控。Cloudera Support 即是对 Hadoop 的技术支持。

2011 年成立的 Hortonworks 是 Yahoo 与硅谷风投公司 Benchmark Capital 合资组建的公司。公司成立之初吸纳了大约 25～30 名专门研究 Hadoop 的 Yahoo 工程师，这些工程师均在 2005 年开始协助 Yahoo 开发 Hadoop，这些工程师贡献了 Hadoop 80%的代码。

Hortonworks 的主打产品是 Hortonworks DataPlatform（HDP），也同样是 100%开源的产品。HDP 除了常见的项目外，还包含了一款开源的安装和管理系统（Amban）。

Cloudera 和 Hortonworks 均是通过不断提交代码来完善 Hadoop 的，而 2009 年成立的 MapR 公司在 Hadoop 领域显得有些特立独行，它提供了一款独特的发行版本。

MapR 认为 Hadoop 的代码只是参考，可以基于 Hadoop 提供的 API 来实现自己的需求。这种方法使得 MapR 做出了很大的创新，特别是在 HDFS 和 HBase 方面，MapR 让这两个基本的 Hadoop 的存储机制更加可靠、更加高性能。

MapR 还推出了高速网络文件系统（NFS）来访问 HDFS，从而大大简化了一些企业级应用的集成。

MapR 用新架构重写 HDFS，同时在 API 级别，和目前的 Hadoop 发行版本保持兼容。MapR 构建了一个 HDFS 的私有替代品，比开源版本快 3 倍，自带快照功能，而且支持无 NameNode 单点故障。

MapR 版本不再需要单独的 NameNode 机器，元数据分散在集群中，类似数据默认存储 3 份，不再需要用 NAS 来协助 NameNode 做元数据备份，提高了机器使用率。

MapR 还有一个重要的特点是可以使用 NFS 直接访问 HDFS，提供了与原有应用的兼容性。MapR 的镜像功能很适合做数据备份，而且支持跨数据中心的镜像。

Hadoop 作为一项 2004 年发展起来的技术，也有自己的生命周期。随着时间的推移，原来 Hadoop 三巨头的 Cloudera、Hortonworks、MapR 都已停止了对 Hadoop 的支持。当云计算、云原生技术成为企业标准 IT 环境时，Hadoop 所倡导的存算一体正在被越来越多的存算分离场景所取代，终究会被更新、更好的技术替代。但 Hadoop 的很多技术理念，比如松耦合的架构体系、建立在通用硬件平台上的分布式系统设计，以及开放的数据标准和开源技术，仍然得以继承和发展。正所谓"一鲸落，万物生"，更强大、更适用的技术将层出不穷，我们需要以开放的态度，积极拥抱新的技术，创建更好的未来。

习　题

1. 什么是联机分析处理？可以用来解决哪些问题？
2. 什么是分布式数据库？有哪些特点？
3. NoSQL 产生的原因？主要的数据库类型有哪些？
4. 简要说明当前的大数据管理技术有哪些？

参 考 文 献

[1] 阎保平. 数据工程及相关问题初步研究[C]. 第七届科学数据库与信息技术学术讨论会，2004.
[2] 胡运发. 数据与知识工程导论[M]. 北京：清华大学出版社，2003.
[3] 杨旭. 数据科学导论[M]. 北京：北京理工大学出版社，2014.
[4] 赵国栋. 大数据时代的历史机遇 [M]. 北京：清华大学出版社，2012.
[5] 戴剑伟，吴照林，朱明东，等. 数据工程理论与技术[M]. 北京：国防工业出版社，2010.
[6] 施伯乐，丁宝康，汪卫. 数据库系统教程[M]. 2版. 北京：高等教育出版社，2003.
[7] 徐兰芳，彭冰，吴永英. 数据库设计与实现[M]. 上海：上海交通大学出版社，2006.
[8] 钱雪忠，黄学光，刘素平. 数据库原理及应用[M]. 北京：北京邮电大学出版社，2010.
[9] Sharon Allen. 数据建模基础教程[M]. 李化，译. 北京：清华大学出版社，2004.
[10] 史令，赵敏. 数据库技术与应用[M]. 北京：清华大学出版社，2009.
[11] 刘丽霞，庄奕琪. 基于SQL SERVER的数据库技术及应用[M]. 西安：西北工业大学出版社，2007.
[12] 冯博琴. 数据结构数据库与编程[M]. 西安：西安交通大学出版社，1990.
[13] 王衍. 数据库应用基础学习指导[M]. 北京：电子工业出版社，2009.
[14] Greg Buczek. ACCESS 2002 数据库开发即时应用[M]. 北京：人民邮电出版社，2002.
[15] 汤庸. 高级数据库技术[M]. 北京：高等教育出版社，2005.
[16] 布莱赫，皮瑞拉尼. 面向对象的建模与设计在数据库中的应用[M]. 宋今，赵丰年，译. 北京：北京理工大学出版社，2007.
[17] 崔群法. 轻松学ORACLE数据库[M]. 北京：化学工业出版社，2012.
[18] 周玲艳，张希. 网络数据库技术应用[M]. 北京：机械工业出版社，2008.
[19] 李爱武. 融会贯通 从ORACLE 11G到SQL SERVER 2008[M]. 北京：北京邮电大学出版社，2009.
[20] 刘甫迎. 数据库原理及应用（ORACLE）[M]. 重庆：重庆大学出版社，1998.
[21] 盖国强. 循序渐进ORACLE[M]. 北京：人民邮电出版社，2007.
[22] 张晓明. 大话ORACLE GRID 云时代的RAC[M]. 北京：人民邮电出版社，2014.
[23] 陈俊杰，强彦. 大型数据库ORACLE实验指导教程[M]. 北京：科学出版社，2010.
[24] 崔华. 基于ORACLE的SQL优化[M]. 北京：电子工业出版社，2014.
[25] 孟小峰. 关系数据库管理系统ORACLE原理与应用[M]. 北京：电子工业出版社，1993.
[26] 格里沃尔德. ORACLE高级编程[M]. 孙杨，任鸿，译. 北京：清华大学出版社，2007.
[27] 赵志恒，王海龙. ORACLE网格计算[M]. 北京：清华大学出版社，2007.
[28] 张天慧. ORACLE管理之道[M]. 北京：清华大学出版社，2012.
[29] 肖俊宇. ORACLE数据库编程经典300例[M]. 北京：电子工业出版社，2013.

[30] 罗强一. 美国国防数据词典系统的发展与应用[J]. 外军电信动态, 2003(4): 102-1-3.

[31] 宋荣, 李月芳. 美国国防部数据管理策略演进及其特点研究[J]. 军队指挥自动化, 2006(003): 77-80.

[32] 李晓波. 科学数据共享关键技术[M]. 北京: 地质出版社, 2007.

[33] 黄鼎成. 科学数据共享管理研究[M]. 北京: 中国科学技术出版社, 2002.

[34] 中国科学院科学数据库专家委员会. 中国科学院科学数据库资源整合与持续发展研究报告[R], 2007.

[35] 罗强一, 陈海宁, 邢俊超. 设计开放的数据标准体系结构[J]. 军用标准化, 2004(1): 4.

[36] 孙广志, 邢立强. 数据标准化的实践与思考——以财政业务数据为例[J]. 电子政务, 2009(4): 5.

[37] 张晓林. 元数据研究与应用[M]. 北京: 北京图书馆出版社, 2002.

[38] 毕强, 朱亚玲. 元数据标准及其互操作性研究 [J]. 情报理论与实践, 2007, 30(5): 5.

[39] 张爱, 邢立强. 元数据的应用及其标准化[J]. 世界标准化与质量管理, 2005(10): 52-53.

[40] 刘丹红, 杨鹏, 徐勇勇. 元数据结构与数据元标准化 [J]. 中国卫生信息管理杂志, 2007, 4(5): 4.

[41] 吴波, 李建, 伍东. 数据元标准化在石油数据中的研究与实现[J]. 山西电子技术, 2006(05): 86-89.

[42] 杨建军, 徐冬梅, 张展新, 等. 数据元素的标准化方法(5)——数据元素标准化阶段[J]. 信息技术与标准化, 2008(06): 53-55.

[43] 中国人民解放军总装备部. 数据标准化管理规程（GJB/Z 139—2004）[S], 2004.

[44] 刁兴春. 数据质量工程实践[M]. 北京: 电子工业出版社, 2010.

[45] 叶艳霞. 孙耀杰, 张保敬, 等. 数据仓库建设中提高数据质量的方法研究[J]. 现代电子技术, 2009, 32(6): 4.

[46] 张红亮, 罗强一. 数据质量管理的研究与实现[M]. 北京: 电子工业出版社, 2007.

[47] 王改性, 师鸣若. 数据存储备份与灾难恢复[M]. 北京: 电子工业出版社, 2009.

[48] 王纪奎. 成就存储专家之路——存储从入门到精通 [M]. 北京: 清华大学出版社, 2009.

[49] 林小村. 数据中心建设与运行管理 [M]. 北京: 科学出版社, 2010.

[50] 康楠. 数据中心系统工程及应用 [M]. 北京: 人民邮电出版社, 2013.

[51] 王乔恒. 数据中心建设技术概论[M]. 北京: 地质出版社, 2007.

[52] 戚丽. 校园数据中心建设与运行管理 [M]. 北京: 清华大学出版社, 2004.

[53] 朱伟雄, 王德安. 新一代数据中心建设理论与实践[M]. 北京: 人民邮电出版社, 2009.

[54] 胡春宇, 刘卫东. 美国作战数据发展现状研究及启示[J]. 飞航导弹, 2020(7): 46-48.

[55] Nathan Yau. 鲜活的数据: 数据可视化指南[M]. 向怡宁, 译. 北京: 人民邮电出版社, 2012.

[56] 陈为, 沈则潜, 陶煜波. 数据可视化[M]. 北京: 电子工业出版社, 2013.

[57] 李雄飞, 李军. 数据挖掘与知识发现[M]. 北京: 高等教育出版社, 2004.

[58] 张志兵. 空间数据挖掘及其相关问题研究[M]. 武汉: 华中科技大学出版社, 2011.

[59] 中国人民解放军总装备部军事训练教材编辑工作委员会. 外弹道测量数据处理[M]. 北京: 国防工业出版社, 2002.

[60] 刘晓明, 裘杭萍, 等. 战场信息管理[M]. 北京: 国防工业出版社, 2012.7.

[61] 占鹏, 罗明. 做好作战数据采集[N]. 解放军报, 2019-2-12(7).

[62] 雷婉婧. 数据可视化发展历程研究[J]. 电子技术与软件工程, 2017(12): 195-196.

[63] Friendly M. A Brief History of Data Visualization[M]// Handbook of Data Visualization. Springer Berlin Heidelberg,2008.

[64] 丁波涛. 国外开源情报工作的发展与我国的对策研究[J]. 情报资料工作，2011(6): 103-105.

[65] 林琳. 信息时代军事情报人工收集手段与技术收集手段的比较研究[J]. 科技信息：82-83.

[66] 贾志宪. 一切数据都是作战数据[N]. 解放军报，2018-6-27(6).

[67] 岳胜军，于超. 着力推进作战数据建设[N]. 解放军报，2019-11-27(2).